材料科学与工程实验系列教材

总主编　崔占全　潘清林　赵长生　谢峻林
总主审　王明智　翟玉春　肖纪美

材料成型与控制工程专业实验教程

主编　孙建林
主审　袁　康　郎利辉

北　京
冶 金 工 业 出 版 社
北 京 大 学 出 版 社
国 防 工 业 出 版 社
哈尔滨工业大学出版社
2014

内容提要

本书为“材料科学与工程实验系列教材”之一，是高等学校实验用教材。全书共分为十章，70个实验，内容可分为四个层次：（1）验证性常规基础实验，主要介绍材料成型基础、铸造成型、轧制成型、挤压拉拔、锻造与冲压成型、焊接成型、模具结构分析等金属成型过程实验，培养学生掌握运用实验手段处理问题的基本程序和基本技能；（2）工艺参数测定与控制的相关实验，让学生理解大生产中的工艺控制过程；（3）计算机模拟和虚拟仿真实验，便于学生了解现代化研究手段；（4）创新与研究设计性实验，可培养学生的创新精神和创新能力，提高学生综合素质。

书中每个实验都介绍了实验目的、实验内容、基本原理、实验仪器设备，并且仪器设备均配有实物照片及工作原理，说明了实验步骤与方法，同时提出思考讨论题及对实验报告的要求。本书可作为各类高等院校材料成型与控制工程专业及其他相关专业本科生的教学教材，也可供有关专业的研究生、工程技术人员自学与参考。

图书在版编目(CIP)数据

材料成型与控制工程专业实验教程/孙建林主编．—北京：冶金工业出版社，2014.5

材料科学与工程实验系列教材

ISBN 978-7-5024-6566-7

Ⅰ.①材… Ⅱ.①孙… Ⅲ.①工程材料—成型—高等学校—教材 Ⅳ.①TB3

中国版本图书馆CIP数据核字(2014)第093561号

出版人 谭学余
地 址 北京北河沿大街嵩祝院北巷39号，邮编100009
电 话 (010)64027926 电子信箱 yjcbs@cnmip.com.cn
责任编辑 李 梅 李培禄 美术编辑 彭子赫 版式设计 孙跃红
责任校对 卿文春 责任印制 牛晓波
ISBN 978-7-5024-6566-7
冶金工业出版社出版发行；各地新华书店经销；北京百善印刷厂印刷
2014年5月第1版，2014年5月第1次印刷
787mm×1092mm 1/16；14.75印张；353千字；219页
32.00元

冶金工业出版社投稿电话：(010)64027932 投稿信箱：tougao@cnmip.com.cn
冶金工业出版社发行部 电话：(010)64044283 传真：(010)64027893
冶金书店 地址：北京东四西大街46号(100010) 电话：(010)65289081(兼传真)

《材料科学与工程实验系列教材》
总 编 委 会

《材料科学与工程实验系列教材》
编写委员会成员单位

《材料科学与工程实验系列教材》

出版委员会

序言

近年来，我国高等教育取得了历史性突破，实现了跨越式的发展，高等教育由精英教育变为大众化教育。以国家需求与社会发展为导向，走多样化人才培养之路是今后高等教育教学改革的一项重要内容。

作为高等教育教学内容之一的实验教学，是培养学生动手能力、分析问题、解决问题能力的基础，是学生理论联系实际的纽带和桥梁，是高等院校培养创新开拓型和实践应用型人才的重要课堂。因此，实验教学及国家级实验示范中心建设在高等学校建设上至关重要，在高等院校人才培养计划中亦占有极其重要的地位。但长期以来，实验教学存在以下弊病：

1. 在高等学校的教学中，存在重理论轻实践的现象，实验教学长期处于从属理论教学的地位，大多没有单独设课，忽视对学生能力的培养；

2. 实验教师队伍建设落后，师资力量匮乏，部分实验教师由于种种原因而进入实验室，且实验教师知识更新不够；

3. 实验教学学时有限，且在教学计划中实验教学缺乏系统性，为了理论教学任务往往挤压实验教学课时，实验教学没有被置于适当的位置；

4. 实验内容单调，局限在验证理论；实验方法呆板、落后，学生按照详细的实验指导书机械地模仿和操作，缺乏思考、分析和设计过程，被动地重复几年不变的书本上的内容，整个实验过程是教师抱着学生走；设备缺乏且陈旧，组数少，大大降低了实验效果；

5. 整个高等学校存在实验室开放程度不够，实验室的高精尖设备学生根本没有机会操作，更谈不上学生亲自动手及培养其分析问题与解决问题的能力。

这样，怎么能培养出适应国家“十二五”发展规划以及建设“创新型国家”需求的合格毕业生?

“百年大计，教育为本；教育大计，教师为本；教师大计，教学为本；教学大计，教材为本。”有了好的教材，就有章可循，有规可依，有鉴可借，有路可走。师资、设备、资料（首先是教材）是高等院校的三大教学基本建设。

为了落实教育部“质量工程”及“卓越工程师”计划，建设好材料类特色专业与国家级实验示范中心，实现培养面向21世纪高等院校材料类创新型综合性应用人才的目的，国内涉及材料科学与工程专业实验教学的40余所高校及国内四家出版社100多名专家、学者，于2011年1月成立了“材料科学与工程实验系列教学研究会”。“研究会”针对目前国内材料类实验教学的现状，以提升材料实验教学能力和传输新鲜理念为宗旨，团结全国高校从事材料科学与工程类实验教学的教师，共同研究提高我国材料科学与工程类实验教学的思路、方法，总结教学经验；目标是，精心打造出一批形式新颖、内容权威、适合时代发展的材料科学与工程系列实验教材，并经过几年的努力，成为优秀的精品课程教材。为此，成立“实验系列教材编审委员会”，并组成以国内有关专家、院士为首的高水平“实验系列教材总编审指导委员会”，其任务是策划教材选题，审查把关教材总体编写质量等；还组成了以教学第一线骨干教师为首的“实验教材编写委员会”，其任务是，提出、审查编写大纲，编写、修改、初审教材等。此外，冶金工业出版社、国防工业出版社、北京大学出版社、哈尔滨工业大学出版社等组成了本系列实验教材的“出版委员会”，协调、承担本实验教材的出版与发行事宜等。

为确保教材品位、体现材料科学与工程实验教材的国家级水平，“编委会”特意对培养目标、编写大纲、书目名称、主干内容等进行了研讨。本系列实验教材的编写，注意突出以下特色：

1. 实验教材的编写与教育部专业设置、专业定位、培养模式、培养计划、各学校实际情况联系在一起；坚持加强基础、拓宽专业面、更新实验教材内容的基本原则。

2. 实验教材编写紧跟世界各高校教材编写的改革思路。注重突出人才素质、创新意识、创造能力、工程意识的培养，注重动手能力，分析问题及解决问题能力的培养。

3. 实验教材的编写与专业人才的社会需求实际情况联系在一起，做到宽窄并举；教材编写应听取用人单位专业人士的意见。

4. 实验教材编写突出专业特色、深浅度适中，以编写质量为实验教材的生命线。

5. 实验教材的编写，处理好该实验课与基础课之间的关系，处理好该实验课与其他专业课之间的关系。

6. 实验教材编写注意教材体系的科学性、理论性、系统性、实用性，不但要编写基本的、成熟的、有用的基础内容，同时也要将相关的未知问题在教材中体现，只有这样才能真正培养学生的创新意识。

7. 实验教材编写要体现教学规律及教学法，真正编写出一本教师及学生都感觉到得心应手的教材。

8. 实验教材的编写要注意与专业教材、学习指导、课堂讨论及习题集等配套教材的编写成龙配套，力争打造立体化教材。

本材料科学与工程实验系列教材，从教学类型上可分为：基础入门型实验，设计研究型实验，综合型实践实验，软件模拟型实验，创新开拓型实验。从教材题目上，包括材料科学基础实验教程（金属材料工程专业）；机械工程材料实验教程（机械类、近机类专业）；材料科学与工程实验教程（金属材料工程）；高分子材料实验教程（高分子材料专业）；无机非金属材料实验教程（无机专业）；材料成型与控制实验教程（压力加工分册）；材料成型与控制实验教程（铸造分册）；材料成型与控制实验教程（焊接分册）；材料物理实验教程（材料物理专业）；超硬材料实验教程（超硬材料专业）；表面工程实验教程（材料的腐蚀与防护专业）等一系列与材料有关的实验教材。从内容上，每个实验包含实验目的、实验原理、实验设备与材料、实验内容与步骤、实验注意事项、实验报告要求、思考题等内容。

本实验系列教材由崔占全（燕山大学）、潘清林（中南大学）、赵长生（四川大学）、谢峻林（武汉理工大学）任总主编；王明智（燕山大学）、翟玉春（东北大学）、肖纪美（北京科技大学、院士）任总主审。

经全体编审教师的共同努力，本系列教材的第一批教材即将出版发行，我们殷切期望此系列教材的出版能够满足国内高等院校材料科学与工程类各个专业教育改革发展的需要，并在教学实践中得以不断充实、完善、提高和发展。

本材料科学与工程实验系列教材涉及的专业及内容极其广泛。随着专业设置与教学的变化和发展，本实验系列教材的题目还会不断补充，同时也欢迎国内从事材料科学与工程专业的教师加入我们的队伍，通过实验教材这个平台，将本专业有特色的实验教学经验、方法等与全国材料实验工作者同仁共享，为国家复兴尽力。

由于编者水平及时间有限，书中不足之处，敬请读者批评指正。

材料科学与工程实验系列教学研究会
材料科学与工程实验系列教材编写委员会

2011年7月

前　言

作为工程实践性很强的学科，实验教学是材料成型与控制工程专业教学中重要的组成部分，对于学生动手实践能力的培养就更为重要。为了适应当前教学改革与创新人才培养的需要，北京科技大学材料国家级实验教学示范中心组织专家教授与实验技术人员编写了本书。

本书内容可分为四个层次。第一层次实验内容主要以全面提高学生实验技能的常规基础实验为主，包括了材料成型基础、铸造成型、轧制成型、挤压拉拔、锻造与冲压成型、焊接成型、模具结构分析等，以加深学生对理论知识的理解与掌握。第二层次是介绍材料成型工艺参数测定与控制的相关实验，这些实验可以让学生掌握材料成型工艺参数测定与控制的相关原理与方法，是第一层次实验内容的延伸。在第一层次和第二层次实验的基础上，编写了一系列利用计算机进行模拟和虚拟仿真实验作为第三层次的内容，与已建立的材料虚拟仿真实验室配套使用。这些实验既可以辅助实验教学，又可以让学生了解现代化的研究手段。为了落实“质量工程”及“卓越工程师”计划的需要，本书最后特意安排了培养学生的创新精神和创新能力的设计性、研究创新性实验为主的第四层次实验。

本书分为十章，共70个实验。每个实验由实验目的，实验原理，实验仪器、设备与材料，实验方法和步骤，实验报告要求等组成。书中加入所用相关设备实物照片及应用原理，图文并茂，通俗易懂，既适合作为各类院校材料成型与控制工程专业及其他相关专业本科生的实验教学教材或教学参考书，也可供相关专业研究生、工程技术人员参考。

本书由北京科技大学孙建林教授主编。其中，孙建林编写了各章的“本章要点”及实验8、实验19、实验52～实验55、实验62，宋仁伯编写了实验1～实验7及实验21～实验23，张鸿编写了实验9～实验14、实验70，李杏娥编写了实验15、实验20，刘德民编写了实验16~实验18、实验44~实验48，朱国明编写了实验24、实验60、实验61，王开坤编写了实验25、实验30、实验64，王会凤编写了实验26~实验29，刘靖编写了实验31、实验32、实验69，张华编写了实验33~实验37、实验67、实验68，张永军编写了实验38~实验43、实验65、实验66，贠冰编写了实验56~实验59，周乐育编写了实验49、实验50，张志豪编写了实验51、实验63。本书由贠冰高级工程师负责统一整理、编排。全书由北京航空航天大学郎利辉教授、北京科技大学袁康教授审定。

本教材的编写得到了“十二五”规划高等学校本科教学质量与教学改革工程建设项目和北京科技大学教材建设经费资助。此外，在编写过程中，中南大学潘清林教授对本书的初稿提出了宝贵的修改意见，本书的出版得到了冶金工业出版社的大力支持，谨此一并深表谢意。

由于编写水平有限，书中难免存在不妥之处，恳请广大读者批评指正。

编 者

2014年2月

目　录

第一章

材料成型基础实验

本章要点

本章针对材料成型过程的基本力学性能设计了 8 个典型实验，包括材料强度、塑性、摩擦等方面的基本力学性能参数的测试原理和方法。这些基础实验相对简单、易学，通用性强，实验仪器、设备也较为常用，而且实验 1 ~ 实验 6 都有对应的国家标准，非常适合材料成型专业基础课的实验课使用。材料成型基础实验有利于加深对材料成型基本理论和基本力学性能的理解和掌握，同时通过基本力学性能测试分析实验训练，为下一步进行成型工艺的综合实验打下实践基础。

实验 1　材料拉伸性能检测试验

[实验目的]

（1）测定低碳钢（如 Q235 钢这种典型塑性材料）的下列力学性能指标：下屈服强度 R_{eL}（或屈服极限、屈服点 σ_s）、抗拉强度 R_m（或强度极限 σ_b）、断后伸长率 A 和断面收缩率 Z；

（2）测定铸铁（典型脆性材料）的抗拉强度 R_m（或强度极限 σ_b）；

（3）观察塑性与脆性两种材料在拉伸过程中的各种现象；

（4）比较并分析低碳钢和铸铁的力学性能特点与断口破坏特征。

[实验原理]

根据 GB/T 228—2002 和 ISO 6892—1998《金属材料室温拉伸试验方法》的基本要求，分别简要叙述如下：

（1）低碳钢（Q235 钢）拉伸实验原理。做拉伸实验时，利用万能材料试验机的自动绘图装置及拉伸过程各特征点的示力度盘读数或电子拉力试验机的 X-Y 函数记录仪，可测绘出低碳钢试样的拉伸图，即图 1-1 所示的拉力 F 与伸长 $L_u - L_0$ 之间关系曲线。为了使同一种钢材不同尺寸试样的拉伸过程及其特性点便于比较，以消除试样几何尺寸的影响，此曲线称为应力-应变曲线，如图 1-2 所示。从曲线上可以看出，它与拉伸图曲线相似，更清晰表征了钢材的力学性能。拉伸实验过程分为四个阶段，如图 1-1 和图 1-2 所示。

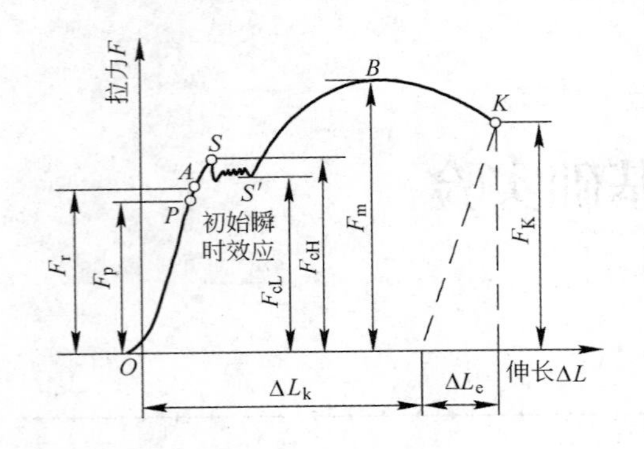

图 1-1 低碳钢试样拉伸图

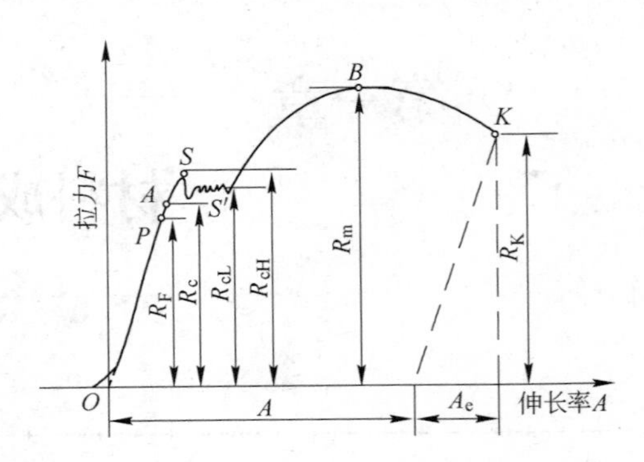

图 1-2 低碳钢应力伸长率图

弹性阶段 OA：在此阶段中的 OP 段，其拉力 F 和伸长 ΔL 成正比关系，表明钢材的应力 R 与伸长率（或称应变）为线性关系，完全遵循虎克定律，则 OP 段称为线弹性阶段。故点 P 对应的应力 R_F 称为材料的比例极限，如图 1-2 所示。在此弹性阶段内可以测定材料的弹性模量 E，它是材料的弹性性质优劣的重要特征之一。实验时如果当应力继续增加达到 A 点所对应的应力 R_e 时，则应力与应变之间的关系不再是线性关系，但变形仍然是弹性的，即卸除拉力后变形完全消失，这呈现出非线性弹性性质。故 A 点对应的应力 R_e 称为材料的弹性极限，把 PA 段称为非线性弹性阶段。工程上对材料的弹性极限（非线性阶段）和比例极限（线弹性阶段）并不严格区分，而是把拉力卸掉后，用精密仪器测定其不能恢复的塑性应变约为 0.02% 所对应的应力值界定为规定非比例伸长应力（或称条件弹性极限）$R_{e0.02}$，它是控制钢材在弹性变形范围内工作的有效指标，在工程上很有实用价值。

屈服阶段 AS'：当应力超过弹性极限继续增加达到锯齿状曲线 SS'时，示力度盘上的指针暂停转动或开始稍微回转并往复运动，这时在试样表面上可看到表征金属晶体滑移的迹线，大约与试样轴线成 45°方向的螺旋线。这种现象表征试样在承受的拉力不继续增加或稍微减小的情况下却继续伸长达到塑性变形发生，这种现象称为试样材料的屈服，其相对应的应力称为屈服应力（或屈服强度）。示力度盘的指针首次回转前的最高应力 R_{eH} 称为上屈服强度，在屈服阶段不计初始瞬时效应时的最低应力 R_{eL} 称为下屈服强度。由于上屈服强度受试验速率、试样变形速率和试样形式等因素的影响不够稳定，而下屈服强度则比较稳定，故工程中一般要求准确测定下屈服强度 R_{eL} 作为材料的屈服极限 σ_s。其计算公式为 $R_{eL}(\sigma_s)=F_{eL}/S_0$。如果材料没有明显的屈服现象时，工程上常用产生规定残余伸长率为 0.2% 时的应力 $R_{r0.2}$ 作为规定残余延伸强度，又称条件屈服极限 $\sigma_{r0.2}$。屈服强度（或屈服极限）是衡量材料强度性能优劣的一个重要指标。本实验要求准确测定其屈服强度。

强化阶段 $S'B$：当过了屈服阶段后，试样材料因发生明显塑性变形，其内部晶体组织结构重新得到了排列调整，其抵抗变形的能力有所增强，随着拉力的增加，伸长变形也随之增加，故拉伸曲线继续上凸升高形成 $S'B$ 曲线段，称为试样材料的强化阶段。在该阶段中试样随着塑性变形量累积增大，促使材料的力学性能也发生变化，即材料的塑性变形性能劣化，材料抵抗变形能力提高，这种特征称为形变强化或冷作硬化。当拉力增加达到拉伸曲线顶点 B 时，示力度盘上的主动针开始返回，而被动针所指的最大拉力为 F_m，依它

求得材料抗拉强度 $R_m = F_m/S_0$，它也是衡量材料强度性能优劣的又一重要指标。本实验也要准确测定其抗拉强度。

颈缩和断裂阶段 BK：对于低碳钢类塑性材料来说，在承受拉力达 F_m 以前，试样发生的变形在各处基本上是均匀的。但在达到 F_m 以后，则变形主要集中于试样的某一局部区域，在该区域处横截面面积急剧缩小，这种特征就是所谓颈缩现象。试验中试样一旦出现“颈缩”，此时拉力随即下降，示力度盘上的主动针继续回转，直至试样被拉断，则拉伸曲线由顶点 B 急剧下降至断裂点 K，故称曲线 BK 阶段为颈缩和断裂阶段。试样拉断后，弹性变形消失，而塑性变形则保留在拉断的试样上，其断口形貌成杯锥状如图1-4所示。利用试样原始标距内的残余变形来计算材料的断后伸长率 A 和断面收缩率 Z，其计算公式为：

$$\text{断后伸长率}\quad A = \frac{L_u - L_0}{L_0} \times 100\% \tag{1-1}$$

$$\text{断面收缩率}\quad Z = \frac{S_0 - S_u}{S_0} \times 100\% \tag{1-2}$$

式中，L_0 为原始标距长度；S_0 为原始横截面面积；L_u 为试样断裂后标距长度；S_u 为试样断裂后颈缩处最小横截面面积。

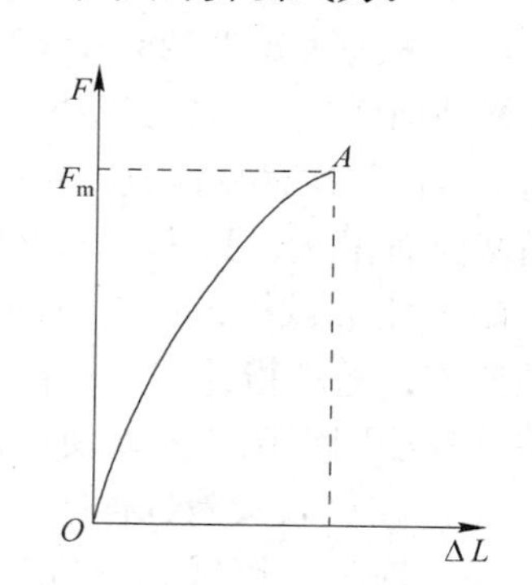

图1-3　铸铁试样拉伸图

（2）铸铁拉伸实验原理。对铸铁试样做拉伸实验时，利用试验机的自动绘图装置可绘出铸铁试样的拉伸图，如图1-3所示。实验表明，在整个拉伸过程中试样变形很小，无屈服和颈缩现象，拉伸图上无明显直线段，拉伸曲线很快达到最大拉力 F_m，试样突然发生断裂，其断口平齐粗糙，是一种典型的脆性破坏，断口如图1-4所示。其抗拉强度（或强度极限）$R_m = F_m/S_0$，远小于低碳钢材料的抗拉强度。

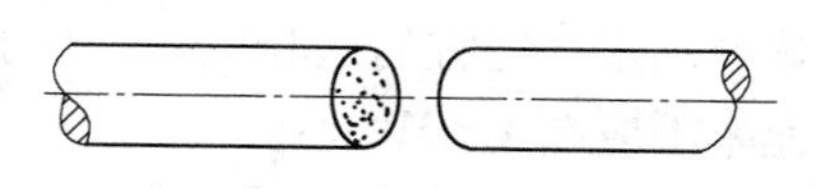

图1-4　铸铁试样断口

[实验仪器、设备与材料]

（1）万能材料试验机（如图1-5所示），拉力试验机，电子式拉力试验机。

（2）电子引伸计，游标卡尺，试样划线器。

（3）试样制备：根据GB-T 2975—1998和ISO 377—1997《钢及钢产品力学性能试验取样位置和试样制备》的要求其直径 D 和试验段 L_0 满足 $L_0/D = 10$ 或5，如图1-6所示。

图1-5　万能材料试验机

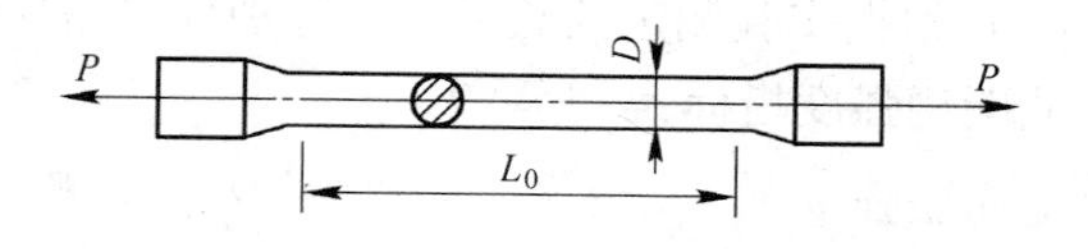

图1-6　拉伸试样

[实验方法和步骤]

(1) 根据试样的形状、尺寸和预估材料的抗拉强度来估算最大拉力，并使此力位于试验机示力度盘量程的40% ~80%内，以选择合适的示力度盘和相应的摆锤。然后选用与试样头部相适应的夹具，以使试样安装在试验机上时夹持牢固。

(2) 用细砂纸打磨低碳钢试样表面，使之光亮洁净。在试样的原始标距长度 L_0 范围内，用试样划线器细划等分10个分格线，标距端点可做上颜色标记，对原始标距的标记应准确到 ±1%，以便观察标距范围内沿轴向变形和晶体滑移迹线的情况，也便于试样断裂后测定断后伸长率。

(3) 根据GB/T 228—2002《金属材料室温拉伸试验方法》中第7章的规定，测定试样原始横截面面积。本次实验采用圆形截面试样，应在标距的两端及中间处的两个相互垂直的方向上各测一次横截面直径 d，取其算术平均值，选用三处中平均直径最小值，并以此值计算横截面面积 S_0，其 $S_0=\pi d^2/4$。该计算值修约到四位有效数字（π 取五位有效数字）。

(4) 安装试样，可快速调节试验机的夹头位置，将试样先夹持在上夹头中，再把测力指针调零，随动指针靠上；再升起下夹头，将试样夹牢并使之铅直；并将试验机上自动绘图装置及绘图纸调整好，使试样处于完好待实验状态。经指导教师检查后即可开始实验。

(5) 在加载实验过程中，总的要求应是缓慢、均匀、连续地进行加载。

(6) 对低碳钢试样，测定下屈服强度 R_{eL}，在试样平行长度的屈服期间其应变速率应在0.00025/s ~0.0025/s之间，试验中平行长度内的应变速率应尽可能保持恒定；测定抗拉强度 R_m 时，试样平行长度的应变速率不应超过0.008/s。在上述规定的应变速率范围内选择确定一适宜的试验速率。对于铸铁试样，测定抗拉强度 R_m 时，试样平行长度的应力速率不应超过6MPa/s。

(7) 在实验中，对低碳钢试样，要注意观察拉伸过程四个特征阶段中的各种现象，记下示力度盘上指针首次停止时的上屈服点力 F_{eH} 值、主动针往复回转所指示下屈服点力 F_{eL} 值和最大力 F_m 值。对于铸铁试样，记下示力度盘上最大力 F_m 值。当试样被拉断后立即停机，并取下试样观测。

(8) 对于拉断后的低碳钢试样，要分别测量断裂后的标距 L_u 和颈缩处的最小直径 d_u。按照GB/T 228—2002中的规定测定 L_u 时，将试样断裂后的两段在断口处紧密地对接起来，尽量使其轴线位于一条直线上，直接测量原始标距两端的距离即得 L_u 值。如果断口处到最邻近标距端点的距离小于或等于(1/3) L_0 时，则需要用GB/T 228—2002中附录F《移位方法测定断后伸长率》的方法来计算试样断后伸长率。

[实验报告要求]

(1) 根据实验测定的数据，可分别计算出材料的强度指标和塑性指标。

低碳钢强度指标：

上屈服强度 $$R_{eH}=F_{eH}/S_0 \tag{1-3}$$

下屈服强度 $$R_{eL}=F_{eL}/S_0 \tag{1-4}$$

抗拉强度 $$R_m=F_m/S_0 \tag{1-5}$$

低碳钢塑性指标：

断后伸长率
$$A = \frac{L_u - L_0}{L_0} \times 100\% \tag{1-6}$$

断面收缩率
$$Z = \frac{S_0 - S_u}{S_0} \times 100\% \tag{1-7}$$

铸铁强度指标：

抗拉强度
$$R_m = F_m / S_0 \tag{1-8}$$

（2）绘出拉伸过程中的 $F\text{-}\Delta L$，$\sigma\text{-}\varepsilon$ 曲线，对实验中观察到的各种现象进行分析比较，并写入实验报告中。

实验2 材料硬度测试试验

[实验目的]

(1) 了解布氏、洛氏、维氏硬度计的测试原理;

(2) 掌握各类硬度计的测定方法及注意事项。

[实验原理]

硬度是指材料对另一更硬物体(钢球或金刚石)压入其表面所产生的抵抗力。它与材料的化学成分、组织状态、加工处理、工作环境和其他力学性能有关。硬度值随硬度试验方法的不同,其物理意义也不同。硬度的大小对于工件的使用性能和寿命具有重要影响。由于测量的方法的不同,常用的硬度指标有布氏硬度(HB)、洛氏硬度(HR)和维氏硬度(HV)。

布氏硬度用于硬度较低的金属,如正火、退火的金属,铸铁及有色金属硬度测定。洛氏硬度又有 HRA、HRB、HRC 三种,其中 HRC 适用于测定硬度较高的金属如淬火钢的硬度。维氏硬度测定的硬度值比布氏硬度和洛氏硬度精确,可以测定从极软到极硬材料的硬度。但测定过程比较麻烦。显微硬度用于测定显微组织中各个微小区域的硬度。实质就是小负荷(≤9.8N)的维氏硬度,也用 HV 表示。

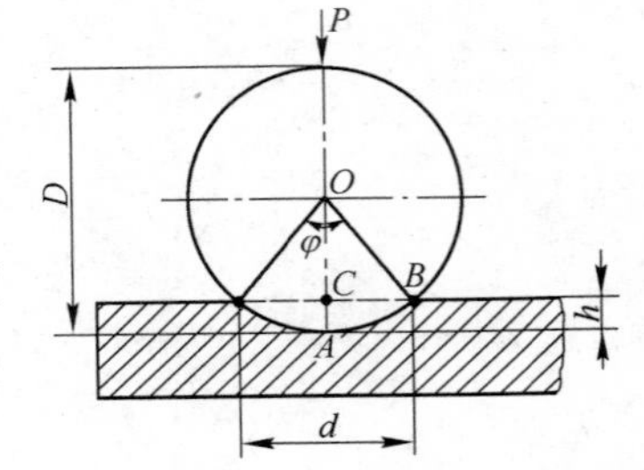

图 2-1 布氏硬度实验原理图

(1) 布氏硬度(HB)测试原理(图 2-1)。用一定的负荷(试验力)将一个选定直径的钢球压头(或硬质合金压头)压入被测材料表面。保持负荷一定时间,卸除试验力后在材料表面留下一个压痕。通过测量压痕直径,进而计算出布氏硬度。布氏硬度用 HB 表示。

若压痕的深度为 h,则压痕的面积为:

$$F = \pi Dh = \frac{\pi D}{2}(D - \sqrt{D^2 - d^2}) \tag{2-1}$$

$$\mathrm{HB} = \frac{P}{F}$$

$$\mathrm{HB} = \frac{2P}{\pi D(D - \sqrt{D^2 - d^2})} \quad (\mathrm{kgf/mm^2}) \tag{2-2}$$

式中 P——施加的载荷,kgf(1kgf≈9.8N);

F——压痕的表面积,$\mathrm{mm^2}$;

D——钢球的直径,mm;

d——压痕直径,mm。

在 P 和 D 一定的情况下,布氏硬度的高低取决于压痕的直径 d,d 越大,表明材料的 HB 值越低即材料越软;反之材料硬度高即 HB 越大。

(2) 洛氏硬度测试原理。洛氏硬度法克服了布氏法的缺点,它的压痕较小,可测量较高硬度，可直接读数，操作方便、效率高。洛氏硬度法也采用压入法，它用金刚石和钢球作压头，但它是以压痕的陷凹深度作为计量硬度指标。为了可以用一个试验机测定从软到硬的材料的硬度，采用了不同的压头和总负荷，组成了15种不同的洛氏硬度标度。

（3）维氏硬度测试原理。将一个相对面夹角为136°的正四棱锥体金刚石压头以选定的试验力压入被测材料表面，保持规定时间后（试验力保持时间为10～15s），卸除试验力，用读数显微镜测量压痕两对角线长度 d_1 和 d_2，取其算术平均值，查表或代入公式计算出维氏度值。维氏硬度用HV表示：

$$HV = 0.1891 \times \frac{F}{d^2} \qquad d = \frac{d_1 - d_2}{2}$$

[实验仪器、设备与材料]

（1）HBRVU-187.5型布洛维光学硬度计；

（2）试件20号钢退火态，45号钢淬火态，T12钢淬火态。

[实验方法和步骤]

（1）布氏硬度试验。

1）清理试样表面，并根据试样的材料、厚度和硬度范围选择钢球压头直径 D、载荷 F 及保载时间。

2）放在硬度计工作台上，按布氏硬度计的操作规程进行试验，在试样表面产生一个压痕。移动试样重做一次试验，产生第二个压痕。

3）取下试样，用读数显微镜在相互垂直方向上测量压痕直径 d，并根据 d 查表求出试样的布氏硬度值。

（2）洛氏硬度试验。

1）清理试样表面，并根据试样的材料、形状，选择压头、载荷和工作台。

2）把试样放在工作台上，按洛氏硬度计的操作规程进行试验。前后共测三点，取其平均值为洛氏硬度值。

（3）维氏硬度试验。

1）试样进行抛光、浸蚀、吹干。根据试样的材料、形状选择工作台、载荷和加载时间。

2）在显微镜下观察，选择所测试的部位。

3）移动工作台，使压头对准所测试的部位，然后加载，卸载。

4）移动工作台，在目镜中观察显微硬度的压痕。

5）用螺旋测微目镜测量压痕对角线的长度。通过查压痕对角线与显微硬度对照表，得到显微硬度值。

[实验报告要求]

（1）写出各种硬度计的测量原理及测量步骤。

（2）实验数据处理分别见表2-1～表2-3。

表 2-1 布氏硬度

项目 材料（退火）	实验规程				实验结果			换算成洛氏硬度值	
	钢球直径 D /mm^{-1}	载荷 F /N	F/D^2	保载时间 /s	第一次 HBS	第二次 HBS	平均值 HBS	HRC	HRB
20 号钢									
45 号钢									
T12 钢									

表 2-2 洛氏硬度

项 目 材 料	实验规程			实验结果				换算成布氏硬度值 HBS
	压头	总载荷 F/N	硬度标尺	第一次	第二次	第三次	平均值	
20 号钢（退火）								
45 号钢（调质）								
T12 钢（淬火）								

表 2-3 维氏硬度

项 目 材 料	实验规程			实验结果				换算成布氏硬度值 HBS
	压头	总载荷 F/N	保载时间/s	第一次	第二次	第三次	平均值	
20 号钢（退火）								
45 号钢（调质）								
T12 钢（淬火）								

实验3 材料疲劳试验

[实验目的]

(1) 掌握金属高周疲劳性能的特点。

(2) 了解高周疲劳性能检测试验的基本原理。

(3) 了解金属材料高周疲劳性能测试装置的使用方法。

(4) 掌握高周疲劳寿命数据处理方法。

[实验原理]

材料/结构在交变载荷作用下产生的不可逆的损伤累积过程称为疲劳，损伤累积可使材料/结构产生裂纹，裂纹进一步扩展至完全断裂，称为疲劳破坏。与金属静破坏相比，疲劳破坏具有如下特点：

(1) 交变载荷峰值在远低于材料强度极限的情况下，就可能发生破坏，表现低应力脆性断裂的特征。

(2) 破坏有局部性质。无论是脆性材料还是塑性材料，疲劳破坏在宏观上均无明显的塑性变形区域。

(3) 疲劳寿命有极大的分散性，对载荷、环境、材料特性、结构形式、加工工艺等多种因素相当敏感。

(4) 疲劳断口在宏观上和微观上都有显著的特征。

疲劳寿命 N：疲劳寿命指的是交变应力作用下导致材料结构破坏的交变应力循环数，它与应力水平、环境、材料特性、结构形式及表面处理工艺等相关。

高周疲劳：高周疲劳是指材料结构在低于材料屈服硬度循环应力作用下的疲劳。其寿命一般在 10^5 次以上。

[实验仪器、设备与材料]

(1) 疲劳试验机：疲劳试验允许在不同类型的拉压疲劳试验机上进行，但必须满足：

1) 使试样受载对称分布。

2) 在静态下校正载荷，其相对误差不超过1%，示值变动度不超过1%；在动态下校正载荷，其相对误差不超过3%。

3) 带有准确的技术装置。游标卡尺等。电液伺服疲劳试验机如图3-1所示。

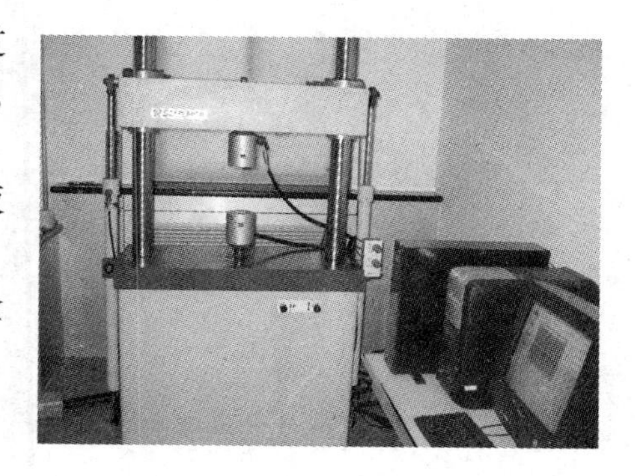

图3-1 电液伺服疲劳试验机

(2) 试样制备：试样按 GB 3075—1982《金属轴向疲劳试验方法》制成。

[实验方法和步骤]

(1) 试样准备。试验前用肉眼和放大镜检查试样是否存在明显的缺陷，如表面划伤、蚀坑以及磕碰痕迹等。

（2）测量试样尺寸。用精度为0.01mm的量具测量试样的工作段不同位置的厚度B，取平均值。用精度为0.001mm的量具测量试样工作段宽度W。对棒状试样，用精度为0.01mm的量具在试样工作段随机测量若干直径R，取平均值。

（3）检查试验装备，开启试验装备。

（4）夹持试样。

（5）设定试验参数。

（6）进行试验，记录试验现象。

（7）试验结束后取下试样，观察断口，保存试样。

[实验报告要求]

（1）疲劳试验断口的分析；

（2）疲劳寿命的统计处理。

实验4 材料冲击韧性试验

[实验目的]

（1）用摆锤冲击试验机，冲击简支梁受载条件下的低碳钢和铸铁试样，确定一次冲击负载作用下折断时的冲击韧性 a_{KU}。

（2）通过分析计算，观察断口，比较上述两种材料抵抗冲击载荷的能力。

[实验原理]

衡量材料抗冲击能力的指标用冲击韧度来表示。冲击韧度是通过冲击实验来测定的。这种实验在一次冲击载荷作用下显示试件缺口处的力学特性（韧性或脆性）。虽然试验中测定的冲击吸收功或冲击韧度不能直接用于工程计算，但它可以作为判断材料脆化趋势的一个定性指标，还可作为检验材质热处理工艺的一个重要手段。这是因为它对材料的品质、宏观缺陷、显微组织十分敏感，而这点恰是静载实验所无法揭示的。

测定冲击韧度的试验方法有多种。国际上大多数国家所使用的常规试验为简支梁式的冲击弯曲试验。在室温下进行的实验一般采用 GB/T 229—1994 标准《金属夏比冲击试验方法》，另外还有“低温夏比冲击实验”，“高温夏比冲击实验”。

由于冲击实验受到多种内在和外界因素的影响。要想正确反映材料的冲击特性，必须使用冲击实验方法和设备标准化、规范化，为此我国制定了金属材料冲击实验的一系列国家标准（例如 GB 2106、GB 229—1984、GB 4158—1984、GB 4159—1984）。本次实验介绍“金属夏比冲击实验”（即 GB/T 229—1994）测定冲击韧度。

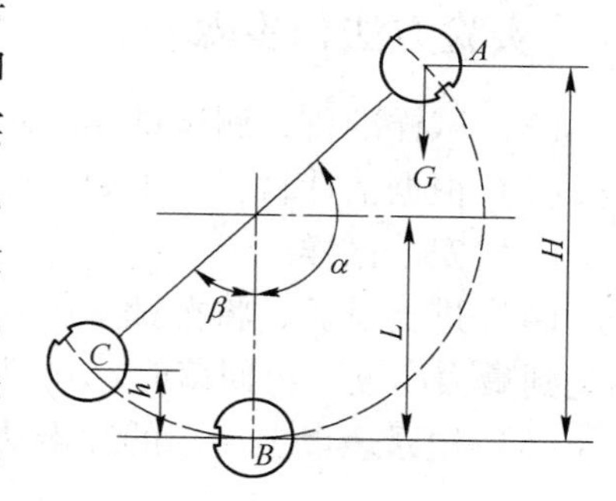

图4-1 冲击试验原理图

冲击试验利用的是能量守恒原理，即冲击试样消耗的能量是摆锤试验前后的势能差。试验时，把试样放在图4-1的 B 处，将摆锤举至高度为 H 的 A 处自由落下，冲断试样即可。

摆锤在 A 处所具有的势能为：

$$E = GH = GL(1 - \cos\alpha) \tag{4-1}$$

冲断试样后，摆锤在 C 处所具有的势能为：

$$E_1 = Gh = GL(1 - \cos\beta) \tag{4-2}$$

势能之差 $E - E_1$，即为冲断试样所消耗的冲击功 A_K：

$$A_K = E - E_1 = GL(\cos\beta - \cos\alpha) \tag{4-3}$$

式中，G 为摆锤重力，N；L 为摆长（摆轴到摆锤重心的距离），mm；α 为冲断试样前摆锤扬起的最大角度；β 为冲断试样后摆锤扬起的最大角度。

［实验仪器、设备与材料］

（1）冲击试验机，游标卡尺等。冲击试验机结构示意图如图 4-2 所示。

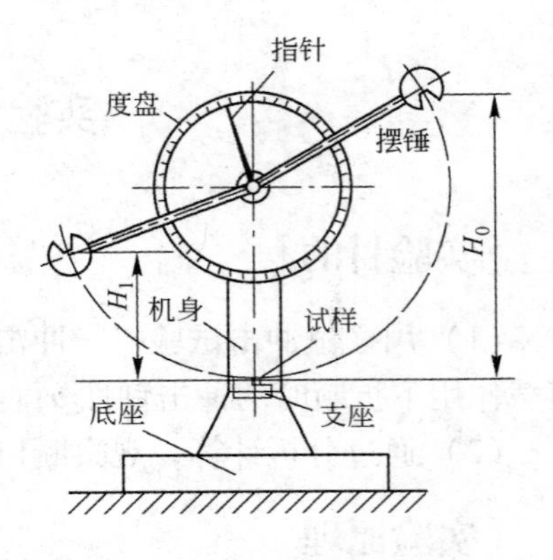

图 4-2 冲击试验机结构图

（2）试样制备。若冲击试样的类型和尺寸不同，则得出的实验结果不能直接比较和换算。本次试验采用 U 形缺口冲击试样，其尺寸及偏差应根据 GB/T 229—1994 规定，见图4-3。加工缺口试样时，应严格控制其形状、尺寸精度以及表面粗糙度。试样缺口底部应光滑、无与缺口轴线平行的明显划痕。

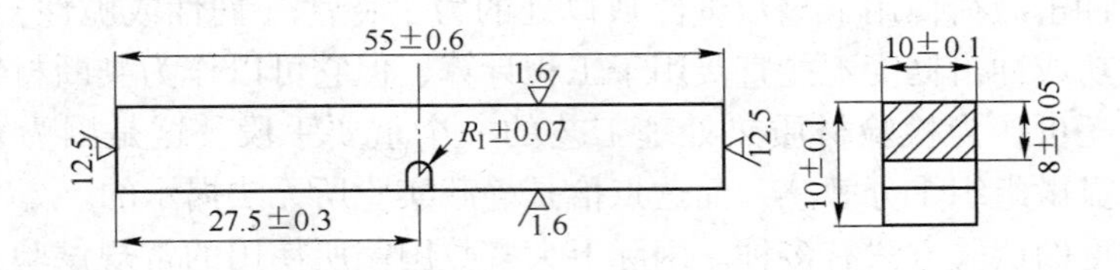

图 4-3 冲击试样

［实验方法和步骤］

（1）试样准备，测试试样的几何尺寸及缺口处的横截面尺寸。

（2）根据估计材料冲击韧性来选择试验机的摆锤和表盘。

（3）安装试样。

（4）进行试验，将摆锤举起到高度 H 并锁住，然后释放摆锤，冲断试样后，待摆锤扬起到最大高度，再回落时，立即刹车，使摆锤停住。

（5）记录表盘上所示的冲击功值。取下试样，观察断口。试验完毕，将试验机复原。

［实验报告要求］

（1）计算冲击韧性值。

（2）比较分析两种材料的抵抗冲击时所吸收的功，观察破坏断口形貌特征。

实验5　金属薄板塑性应变比 r 值的测定

［实验目的］

（1）了解万能材料试验机的工作原理，初步掌握试验机的操作规程。

（2）根据测定的材料的工程应力-应变曲线建立其真应力-真应变曲线，计算材料的塑性应变比 r。

［实验原理］

塑性应变比即 r 值，是评价金属薄板深冲性能的最重要参数。它反映金属薄板在某平面内承受拉力或压力时，抵抗变薄或变厚的能力。它与多晶材料中结晶择优取向有关。塑性应变比 r 定义为将金属薄板试样单轴拉伸到产生均匀塑性变形时，试样标距内，宽度方向的真实应变与厚度方向的真实应变之比。塑性应变比 r 亦称厚向异性指数，用公式表示为：

$$r = \frac{\varepsilon_a}{\varepsilon_b} = \frac{\ln \dfrac{b}{b_0}}{\ln \dfrac{t}{t_0}} \tag{5-1}$$

$$\varepsilon_b = \ln \frac{b}{b_0}$$

$$\varepsilon_a = \ln \frac{t}{t_0}$$

式中　ε_b——试样的宽度应变；

ε_a——试样的厚向应变；

b_0，t_0——试样的原始宽度和厚度，mm；

b，t——变形后试样的宽度与厚度，mm。

金属薄板存在各向异性，不同取样方向上 r 值不同，通常所用塑性应变比为金属薄板平面上0°、45°和90°三个方向所测 r 值的加权平均值。一般按下式计算平均塑性应变比：

$$\bar{r} = \frac{1}{4}(r_0 + 2r_{45} + r_{90}) \tag{5-2}$$

当 r 值小于1时，说明材料厚度方向上容易变形减薄、致裂，冲压性能不好；当 r 值大于1时，说明材料冲压成型过程中长度和宽度方向上容易变形，能抵抗厚度方向上变薄，而厚度减薄是冲压过程中发生断裂的原因，故 r 值越大越有利于深冲性能。

［实验仪器、设备与材料］

（1）拉伸试验机，千分尺，直尺，游标卡尺等。

（2）试样制备。根据 GB/T 2975—1998 和 ISO 377—1997《钢及钢产品力学性能试验取样位置和试样制备》的要求其直径 D 和试验段 L_0 满足 $L_0/D=10$ 或5，如图1-6所示。

［实验方法和步骤］

（1）打开电源，启动万能材料试验机；

（2）根据实验材料要求，设置机器参数，包括引伸计标距和当前夹具间距、试验速度、加载速度等；

（3）试样准备，用游标卡尺测量试样的标距范围内的原始厚度和宽度，其测量误差应使原始横截面积的误差不超过2%；

（4）安装试样，保证试样轴向受力，开始实验；

（5）当测试达到预载力后，绑定引伸计，当试样伸长到约20%，注意应在屈服之后，产生细颈之前时停止加载；

（6）取出试样，用千分尺测量，记录变形后试样的厚度和宽度。

［实验报告要求］

（1）根据实验数据，计算材料的塑性应变比 r。

（2）材料的塑性应变比 r 的意义是什么？如何应用？

实验6　金属薄板应变强化指数 n 值的测定

[实验目的]

（1）了解万能材料试验机的工作原理，初步掌握试验机的操作规程。

（2）根据测定的材料的工程应力-应变曲线建立其真应力-真应变曲线，计算材料的应变强化指数 n。

[实验原理]

金属的应变强化指数 n 是钢材在拉伸中实际应力-应变曲线的斜率。其物理意义是，n 值高，表示材料在成型加工过程中，材料的变形易于从变形区向未变形区、从大变形区向小变形区传递，宏观表现为材料应变分布的均匀性好，减少局部变形集中现象，不易进入分散失稳。因此 n 值对拉延胀形非常重要。

试样在均匀塑性变形范围内以规定的恒定速率，通过对金属薄片试样的纵轴方向施加拉伸载荷，使得其产生轴向拉伸变形，通过记录试样载荷与对应标线间距离的变化情况，得到应力-应变全过程的数据，用整个均匀塑性变形范围内的应力-应变曲线，或用整个塑性变形范围的应力-应变曲线的一部分计算拉伸应变硬化指数 n 值。多数金属材料的真实应力-真实应变关系为幂指数函数形式，见式（6-1）：

$$S = B\varepsilon^n \tag{6-1}$$

式中　S——真实应力，MPa；

ε——真实应变；

B——与材料相关的系数，MPa；

n——应变硬化指数。

将式两边取对数，可以得到下式：

$$\lg S = \lg B + n\lg\varepsilon$$

根据硬化曲线，用线性回归的方法便可计算其斜率，即 n 值：

$$n = \frac{\lg\dfrac{S_2}{S_1}}{\lg\dfrac{\varepsilon_2}{\varepsilon_1}} \tag{6-2}$$

[实验仪器、设备与材料]

（1）拉伸试验机，千分尺，直尺，游标卡尺等。

（2）试样制备。根据 GB/T 2975—1998 和 ISO 377—1997《钢及钢产品力学性能试验取样位置和试样制备》的要求其直径 D 和试验段 L_0 满足 $L_0/D = 10$ 或 5，如图 1-6 所示。

[实验方法和步骤]

（1）打开电源，启动万能材料试验机。

（2）根据实验材料要求，设置机器参数，包括引伸计标距和当前夹具间距、试验速度、加载速度等。

（3）试样准备。用游标卡尺测量试样的标距范围内的原始厚度和宽度，其测量误差应使原始横截面积的误差不超过2%。

（4）安装试样，保证试样轴向受力，开始实验。

（5）当测试达到预载力后，绑定引伸计，试验继续进行，直至试样断裂，解除引伸计，保存实验数据。

（6）取出试样，记录变形后试样的厚度和宽度。

[实验报告要求]

（1）计算材料的硬化指数 n。

（2）给出材料的拉伸曲线图，并绘制其硬化曲线。

实验7 金属室温压缩时的应力状态研究

［实验目的］

（1）测定低碳钢压缩时的下屈服强度 R_{eL}（或屈服极限 σ_s）；

（2）测定铸铁压缩时的抗压强度 R_m（或抗压强度极限 σ_b）；

（3）观察并比较低碳钢和铸铁在压缩时的缩短变形和破坏现象。

［实验原理］

（1）低碳钢。以低碳钢为代表的塑性材料，轴向压缩时会产生很大的横向变形，但由于试样两端面与试验机支撑垫板间存在摩擦力，约束了这种横向变形，故试样出现显著的鼓胀效应，如图7-1所示。为了减小鼓胀效应的影响，通常的做法是除了将试样端面制作得光滑以外，还可在端面涂上润滑剂以利于最大限度地减小摩擦力。低碳钢试样的压缩曲线如图7-2所示，由于试样越压越扁，则横截面面积不断增大，试样抗压能力也随之提高，故曲线是持续上升为很陡的曲线。从压缩曲线上可看出，塑性材料受压时在弹性阶段的比例极限、弹性模量和屈服阶段的屈服点（下屈服强度）同拉伸时是相同的。但压缩试验过程中到达屈服阶段时不像拉伸试验时那样明显，因此要认真仔细观察才能确定屈服荷载 F_{eL}，从而得到压缩时的屈服点强度（或下屈服强度）$R_{eL}=F_{eL}/S_0$。由于低碳钢类塑性材料不会发生压缩破裂，因此，一般不测定其抗压强度（或强度极限）R_m，而通常认为抗压强度等于抗拉强度。

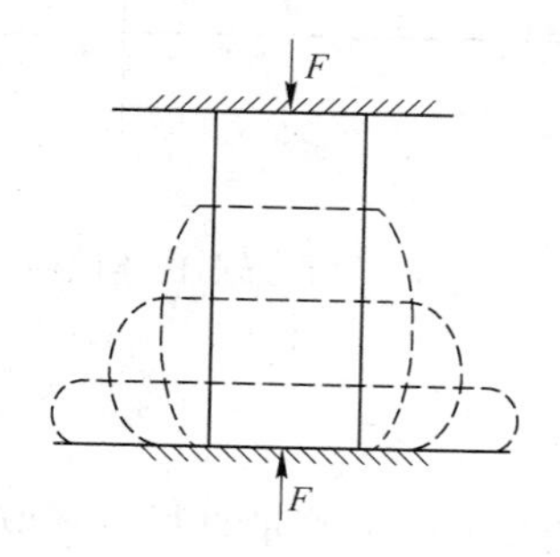

图7-1 低碳钢压缩时的鼓胀效应

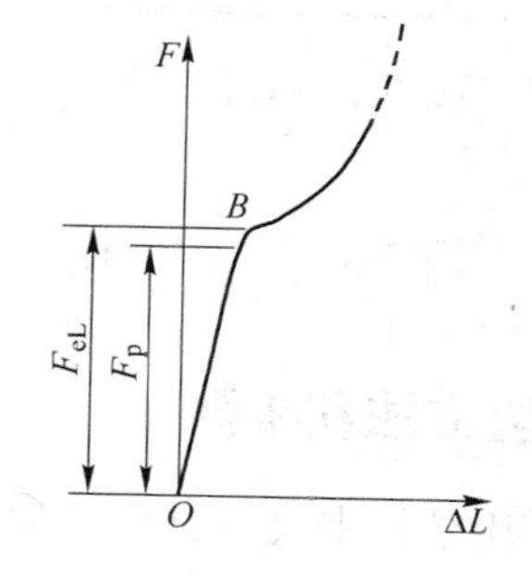

图7-2 低碳钢压缩曲线

（2）铸铁。对铸铁类脆性金属材料，压缩实验时利用试验机的自动绘图装置，可绘出铸铁试样压缩曲线如图7-3所示，由于轴向压缩塑性变形较小，呈现出上凸的光滑曲线，压缩图上无明显直线段、无屈服现象，压缩曲线较快达到最大压力 F_m，试样就突然发生破裂。将压缩曲线上最高点所对应的压力值 F_m 除以原试样横截面面积 S_0，即得铸铁抗压强度 $R_m=F_m/S_0$。在压缩实验过程中，当压应力达到一定值时，试样在与轴线大约45°～55°的方向上发生破裂，如图7-4所示，这是由于铸铁类脆性材料的抗剪强度远低于抗压强度，从而使试样被剪断所致。

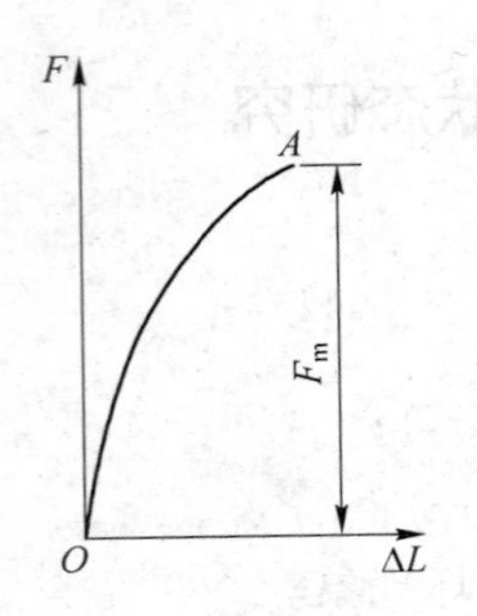

图 7-3 铸铁压缩曲线

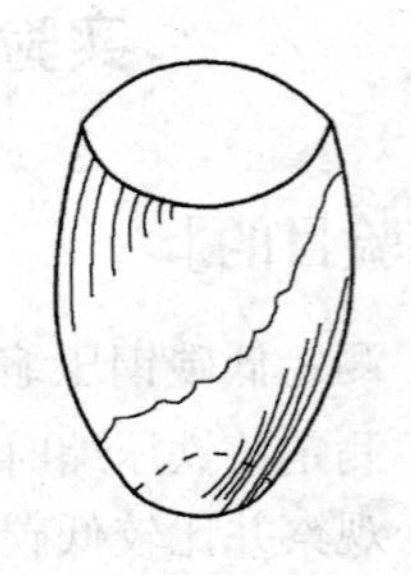
图 7-4 铸铁压缩破坏示意图

[实验仪器、设备与材料]

(1) 万能材料试验机；

(2) 游标卡尺；

(3) 实验试样。对于低碳钢和铸铁类金属材料，按照 GB 7314—1987《金属压缩试验方法》的规定，金属材料的压缩试样多采用圆柱体，如图 7-5 所示。试样的长度 L 一般为直径 d 的 2.5 ~3.5 倍，其直径 d = 10 ~20mm。也可采用正方形柱体试样，如图 7-6 所示。要求试样端面应尽量光滑，以减小摩擦阻力对横向变形的影响。

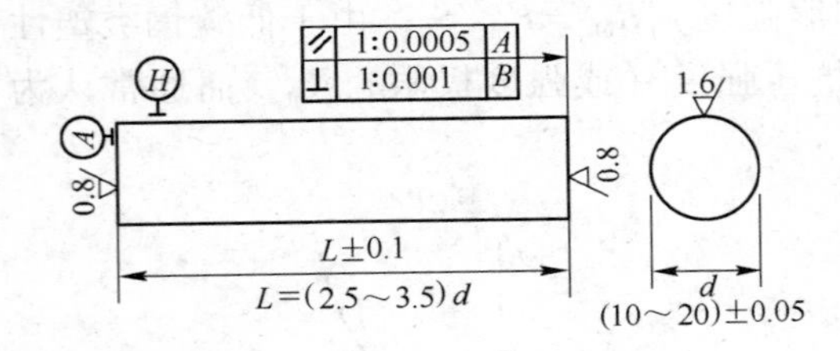

图 7-5 圆柱体试样

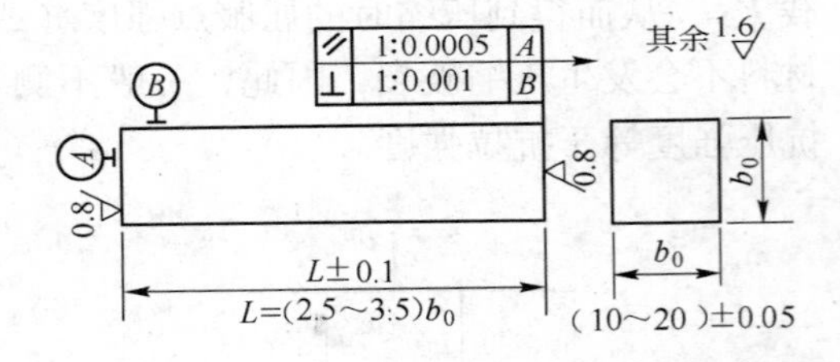

图 7-6 正方形柱体试样

[实验方法和步骤]

(1) 用游标卡尺在试样两端及中间三处两个相互垂直方向上测量直径，并取其算术平均值，选用三处中的最小直径来计算原始横截面面积 S_0。

(2) 根据低碳钢屈服荷载和铸铁最大实际压力的估计值（它应是满量程的 40% ~ 80%），选择试验机及其示力度盘，并调整其指针对零。对试验机的基本要求，经国家计量部门定期检验后应达到 1 级或优于 1 级准确度，实验时所使用力的范围应在检验范围内。

(3) 调整好试验机上的自动绘图装置。

(4) 将试样端面涂上润滑剂后，再将其准确地置于试验机活动平台的支撑垫板中心处。

(5) 调整好试验机夹头间距，当试样端面接近上承压垫板时，开始缓慢、均匀加载。在加载实验过程中，其实验速度总的要求应是缓慢、均匀、连续地进行加载，具体规定速度为0.5～0.8MPa/s。

（6）对于低碳钢试样，若将试样压成鼓形即可停止实验。对于铸铁试样，加载到试样破裂时（可听见响声）立即停止实验，以免试样进一步被压碎。

（7）做铸铁试样压缩时，注意在试样周围安放防护网，以防试样破裂时碎碴飞出伤人。

［实验报告要求］

（1）根据实验测定的数据，可分别计算出材料的压缩率，低碳钢和铸铁的强度性能指标。低碳钢的下屈服强度（或屈服极限 σ_s）指标：$R_{eL}=F_{eL}/S_0$，铸铁的抗压强度指标：$R_m=F_m/S_0$。

（2）分析体压缩时金属的塑性及其流动的影响规律。

实验 8 金属塑性变形时摩擦系数测定

[实验目的]

(1) 分析摩擦对金属变形过程及金属流动的影响规律。

(2) 了解利用圆环压缩法测定摩擦系数的基本原理与方法。

[实验原理]

金属变形过程中，摩擦的存在导致变形抗力增大，变形能耗增加，工模具磨损加剧，同时工件发生不均匀变形，变形后工件表面质量下降，为此测定金属变形过程的摩擦系数对于分析和了解变形过程具有十分重要的作用。常用的摩擦系数测定方法是平面压缩空心圆柱体（圆环）法。

镦粗圆环是利用一定尺寸的圆环状试件，根据在不同摩擦状态下镦粗时的内外径不同变化来测摩擦系数。如果接触面上不存在摩擦，即摩擦系数为零，则圆环的内外径均扩大，与实心圆柱体镦粗时出现的情况类似——金属质点全向外周流动，圆心就是分流点，如图 8-1a。随接触面上摩擦增大，内外径的扩大量减小，分流点外移，分流半径增大，见图 8-1b。当摩擦系数增大到一定的数值后，圆环内径不但不增大，反而减小，分流半径介于内外径之间，见图 8-1c。

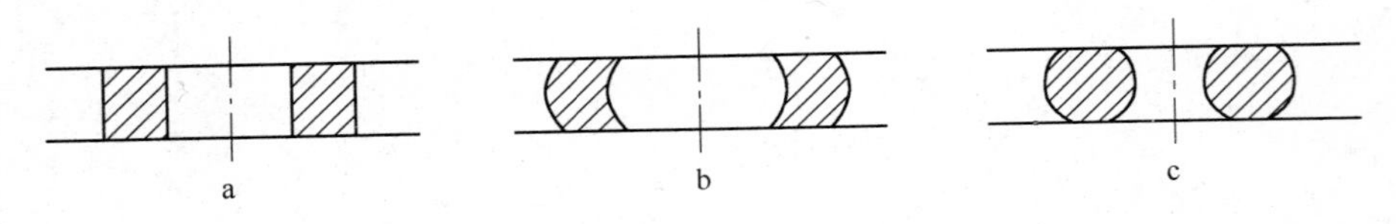

图 8-1 镦粗圆环试件时不同摩擦条件对圆环变形的影响

a—$\mu=0$；b—μ 较小；c—μ 较大

对于一定尺寸的圆环而言，分流半径大小仅与摩擦系数有关，而且由它反映出圆环内、外径的变化比较显著，一般都以圆环镦粗时的内径变化作为分流半径的当量来考虑。

本方法的关键在于建立摩擦系数与圆环镦粗时内径变化的关系曲线，常称为测定摩擦系数的标定曲线。图 8-2a 与 b 分别示出了库仑摩擦中常摩擦系数条件下和黏着摩擦中常摩擦应力条件下的标定曲线。

[实验仪器、设备与材料]

(1) 四柱压力机或材料试验机。使用 Gleeble 热模拟试验机可以测定不同变形温度条件下的摩擦系数；游标卡尺等。

(2) 工业纯铝或低碳钢。试样尺寸：外径 ϕ20mm，内径 ϕ10mm，高 7mm，见图 8-2a 。

[实验方法和步骤]

(1) 试样准备，调试压力机。

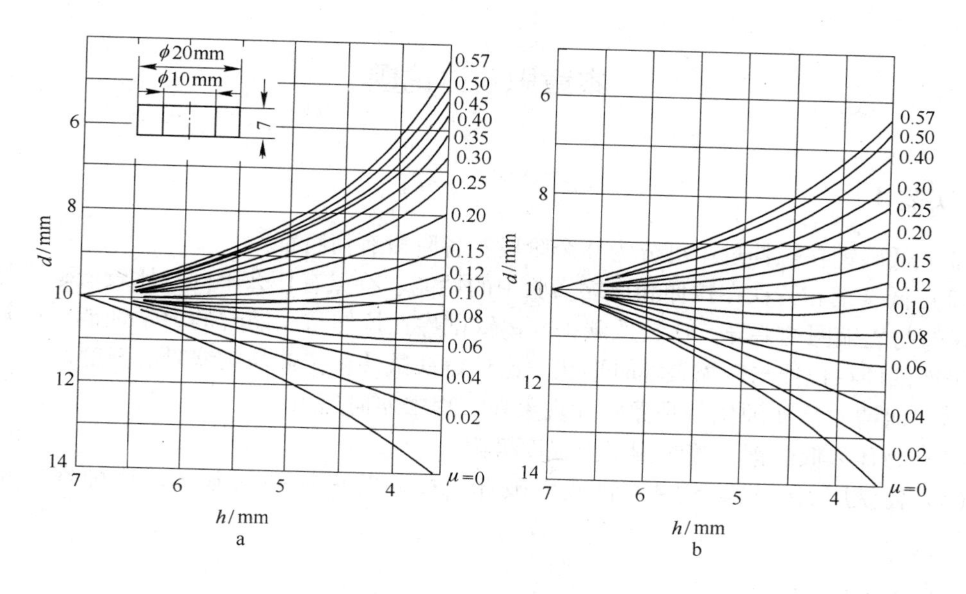

图 8-2　镦粗圆环试件时测定摩擦系数标定曲线

a—常摩擦系数条件；b—常摩擦力条件

（2）将试样放置压力机垫板上，如果进行热压缩，则对试样进行加热，并注意实验过程的保温。

（3）对试样进行压缩，可以设计不同的压下量或不同的润滑条件，最大压下量控制在 50%。

（4）测定压缩后试样的高度和内径数值。

（5）先选择压缩变形的摩擦条件，再根据测量结果，在上述相应图中所确定的坐标位置，读出摩擦系数值。例如，当圆环试件压缩至5mm，若测得圆环内径9mm，则从图 8-1a 中求得 $\mu=0.3$，而从图 8-2b，则求得 $\mu=0.4$。

［实验报告要求］

（1）实验报告格式自定。

（2）根据不同的变形条件，绘制摩擦系数的变化曲线。

（3）对实验结果进行理论分析。

本章思考讨论题

[实验1]

(1) 低碳钢在拉伸过中可分为几个阶段？各阶段有何特征？

(2) 低碳钢和铸铁在拉伸和压缩实验中的性能和特点有什么不同？比较低碳钢与铸铁试件拉伸与压缩图的差异。比较低碳钢与铸铁试件在拉伸与压缩时的力学性能。比较低碳钢与铸铁试件在拉伸与压缩破坏时形状。比较铸铁试件在拉伸与压缩时的强度。

(3) 何谓“冷作硬化”现象？此现象在工程中如何运用？

(4) 为什么低碳钢压缩时测不出强度极限？

(5) 铸铁压缩时沿大约45°斜截面破坏，拉伸时沿横截面破坏，这种现象说明了什么？

[实验2]

(1) 各个硬度值的物理意义都是什么？

(2) 各个硬度值如何比较？它们怎样实现换算？

[实验3]

(1) 比较疲劳试验与材料力学中的静力学性能测试试验的异同。

(2) 比较疲劳断口与静力学断口的异同。

(3) 疲劳寿命的数据处理为什么用数理统计的方法？

[实验4]

(1) 冲击韧性值为什么不能用于定量换算，只能用于相对比较？

(2) 冲击试样为什么要开缺口？

[实验5]

(1) 为什么说塑性应变比 r 是衡量金属薄板材料深冲性能最重要的参数？

(2) 材料的塑性指标都有哪些？

[实验6]

(1) 为何试样拉伸后破坏断面与轴线成45°？

(2) 金属材料的应变硬化机制是什么？

[实验7]

(1) 压缩试验时试样侧面产生裂纹的原因是什么？

（2）金属塑性流动规律以及接触面上的外摩擦是如何影响材料的宏观变形的？

[实验 8]

（1）对于相同的实验结果，对应不同的摩擦条件计算出的摩擦系数为何不同？

（2）什么变形条件下使用常摩擦系数方法计算摩擦系数？什么变形条件下使用常摩擦力方法计算摩擦系数？

第二章
铸造成型实验

本章要点

本章针对铸造成型工艺过程设计了6个典型实验，通过实验可以了解金属凝固过程的流动规律、温度场分布等基本铸造原理，分析铸件缺陷种类与产生原因。同时，设计了定向凝固、快速凝固等铸造新技术、新工艺实验内容，目的在于介绍铸造工艺的前沿技术，了解学科发展新动向。

实验9　液态合金流动性实验

[实验目的]

通过实验使学生了解液态合金流动性和充型能力的概念，熟悉液态金属合金的测温方法，掌握测量二元铝合金在不同温度下的流动性方法，通过实验进一步分析影响合金流动性的因素以及合金流动性对铸件质量的影响。

[实验原理]

流动性是指液态合金本身充填铸型的能力。流动性测试是将液态合金浇入专门设计的流动性试样型腔中，以其停止流动时获得的长度作为流动性指标；也可以用试样尖端或细薄部分被充填的程度作为流动性指标。后者旨在研究液态合金充填型腔细薄部分及棱角的能力。

测试铸造合金流动性的方法很多，按试样的形状可分为：螺旋试样、水平直棒试样、楔形试样和球形试样。前两种是等截面试样，以合金液的流动长度表示其流动性；后两种是等体积试样，以合金未充满的长度或面积表示其流动性。

结合本实验室的具体情况，本次试验采用螺旋形试样方法，通过测量浇铸的试样长度衡量流动性的大小。

螺旋形试样模型结构见图9-1。

[实验仪器、设备与材料]

(1) 实验材料：原砂（50/100目（0.294mm/0.147mm）），黏土，水玻璃（硅酸钠水溶液），纯铝A00（纯度不低于99%），铝硅合金（2%Si、5%Si、11.6%Si）。

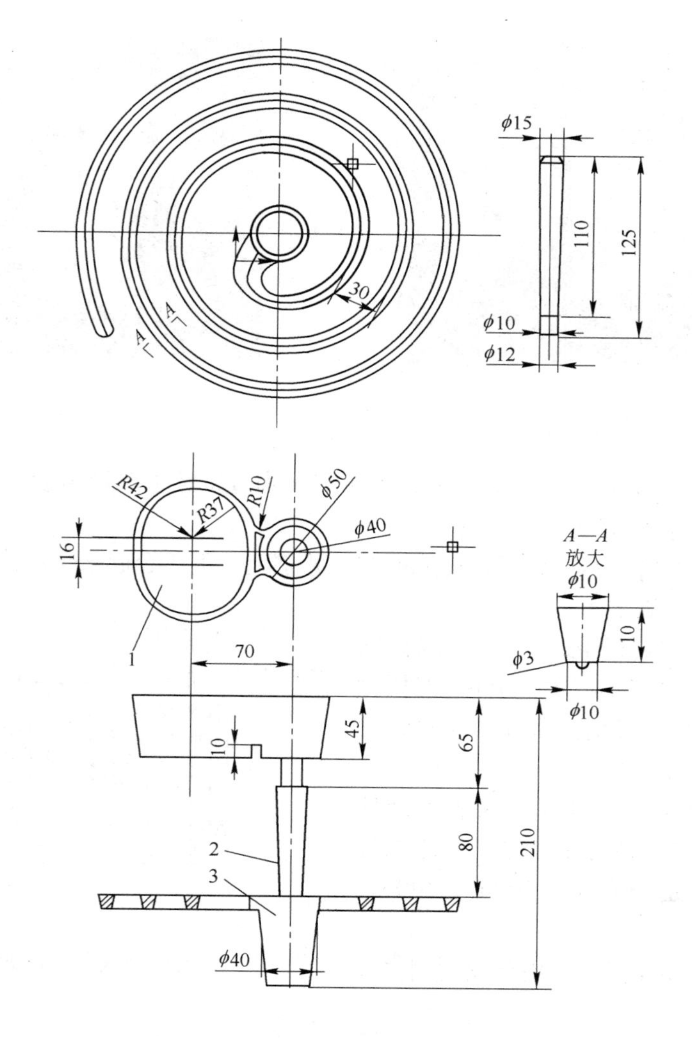

图9-1　单螺旋流动性试样形状及尺寸

1—外浇道模样；2—直浇道模样；3—同心三螺旋模样

（2）实验设备仪器：

1）金属熔炼炉（中频感应电炉），如图9-2所示，石墨坩埚8号（上口外径137mm外形高度169mm）。

2）单螺旋流动性试样的模样、型板和砂箱等。

3）钢丝刷。

4）卡尺。

5）浸入式热电偶（镍铬-镍硅）一支，测温表（－20～1300℃）一台。

6）电阻加热炉一台，如图9-3所示。

[实验方法和步骤]

（1）实验前查阅相关文献资料。

图9-2 50kg熔炼炉

图9-3 电阻加热炉

（2）将原砂（50/100目（0.294/0.147mm））加1%黏土混均匀后，再加水玻璃10%混5～7min，每次混砂量为5kg左右。

（3）造芯。先造上芯并烘干，再造下芯，并将上、下芯合起来再次烘干，烘干温度一般为152～200℃，烘干4～6h。

（4）在熔炼炉内熔化某一指定成分的铝合金，当合金温度升至730～750℃时用六氯乙烷精炼，然后立即清除氧化的熔渣，静止1～2min即可浇铸。

（5）浇注前采用热电偶和仪表测液体的温度，每次做一种成分的合金，三组试样的浇注过热度分别为60℃、100℃、140℃，合箱图见图9-4。

外浇道箱
锁紧定位销
上砂箱
下砂箱

图9-4 简易法测试合金流动性的铸型合箱图

（6）浇注30min打箱，用钢丝刷刷去试样表面的型砂。

（7）用卡尺测量螺旋试样的长度。

（8）记录各种参数并对实验结果进行分析。

（9）撰写实验报告。

[实验报告要求]

（1）具体的实验内容（名称）。

（2）实验的目的、意义。

（3）实验材料、仪器设备与实验方法。

（4）实验结果。

（5）实验结果分析与讨论。

（6）结论。

实验10　凝固温度场的测试实验

［实验目的］

本实验通过测试不同壁厚铸件冷却过程温度场，使同学们掌握测定温度的基本方法，独立分析由于壁厚对凝固过程冷却速度的影响而导致的铸件微观组织的变化，力图使学生建立对凝固过程铸件温度场的感性认识。

［实验原理］

液态金属的凝固温度场，是从传热学观点出发，研究液态金属或合金与铸型之间的热交换过程，而铸型间传热过程的唯一表现是铸型各部分温度的变化，即温度场的变化。根据温度场随时间变化的特征，就可以确定液态金属在凝固过程中其断面上凝固区域的大小、凝固方式、凝固速度的快慢以及与铸件质量之间的关系。

［实验仪器、设备与材料］

（1）实验材料：铝硅合金，Al-Si-Mg-Cu 系列。

（2）实验设备仪器：

1）50kg 熔炼炉。

2）XWT 型台式记录仪（用来快速测量和记录直流电压信号的电子电位差计）一台。

3）直径为 2mm 的 Ni-Cr/Ni-Si K 型热电偶。

4）坩埚一个。

5）铸型一个。

［实验方法和步骤］

本实验用测温法测定简单铸件-圆柱体铸件的温度场，测试装置如图 10-1 所示。根据金属液注入型腔起至任意时刻铸件断面上各测温点的温度-时间曲线，可绘制出铸件断面上不同的温度场和铸件凝固动态曲线。

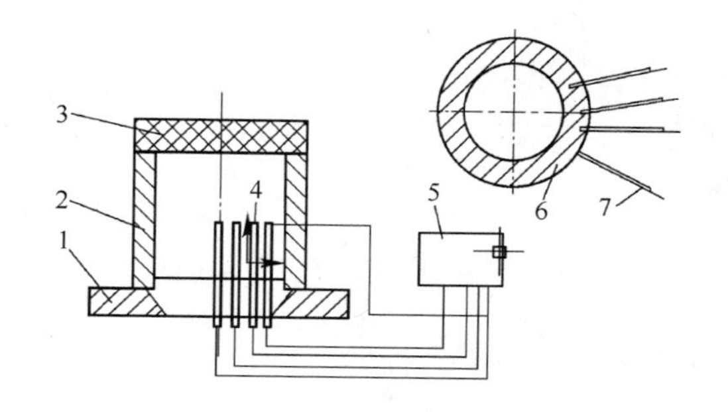

图 10-1　温度场测试装置

1—底座；2，6—铸型；3—保温盖；4，7—热电偶；5—多笔记录仪

（1）阅读相关的金属学与热处理和液态金属加工原理方面的文献和书籍。

（2）在中空感应炉内熔化某一指定成分的铝硅合金。

（3）将 Ni-Cr/Ni-Si K 型热电偶安放在铸型和型腔内，热电偶的冷端与 XWT 型台式记录仪连接。

（4）将熔好的铝液注入铸型中，记录仪开始记录并绘制时间-温度冷却曲线。

（5）撰写实验报告。

[实验报告要求]

（1）实验材料、仪器设备与实验方法。
（2）实验原理。
（3）实验步骤。
（4）实验结果。
（5）实验结果分析与讨论。
（6）结论。

实验 11 凝固时间的测试实验

[实验目的]

使学生通过本实验加深对凝固过程的了解，这是因为铸造合金的凝固时间对铸件的质量，如缩孔、缩松、热裂、偏析等的形成都有影响。通过残余液体倾出法测凝固时间能够培养学生综合运用所学知识独立分析凝固问题，进一步改进铸造工艺来获得合格铸件。

[实验原理]

用同一模样制造几个铸型，将同一炉液态金属在同一浇注温度下同时注入几个相同的铸型（通常是形状简单的球形或圆柱形模样），经过不同时间间隔，分别使铸型反转过来，或把预先嵌在铸型下部的耐火塞拔掉，使铸型中尚未凝固的残余液体流出，留下一层固态金属硬壳。这种铸件凝固的研究方法称为残余液体倾出法或简称倾出法。所得到的硬壳的内表面称为倾出边界。测量各铸型中凝固层的厚度，得到铸件凝固层厚度与凝固时间的关系曲线，当硬壳层的厚度不再增加时所对应的时间，即为凝固时间。

[实验仪器、设备与材料]

（1）实验材料：铝合金，ZL102（铝铜合金 4.0% ~ 5.0% 质量比），查阅资料知 ZL102 液相线温度为 640℃，固相线温度为 540℃。

（2）实验设备仪器：

1）50kg 真空感应水平连铸炉。

2）外卡钳及钢尺。

3）砂箱、木模（圆柱形）和造型工具。

4）秒表。

5）直径为 2mm 的 Ni-Cr/Ni-Si K 型热电偶。

[实验方法和步骤]

（1）实验前查阅相关文献资料。

（2）用木模（用底部直径为 108mm 高度为 203mm 的圆柱形）、砂箱造型 6 个。

（3）将 6 只热电偶保护套管紧固在专用夹具上，将专用夹具按一定的位置放在铸型上，待浇。

（4）在熔炼炉内熔化某一指定成分的铝合金，过热至 760℃ 左右进行脱气处理，于 750℃ ±5℃ 尽快浇入铸型，同时按动秒表记录时间。

（5）用木棒接触金属溶液，当已凝固成一定厚度的金属壳时拔下耐火塞，让残余金属液流出，记下从开始浇铸到流出金属液之间的时间 t_1。第二至第六个铸型按相同的操作让金属液流出，只是开始流出金属液的时间间隔逐渐增加。

（6）试样温度降至 500℃ 以下，实验测定结束，关闭仪器，拆除热电偶，取出铸件。

（7）从流失铝液后所得到的各金属壳的高度中部（1/2H 处）取三点，用外卡钳及钢尺测量金属壳厚度，取其平均值作为在相应时间内的金属壳厚度。

（8）由实验所得数据，绘制铸件凝固层厚度与凝固时间的关系曲线。

（9）撰写实验报告。

[实验报告要求]

（1）实验材料、仪器设备与实验方法。

（2）实验原理。

（3）实验步骤。

（4）实验结果。

（5）实验结果分析与讨论。

（6）结论。

实验 12　合金定向凝固实验

[实验目的]

通过实验设计能够使学生加深对定向凝固的理解，培养学生综合运用所学知识独立分析定向组织生长问题与解决实际问题的能力。通过实验进一步了解和认识定向组织生长条件、生长过程和形态。

[实验原理]

定向凝固是指在凝固过程中采用强制手段，在凝固金属和未凝熔体中建立起特定方向的温度梯度，从而使其沿着与热流相反方向凝固，最终得到具有特定取向组织的技术。

布里奇曼晶体生长法又称坩埚下降法，是一种常用的晶体生长方法。用于晶体生长用的材料装在圆柱形的坩埚中，缓慢地下降，并通过一个具有一定温度梯度的加热炉，炉温控制在略高于材料的熔点附近。根据材料的性质，加热器可以选用电阻炉或高频炉。在通过加热区域时，坩埚中的材料被熔融，当坩埚持续下降时，坩埚底部的温度先下降到熔点以下，并开始结晶，晶体随坩埚下降而持续长大。

[实验仪器、设备与材料]

（1）实验材料：金属锡。

（2）实验设备仪器：布里奇曼定向凝固装置，如图 12-1 所示。

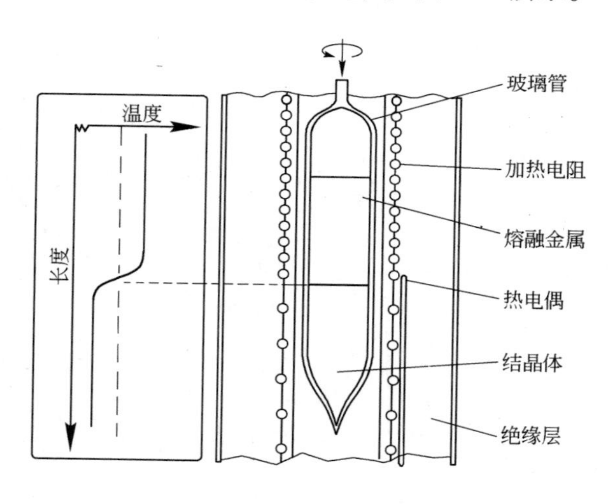

图 12-1　布里奇曼法示意图

[实验方法和步骤]

（1）实验前查阅相关文献资料。

（2）把原料打磨处理干净，尽量少混合杂质。

(3) 开启定向凝固装置，取少量金属锡，将原料密封到针剂中，加热升温到略高于金属熔点附近（230℃），熔化金属。

(4) 待金属完全熔化，开启移动装置，使原料缓慢地向下移动，当温度降低到熔点以下时，开始结晶，晶体随坩埚的下降而逐渐长大，直到金属全部凝固，实验结束。

(5) 关闭装置电源，整理实验器材。

[实验报告要求]

(1) 具体的实验内容（名称）。

(2) 实验的目的、意义。

(3) 实验材料、仪器设备与实验方法。

(4) 实验结果。

(5) 参考文献。

实验 13　合金快速凝固实验

[实验目的]

通过快速凝固实验，了解快速凝固技术的原理及分类，加深认识冷却速度对凝固组织的影响。

[实验原理]

快速凝固技术是指合金在极高的冷却速度（大于 104K/s）或过冷度（高达几十至几百 K）条件下，以极快的凝固速率（常大于 10cm/s，甚至高达 100m/s）从液态转变为固态的过程。单辊法是常用的快速凝固方法之一。下面介绍一下该方法的工作原理。

感应熔化的合金液在气体压力作用下，通过特制形状的喷嘴喷射到高速旋转的辊面上形成连续的条带，并在辊轮转动离心力的作用下以薄带的形式向前抛出，此工艺较简单，易于控制。单辊法广泛用于生产非晶和微晶薄带。

[实验仪器、设备与材料]

（1）实验材料：金属锡。

（2）实验设备仪器：单辊快速凝固装置，原理图如图 13-1 所示。

[实验方法和步骤]

（1）实验前查阅相关文献资料。

（2）将母合金切成 30mm 的小段或小块，再磨去氧化皮，装入石英管中。

（3）打开电源，通过感应器迅速加热熔化母合金。

（4）启动冷却辊，待辊轮高速旋转平稳后，从石英管上端通入氮气或惰性气体，金属熔体在压力下克服表面张力，从石英管下端的喷嘴中喷到下方高速旋转的辊轮表面，当金属熔体与辊轮表面接触时，迅速凝固，并在离心力的作用下以薄带的形式抛出。

（5）待金属全部凝固后，实验结束，整理实验设备，关闭装置电源。

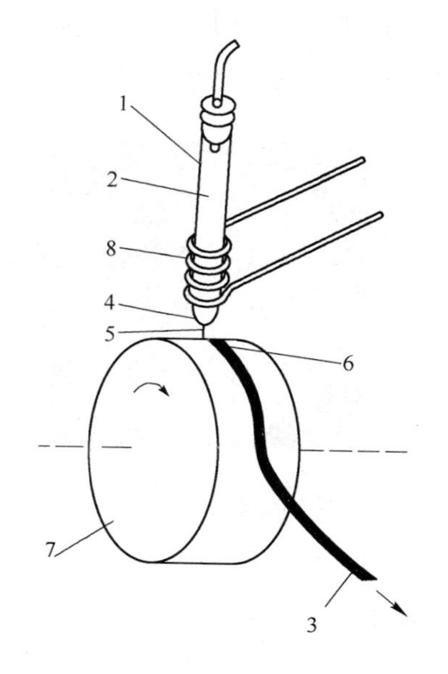

图 13-1　单辊法原理图

1—石英管；2—惰性气体；3—薄带；4—喷嘴；5—熔体；6—熔池；7—辊轮；8—感应线圈

[实验报告要求]

（1）具体的实验内容（名称）。

（2）实验的目的、意义。

（3）实验材料、仪器设备与实验方法。

（4）实验结果及分析。

（5）参考文献。

实验14 铸件缺陷分析实验

[实验目的]

认识铸件的典型低倍及微观缺陷，了解非金属夹杂物的鉴别方法及特征。

[实验原理]

为控制铸件质量，需按国家标准进行低倍组织检验。常见的低倍缺陷可分为：

孔眼类：气孔、缩孔、缩松、渣眼、砂眼等；

裂纹类：热裂、冷裂等；

表面缺陷类：粘砂、结疤、夹砂、冷隔等；

铸件形状、尺寸、重量不合格：多肉、浇不足、抬箱、错箱、错芯、变形、损伤、尺寸超差、重量超差等；

铸件成分、组织、性能不合格：化学成分不合格、偏析、过硬、白口等。

(1) 气孔。凝固时由液体金属释放的气体，在金属已完全凝固时很难逸出金属液之外，伴随着金属的凝固而保留在固态金属中形成气孔，如图14-1所示。

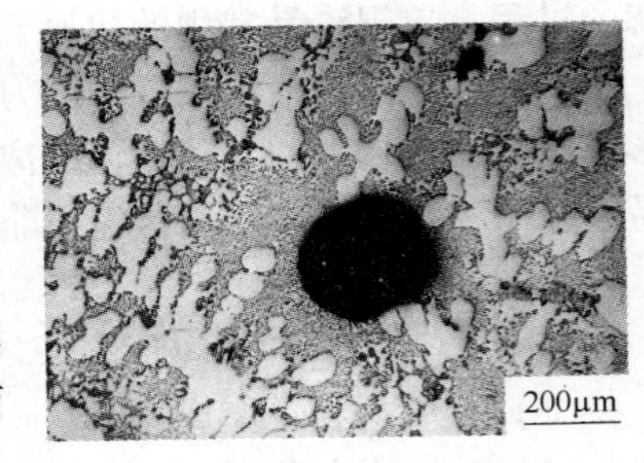

图14-1 气孔显微组织

(2) 裂纹。热裂纹的宏观组织特征为裂纹曲折、分叉或呈网状、圆弧状；断口上裂纹处多呈黄褐色，有氧化现象，裂纹凸凹不平，如图14-2所示。冷裂纹呈平直的裂纹，断口上裂纹为亮晶色，断口没有氧化，如图14-3所示。

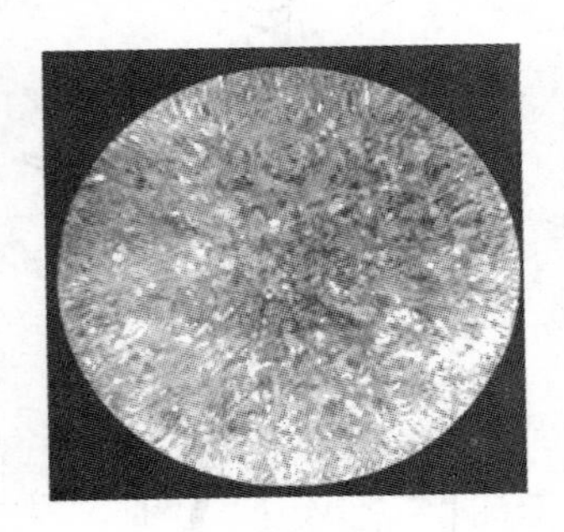

图14-2 热裂纹低倍组织

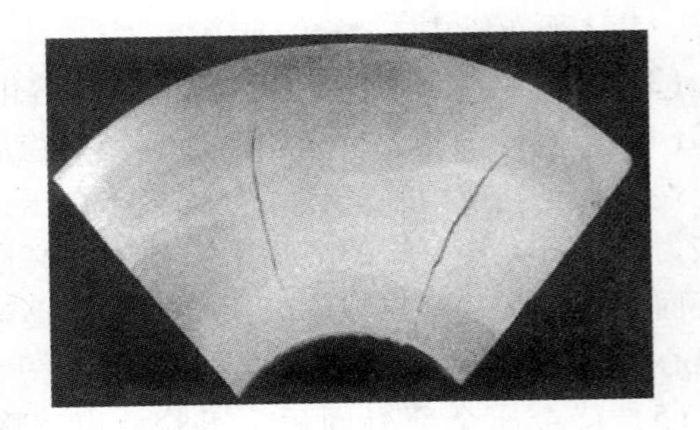

图14-3 冷裂纹低倍组织

(3) 粘砂。覆盖在铸件表面的金属（或金属氧化物）与砂（或涂料）的混合物或一层烧结型砂，如图14-4所示。

(4) 错箱。铸件的两部分在分型面上错开，发生相对位移，如图14-5所示。

(5) 疏松。凝固过程中枝晶间隙得不到液体补充时会形成显微缩孔，如图14-6所示。疏松集中于铸锭轴心部位称为中心疏松。

(6) 白点。白点是铬镍和铬镍钼合金钢中常见的一种缺陷，如图14-7所示，因其在纵断面上呈圆形或椭圆形银亮色的斑点，所以叫白点。

图 14-4　粘砂缺陷

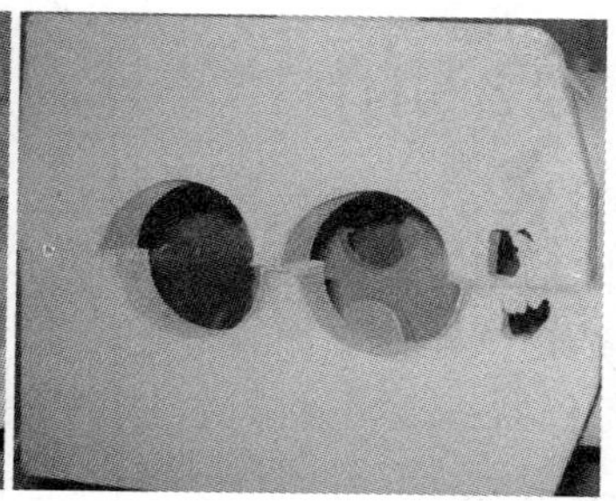

图 14-5　错箱缺陷

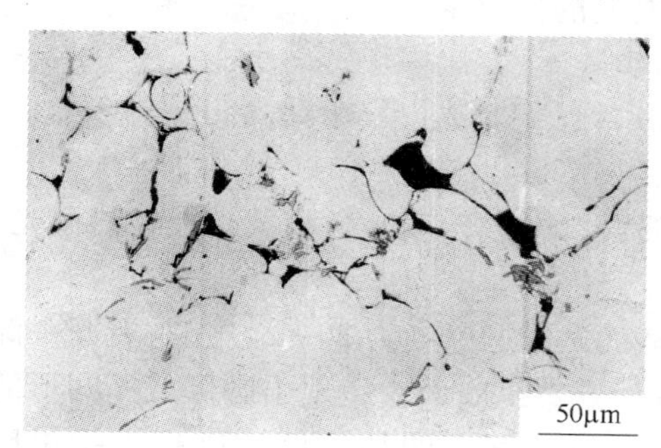

图 14-6　疏松显微组织

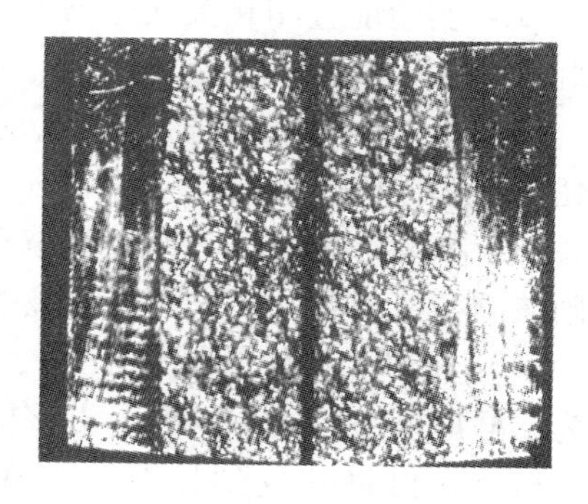

图 14-7　白点断口组织

（7）枝晶偏析。凝固后存在晶粒范围内的成分不均匀现象，如图 14-8 所示，经磨片

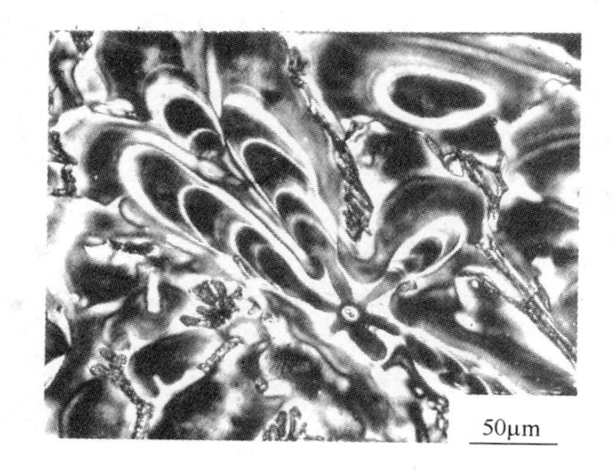

图 14-8　枝晶偏析显微组织

浸蚀呈树枝状分布，这种偏析在铸件中尤其常见。消除办法是采用均匀化退火。

（8）非金属夹杂物。表14-1列出几种典型非金属夹杂物在明场、暗场和偏光三种照明方式下的特征。

表14-1 几种典型非金属夹杂物

夹杂物类型	明 场	暗 场	偏振光
Al_2O_3	暗灰色到黑色，不规则外形小颗粒成群分布，热加工后呈链状	透明，淡黄色	透明，弱各向异性
MnS	淡蓝色、灰色，沿加工方向伸长，呈断续条状	弱透明，淡蓝灰色	透明，各向同性
TiN	亮黄色，规则几何形状，截面不同可呈四方形、三角形等	不透明，带亮边	不透明，各向同性

[实验仪器、设备与材料]

（1）实验材料：

1）有疏松缺陷的钢铸锭、有白点的40CrNiMoA圆钢；

2）非金属夹杂物试样。

（2）实验设备仪器：金相显微镜，如图14-9所示。

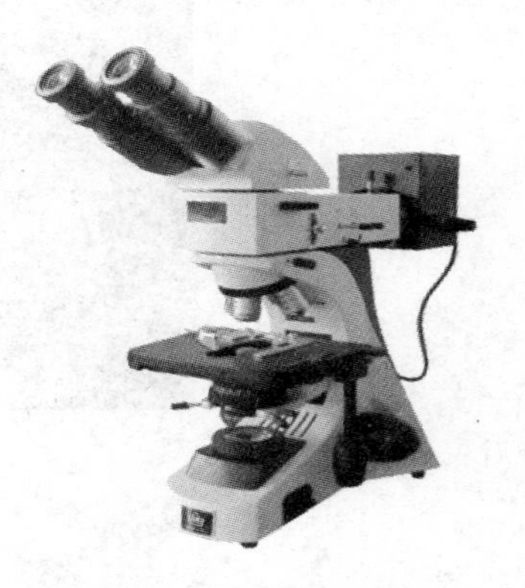

图14-9 金相显微镜

[实验方法和步骤]

（1）实验前查阅相关文献资料，认识几种典型的低倍缺陷组织。

（2）打开显微镜和电脑电源，打开电脑中软件，调整光源亮度，选择低倍物镜。

（3）观察疏松缺陷组织。选取钢的铸锭上部冒口附近，截取金相试样，经磨抛光后，用硝酸酒精溶液腐蚀，放到显微镜下观察。

（4）在40CrNiMoA圆钢上用冷锯割切取横截面试样，厚度为20mm，在其上开一深度约为试样厚度三分之一的槽，沿该槽将试样折断。观察纵断面，呈现出圆形或椭圆形的银白色斑点，再将其放到显微镜下观察，可见该斑点区域内的晶粒尺寸比基体晶粒尺寸粗大。

（5）鉴别几种常见的非金属夹杂物的形态。

（6）撰写实验报告。

[实验报告要求]

（1）具体的实验内容（名称）。

（2）实验的目的、意义。

（3）实验材料、仪器设备与实验方法。

（4）画出所观察的非金属夹杂物的形态与分布。

（5）参考文献。

本章思考讨论题

[实验 9]

（1）简述合金的流动性对铸件质量的影响。
（2）影响合金流动性大小的主要因素有哪些？
（3）如何提高铸造合金充型能力？

[实验 10]

（1）试样冷却过程中有相变时的冷却曲线特点是什么？
（2）有哪些因素可影响铸件的温度场？

[实验 11]

（1）用残余液体倾出法研究凝固过程的优缺点是什么？
（2）有哪些因素可影响凝固时间？

[实验 12]

（1）柱状晶的生长条件是什么？生长速度与哪些因素有关？
（2）怎样控制定向组织生长？如何避免等轴晶出现？

[实验 13]

（1）简述快速凝固的基本原理及分类。
（2）与常规合金凝固组织相比较，分析快速凝固对材料凝固组织与性能的影响。

[实验 14]

（1）组织缺陷对铸件的力学性能影响很大，如何消除？
（2）非金属夹杂物的分布受哪些因素影响？

第三章 轧制实验

本章要点

本章紧密结合轧制理论与工艺特点，设计了6个最经典的轧制工艺实验，包括了轧制成型特征、轧制过程前滑与宽展；轧制过程摩擦与润滑和轧机弹塑性曲线测定等，其实验内容涵盖了理论教学的主要知识点，强调了理论教学与实验教学的衔接，并注意了轧制理论在轧制实验中的应用，进一步加深学生对轧制理论的综合理解和对轧制工艺与设备的感性认识。

实验15 轧制时金属的不均匀变形及其残余应力宏观分析

[实验目的]

通过不均匀变形的实验过程，了解和观察轧制过程中轧件出现的不均匀变形现象，分析产生不均匀变形结果的原因，从而掌握减少不均匀变形的措施和实验方法。

[实验原理]

均匀变形是物体变形的最简单形式，实际上，实现均匀变形应满足以下一些条件：变形物体物理状态均匀且各向同性；整个物体瞬间承受同等变形量；接触表面没有外摩擦等。严格说来，这是难以完全实现的。

在金属塑性加工时，变形的不均匀性为客观存在。许多实验结果已经证明，金属在轧制过程中的变形通常是不均匀的。引起不均匀变形的主要因素有：接触表面摩擦力作用、不均匀压下及同一断面上轧件与轧辊接触的非同时性（孔型轧制）、来料厚度不均、原始轧辊的凸度、轧辊接触状态、坯料温度不均、组织不均等。

轧制时的不均匀变形对轧制产品的尺寸、形状、内部质量、表面状态、成材率、后续深加工产品的质量和深加工的顺利进行以及轧辊磨损等都有着重要的影响。对板带轧制而言，不均匀变形主要指对板形的影响，即是指浪形、瓢曲、翘曲、折皱或旁弯等板形缺陷的程度，其实质是指带钢内部残余应力分布状况，也就是轧件在宽度方向变形的均匀程度。在板坯厚度均匀的条件下，它决定于伸长率沿宽度方向是否相等，若边部伸长率大于中部，则产生双边浪；若中部伸长率大，则产生中浪或瓢曲；若一边伸长率比另一边大，则产生单边浪或“镰刀弯”。板形不良对轧制操作也有很大影响。板形严重不良会导致勒辊、轧卡、断辊、撕裂等事故的出现，使轧制操作无法正常进行。

[实验仪器、设备与材料]

（1）实验设备：ϕ130mm 实验轧机、卡尺、直尺、剪刀。

（2）实验材料：铅板和铝条。

[实验方法和步骤]

（1）试样制作。

1）将 5mm × 10mm × 100mm 的铅料按照一定的轧制规程轧制成 0.8 ~ 1mm 厚的铅板。

2）轧好的铅板，用剪刀裁剪成长度均为 70mm，宽度分别为 38mm、48mm 和 54mm 的铅板。

3）将 3 块铅板沿长度方向折叠为宽度均为 30mm 的试件，如图 15-1 所示。

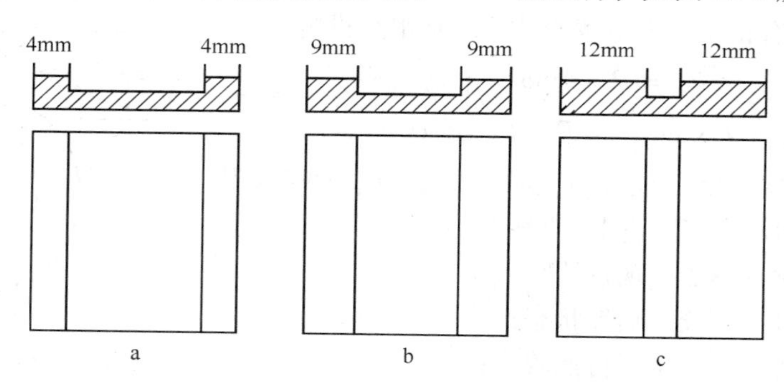

图 15-1　铅板试样

a—宽度 38mm 铅板折叠；b—宽度 48mm 铅板折叠；c—宽度 54mm 铅板折叠

4）另剪一条 38mm × 70mm 的铅板，包在一条 10mm × 80mm 的铝条外，如图 15-2 所示。

（2）调整轧机辊缝为 0.4mm。

（3）启动轧机，用木块将图 15-1 中试件 a、b、c 依次推入轧制。

（4）调整轧机辊缝为 0.6mm，将图 15-2 所示试件进行轧制。

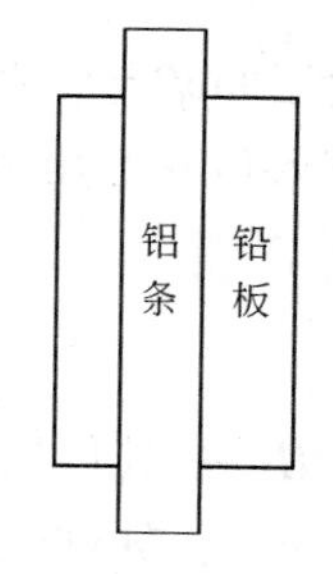

图 15-2　铅板包铝条试件

[实验报告要求]

（1）阐述实验目的、试件制备及实验方法。

（2）描绘图 15-1 中试件 a、b、c 变形后的形状，将轧制变形后的试件（图 15-2）剥铅皮，描述铅和铝板的形状。

（3）按照理论加以分析、讨论试件受到的附加应力情况。

实验16 最大轧入角和摩擦系数的测定

［实验目的］

用实验的方法测定轧制过程中轧入阶段和稳定轧制阶段的最大咬入角，进一步加深对咬入角、摩擦系数、轧制过程的建立等基本概念的理解。

［实验原理］

实践证明咬入条件对实现轧制过程具有很重要的意义，因为咬入条件不仅限制了压下量和伸长率，而是为了实现轧制过程，首先必须使轧辊咬入轧件而过渡到稳定轧制，因此，要实现自然咬入和稳定轧制，必须满足下列咬入条件。

如图16-1所示，在咬入的瞬间，在轧件与轧辊的接触面上，同时存在有正压力 P 和摩擦力 T，其水平投影：

$$P_x = P \times \sin\alpha$$

$$T_x = T \times \cos\alpha = P \times f \times \cos\alpha$$

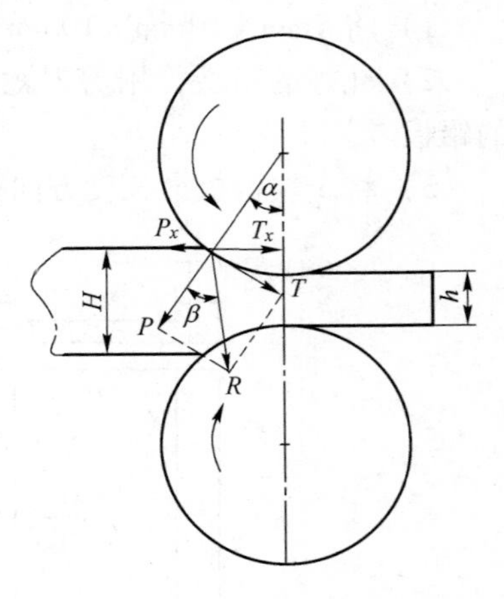

图16-1 咬入条件分析图

从图16-1中看到水平分力 T_x 为咬入力，P_x 为咬入阻力。两者方向相反，作用在同一直线上。

当 $T_x < P_x$ 时，不能实现自然咬入；

当 $T_x = P_x$ 时，为咬入临界状态；

当 $T_x > P_x$ 时，可以实现自然咬入；

在 $T_x = P_x$ 时，有 $P \times \sin\alpha = T \times \cos\alpha$

$$\frac{T}{P} = \frac{\sin\alpha}{\cos\alpha} = \tan\alpha = f$$

由于 $\tan\beta = f$，所以 $\beta = \alpha$。此时合力 R 垂直轧制方向，轧件处于临界咬入状态。

咬入角 α 与压下量 Δh 和辊径 D 有下列的几何关系：

$$\cos\alpha = 1 - \frac{H - h}{D} = 1 - \frac{\Delta h}{D}$$

式中 H——轧件轧前厚度；

h——轧件轧后厚度；

D——轧辊工作直径。

因此由临界咬入状态可测出轧件自然咬入时的最大咬入角，根据临界咬入特性可计算出摩擦角 β 和摩擦系数 f。

［实验仪器、设备与材料］

ϕ130mm 实验轧机、游标卡尺、铅试样、白粉笔等。

[实验方法和步骤]

本实验要求在三种咬入状态下进行轧制，分别为净辊面、糙辊面、人工强迫咬入。首先取两块铅试件，分别在不同的轧辊面上做自然咬入实验，用第三块做强迫咬入实验。

（1）首先把轧辊辊缝调成为零，把一块试件放在入口导板上，将其用木块推到入口处。

（2）开动轧机，慢慢抬起轧辊，同时保持试件前端与上下辊面接触，直到觉察试件颤动，并刚好咬入为止。

（3）测量轧后试件的厚度及辊直径，计算出最大咬入角值。

（4）根据临界状态关系求出摩擦系数。

（5）依照上述方法，在涂有粉笔灰的辊面上用第二块做自然咬入实验。

（6）重复第一步，在净辊面上用第三块试件做强迫咬入实验，即在慢慢抬起轧辊的同时，用木块对试件施加咬入方向的人工推力，直到咬入为止。量其厚度可计算出咬入角。

将实验数据填入表16-1内。

表16-1 实验数据记录表

试件号	材料	试验条件	H	h	β	Δh	α_{max}	f
1	铅	净面自然咬入						
2	铅	糙面自然咬入						
3	铅	人工推力						

[实验报告要求]

（1）根据测得数据计算出所需数值填满表格。

（2）讨论外力、摩擦条件等因素对咬入角的影响。

实验17 宽展及其影响因素

[实验目的]

通过实验了解轧件宽度、相对压下量、轧制道次对宽展的影响。验证计算宽展公式的可靠性。

[实验原理]

在轧制过程中，压缩的金属质点按“最小阻力定律”在横向和纵向产生流动。纵向伸长称延伸，横向加宽为宽展。影响宽展的因素很多，宽展的变化与一系列轧制因素构成复杂关系：

$$\Delta B = f(H,h,l,B,D,\psi_a,\Delta h,\varepsilon,f,t,m,P_\sigma,v,\varepsilon)$$

式中 H，h——变形区的高度；

l，B，D——变形区的长度、宽度和辊径；

ψ_a——变形区横断面形状；

f，t，m——摩擦系数、轧制温度、金属化学成分；

Δh，ε——压下量、相对压下量；

P_σ——轧机性能；

v，ε——轧辊速度、变形速度。

在某些参数确定的情况下，可通过改变某个参数来观察其对宽展的影响趋势。

[实验仪器、设备与材料]

ϕ130mm 轧机、游标卡尺、铅试样。

[实验方法和步骤]

（1）轧件宽度的影响。

（2）取铅试样四块，尺寸为 $H \times B \times L = 5\text{mm} \times (15,25,35,45)\text{mm} \times 70\text{mm}$。首先测量各块试样的厚度和宽度，然后以 $\Delta h = 3\text{mm}$ 的压下量各轧一道并测量厚度和宽度，填入表内。

（3）相对压下量的影响。

（4）取铅试样四块，尺寸为 5mm × 25mm × 70mm，测量厚度和宽度，分别以 $\Delta h =$ 1mm，2mm，3mm，4mm 各轧一道，将原始数据与轧后数据填入表内。

（5）轧制道次的影响。

（6）取铅试样两块，尺寸为 5mm × 25mm × 70mm，测量厚度和宽度，第一块以 $\Delta h =$ 1mm 连续轧 4 道，每道量其宽度。第二块以 $\Delta h = 4\text{mm}$ 轧制 1 道，量其宽度。所得结果填入表 17-1 内。

表 17-1　实验报告　（mm）

试验条件	序号	H	B	h	b	Δh	ΔB	$\Delta h/H$
宽度变化	1							
	2							
	3							
	4							
相对压下量变化	1							
	2							
	3							
	4							
轧制道次	1							
	2							
	3							
	4							
	5							

[实验报告要求]

（1）根据数据绘制 ΔB-B（Δh = 常数），ΔB-$\Delta h/H$（B = 常数）的关系曲线。

（2）对实验结果作出分析和解释。

（3）整理出完整的实验报告，见表 17-1。

实验 18 前滑及其影响因素

[实验目的]

通过实验验正轧制时前滑现象的存在，并测定其值的大小，分析各种因素对前滑的影响。

[实验原理]

由前滑定义可知：

$$S_h = \frac{V_n - V}{V} \times 100\%$$

式中 S_h——前滑值；

V_n——轧件出口速度；

V——轧辊线速度。

如果以长度表示，如图 18-1 所示，可知：

$$S_h = \frac{L_n - L}{L} \times 100\%$$

式中 L_n——轧件表面轧痕间距；

L——轧辊表面刻痕间长度。

因此，根据上式可用辊面打点法对前滑值进行实际测量。

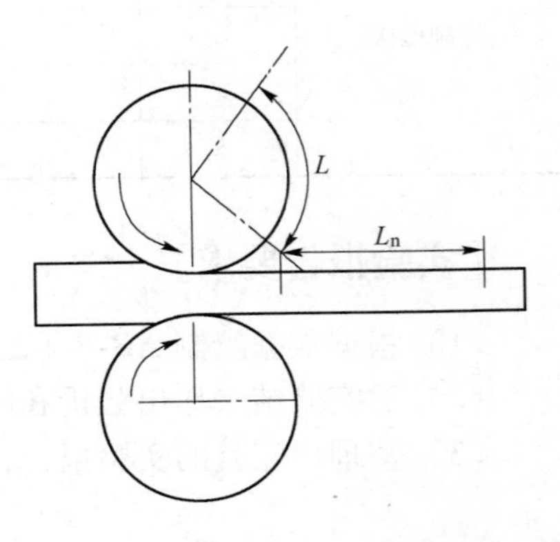

图 18-1 刻痕法计算前滑

另外，根据秒流量体积不变条件，得：

$$F_H V_H = F_h V_h = C$$

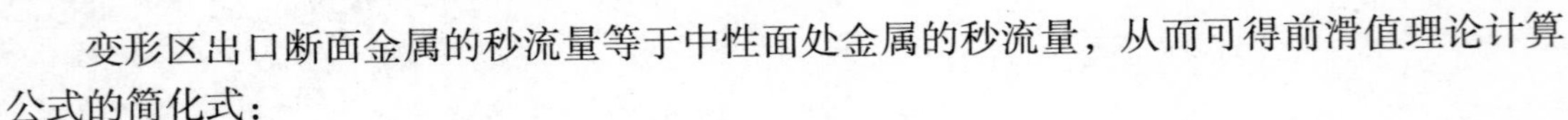

变形区出口断面金属的秒流量等于中性面处金属的秒流量，从而可得前滑值理论计算公式的简化式：

$$S_h = \frac{\gamma^2}{2}\left(\frac{D}{h} - 1\right) = \frac{\gamma^2}{h}R$$

$$\gamma = \frac{\alpha}{2}\left(1 - \frac{\alpha}{2\mu}\right) = \frac{1}{2}\sqrt{\frac{\Delta h}{R}}\left(1 - \frac{1}{2\mu}\sqrt{\frac{\Delta h}{R}}\right)$$

式中 γ——中性角；

α——咬入角；

μ——轧制过程中摩擦系数；

Δh——压下量；

R——轧辊半径。

[实验仪器、设备与材料]

ϕ130mm 轧机、游标卡尺、钢板尺、铅试件。

［实验方法和步骤］

（1）取铅试样 5mm×30mm×400mm 两块，分别在净面辊和糙面辊上进行实验。

（2）首先在净辊面上，把一块试样与辊上的刻痕点对好，进行轧制时，使辊上的刻痕能打在轧件上。

（3）分别以 $\Delta h=1\text{mm}$ 的压下量连续轧制四道次，每轧一道后测量其轧件厚度 h 和轧件上两点痕间距的长度 L_n。

（4）按上述方法，用另一块试样在糙辊面上重复轧制实验。

（5）测量轧辊直径 D，所有数据填入表 18-1。

表 18-1 实验数据记录表

条件	道次	H	h	Δh	L_n	L	S_h	$S_{计}$	μ	γ	D	$\Delta h/H$
净面辊	1											
	2											
	3											
	4											
糙面辊	1											
	2											
	3											
	4											

［实验报告要求］

（1）绘制 S_h-h、S_h-$\Delta h/H$ 曲线。

（2）分析摩擦条件、轧件厚度、相对压下量对前滑的影响。

（3）讨论分析实测值与理论值的异同及产生的原因。

（4）整理出完整的实验报告。

实验 19　轧制润滑对轧机最小可轧厚度的影响

[实验目的]

（1）了解轧机最小可轧厚度的概念、影响因素、测定的基本原理与方法。

（2）分析不同润滑条件对轧机最小可轧厚度的影响规律。

[实验原理]

板带材最小可轧厚度一般是指在轧制条件一定，即在轧辊直径、张力和摩擦系数等条件不变的情况下，由于轧辊的弹性压扁量达到了比较大的程度，无论如何再调小辊缝都不可能把轧件压薄，这个极限厚度即被称为最小可轧厚度。这时轧辊压扁所需的平均单位压力小于轧件产生塑性变形所需的平均单位压力，其结果只能使轧辊产生弹性压扁，而轧件不可能发生塑性变形。在冷轧过程中由于轧件变形抗力较高，特别是轧件较薄时加工硬化严重，很容易发生这种情况，如图 19-1a 所示。

另一种情况是在轧辊轴向上除轧件本身宽度所占据的部分外，辊身其余部分完全接触，这时轧件也不可能压薄，此时轧制的最小可轧厚度称为轧辊接触时的最小可轧厚度，如图 19-1b 所示。

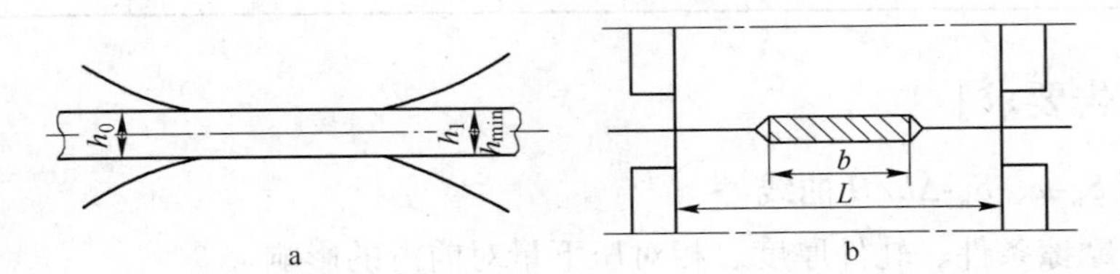

图 19-1　最小可轧厚度示意图

a—轧辊产生弹性压扁时的最小可轧厚度；b—轧辊接触时的最小可轧厚度

根据 Stone 平均单位压力公式可以推导出轧辊弹性压扁时的最小可轧厚度计算公式，即：

$$h_{\min} = 3.58\frac{\mu D(K - \bar{q})}{E} \tag{19-1}$$

式中　μ——摩擦系数；

D——轧辊直径；

K——轧件变形抗力；

$\bar{q}$——平均单位张力；

E——轧辊弹性模量。

从式（19-1）中可以看出摩擦系数、轧辊直径、轧辊弹性模量、张力和轧件变形抗力都会影响最小可轧厚度。可以采用增加张力、提高轧辊刚度、降低轧制摩擦系数以及对材料进行退火处理以降低变形抗力等工艺措施来减小可轧厚度。但是，当轧制工艺条件一定的时候，一般通过工艺润滑手段来降低摩擦系数进而达到减小最小可轧厚度的目的。

[实验仪器、设备与材料]

（1）实验仪器、设备：二辊或四辊实验轧机，见图 19-2；千分尺等。

（2）实验材料：工业纯铝铝板，轧件尺寸：0.5mm×40mm×100mm；

铝材轧制油，汽油，丙酮，医用卫生棉等。

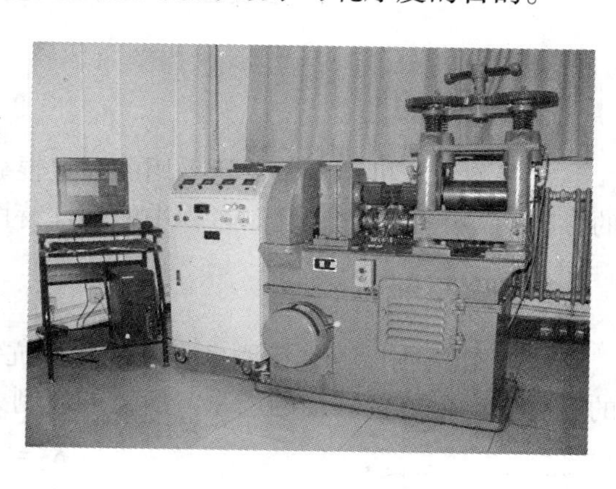

图 19-2　二辊实验轧机

[实验方法和步骤]

（1）试样准备，调试轧机，开启参数测试系统。

（2）用汽油、丙酮依次将轧辊清洗干净。

（3）首先进行无润滑条件下的干轧实验，先用千分尺测量出铝板的原始厚度，然后根据设计好的道次压下量调节辊缝，并记录每道次铝板的轧后厚度，当铝板的厚度不再变化时，此时即为最小可轧厚度。

（4）依次用汽油、丙酮将轧辊清洗干净，进行不同轧制油润滑条件下的轧制实验。先将轧制油均匀地涂抹在轧辊上，然后重复（2）的步骤。注意每更换一次轧制油都要将轧辊清洗干净。

[实验报告要求]

（1）实验报告格式自定。

（2）绘制不同的润滑条件下，铝板轧后厚度随轧制道次的变化曲线。

（3）对实验结果进行理论分析。

实验20　轧机弹塑性曲线的测定

[实验目的]

掌握测定轧机刚度系数所采用的固定辊缝法，了解刚度系数 K 的意义及其对板材厚度的影响，并了解轧件在轧制过程中的塑性特性。

[实验原理]

（1）轧机刚度。轧机刚度是表示轧机抗弹性变形的能力，刚度系数的测定为：当轧机的辊缝值产生单位长度的增量时所需的轧制力的增量。即：

$$K = \Delta P / \Delta f$$

式中　ΔP——轧制力的增量；

Δf——弹跳值的增量。

（2）轧机的弹性曲线。如图20-1所示，则轧出的钢板的厚度为：

$$h = S_0 + f = S_0 + P/K$$

即

$$P = K(h - S_0)$$

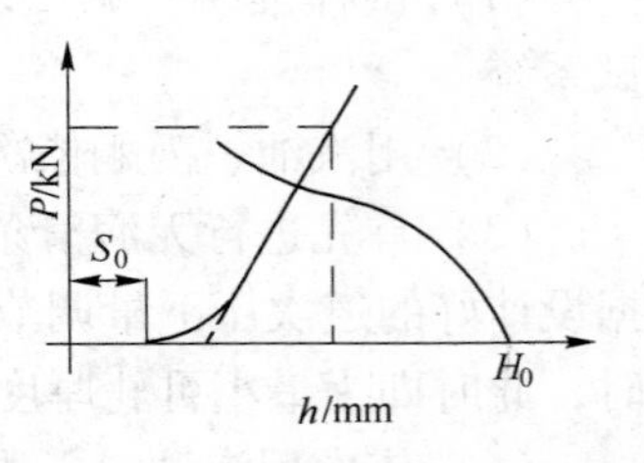

图20-1　轧机弹塑性曲线

式中　K——轧机刚度系数；

S_0——轧机辊缝。

（3）轧件塑性曲线。由塑性方程知，轧制力大小与轧件变形时的压下量 Δh 值有关，其公式为：

$$P = p_m b \sqrt{R(H - h)}$$

式中　p_m——平均单位压力；

b，h——轧件的轧后宽度和厚度；

H——轧件的轧前厚度；

R——轧辊半径。

由于平均的单位压力 p_m 是 Δh 的函数，其方程为一非线性方程，塑性变形曲线如图20-1所示。

[实验仪器、设备与材料]

（1）实验设备：ϕ130mm实验轧机、千分尺。

（2）实验材料：钢板。

[实验方法和步骤]

（1）轧机刚度测量。

1）取厚度不同的钢试件 3 块，精确量出其厚度。

2）调整辊缝为 1mm。

3）分别将 3 块试件送入轧机，每块轧制时要求记录该试件的轧制压力和轧后的厚度（要求每块量 6 个点，去掉最大和最小值后取平均值），填入表 20-1 中。

表 20-1　轧机刚度测量实验结果

试件号	1	2	3
H_0/mm			
S_0/mm			
$P_{总}$/kN			
h/mm			

（2）轧件塑性曲线。

1）取厚度相同的钢试件 3 块（厚度约为 1.5mm），精确量出其厚度。

2）第一块以 $\Delta h = 0.2$mm 轧制，第二块以 $\Delta h = 0.6$mm 轧制，第三块以 $\Delta h = 1$mm 轧制。

3）每块轧制时要求记录该试件的轧制压力和轧后的厚度（要求每块量 6 个点，去掉最大和最小值后取平均值），填入表 20-2 中。

表 20-2　轧件塑性测量实验结果

试件号	1	2	3
H_0/mm			
S_0/mm			
$P_{总}$/kN			
h/mm			

[实验报告要求]

（1）阐述实验目的、意义。

（2）实验原理及实验步骤。

（3）绘制 ϕ130mm 轧机的弹性曲线。

（4）绘制轧件的塑性曲线。

（5）计算出轧机的刚度系数。

本章思考讨论题

[实验15]

(1) 影响变形均匀性的因素有哪些及其影响结果是什么?

(2) 板带材生产中采取哪些措施减小不均匀变形保证板形?

[实验16]

(1) 咬入时的摩擦系数与稳态轧制时的摩擦系数的区别是什么?

(2) 生产中改变咬入条件的方法有哪几种?

[实验17]

(1) 摩擦对宽展的影响是什么?

(2) 宽展如何分类?在热轧中如何限制轧制宽展?

[实验18]

(1) 前后张力对前滑的影响是什么?

(2) 前滑公式中主要忽略了哪项因素?

[实验19]

(1) 影响轧机最小可轧厚度的主要因素有哪些?

(2) 轧制工艺润滑的作用有哪些?

(3) 参照铝板的力学性能参数、轧机的轧制工艺参数以及轧辊的相关参数,按式(19-1)计算轧机的最小可轧厚度,并与实际测得的数据进行比较,分析两者产生误差的原因。

[实验20]

(1) 如何提高轧机刚度?

(2) 讨论弹塑性曲线在生产中的应用。

第四章 挤压拉拔实验

本章要点

本章针对挤压和拉拔工艺过程设计了4个教学实验，包括了传统的挤压变形金属流动规律、挤压力、拉伸力、拉拔安全系数等，还包括了拉伸过程的数值模拟，目的在于促进挤压拉拔理论教学与实验教学相结合，并了解和掌握拉伸数值模拟的基本原理和方法。

实验21 Sn-Pb合金挤压实验

[实验目的]

(1) 分析金属挤压时挤压力的变化规律。

(2) 分析考察影响挤压力的因素。

(3) 掌握挤压时挤压力的测量方法。

[实验原理]

在挤压的过程中，挤压杆通过挤压垫作用在锭坯上使其依次流出模孔的压力，称为挤压力，此过程中挤压力随挤压杆的移动而变化。挤压力是制定挤压工艺、选择与校核挤压机能力以及检验零部件强度和模具强度的重要依据。

影响挤压力的主要因素有：金属材料的变形抗力、摩擦与润滑、温度、工模具的形状和结构、变形程度与变形速度等。

在正挤压试验中，按金属流动特征和挤压力的变化规律，可以将挤压工程分为三个阶段。第一阶段是开始挤压阶段，也称填充挤压阶段。在挤压杆的作用力下，金属先充满挤压筒和模孔，此阶段挤压力呈直线急剧上升，第二阶段是基本挤压阶段，也称平流（稳定）挤压阶段。铸锭任一横截面径上的金属质点，总是中心部分先流动进入变形区，外层金属的流动得较慢，而靠近挤压垫处和模子与挤压筒的交界处，其金属尚未流动从而形成难变形区，因此在挤压过程中存在流动不均匀的现象。第三阶段是终了挤压阶段，也称紊流挤压阶段，外层金属进入内层或中心的同时，两个难变形区内的金属也开始向模孔流动，从而易产生第三阶段挤压所特有的缺陷缩尾。此时，冷却作用和强烈的摩擦作用使挤压力迅速上升。

[实验仪器、设备与材料]

(1) 电液伺服万能试验机，挤压组合模具一套，挤压模一个，游标卡尺；

(2) 试样制备：ϕ31.5mm×75mm 组合圆锭试样两块。

[实验方法和步骤]

(1) 试样准备，将试样去除毛边并打光，保证端面成直角，用汽油将试样表面油污擦干净。

(2) 试样编号，并测量试样尺寸记录在表中。

(3) 装配好模具，调整好压力机，调试好记录仪器等。

(4) 进行试验，对试样进行挤压，挤压行程约为铸锭长度的80%，然后停机，取出试样，观察试样变化清空，并记录，同时将挤压时挤压力的测量值也记录在表中。

(5) 实验结束后，清理挤压组合模具，整理试验工作台和试验工具等。

[实验报告要求]

(1) 由实验数据做出挤压力与挤压轴行程的关系图，并简要分析。

(2) 分析讨论挤压比对挤压力的影响。

(3) 分析讨论对称模和非对称模挤压对挤压力的影响。

实验 22　挤压变形金属流动规律实验

［实验目的］

（1）分析挤压时金属流动的规律。
（2）分析金属流动区域的特性和产生原因。
（3）掌握金属流动规律的一般测量方法。

［实验原理］

挤压变形时，金属质点的流动状态与其所处的应力状态有关。研究金属在挤压时的塑性流动规律是非常重要的，挤压制品的组织性能、表面质量、形状尺寸和工模具的设计原则都与其密切相关。影响金属塑性流动的主要因素有：金属材料的变形抗力、摩擦与润滑、温度、工模具的形状和结构、变形程度与变形速度等。

研究挤压时金属流动规律的试验方法有很多种，如坐标网格法、观察塑性法、金相法、光塑性法、莫尔条纹法、硬度法等。其中最常用的是坐标网格法。本实验将采用此种方法来研制挤压时金属的流动。

多种情况下，金属的塑性变形是不均匀的，但是可以将变形体分割成无数小的单元体，如果单元体足够小，则在小单元体内可以近似认为是均匀变形。这样，就可以借用均匀变形的理论来解释不均匀变形的过程。由此构建成坐标网格法的理论基础。网格原则上应尽可能小些，但考虑到单晶体各向异性的影响，一般取边长为 5mm，深度为 1 ~2mm。

［实验仪器、设备与材料］

（1）电液伺服万能试验机，挤压组合模具一套，挤压模一个，游标卡尺。
（2）试样制备：ϕ31. 5mm ×75mm 组合圆锭试样两块。

［实验方法和步骤］

（1）将试样去除毛边并打光，保证端面成直角，用汽油将表面油污擦干净。
（2）试样编号，测量试样尺寸并记录。
（3）用干净的棉纱蘸汽油将试样表面擦干净，并在对称面上画边长为 5mm 的网格。
（4）装配好挤压模具，调整好液压机，调试好记录仪器。
（5）对试样进行挤压，挤压行程约为铸锭长度的 80%，然后停机，取出试样，观察并记录试样对称面上的网格变化情况，测量变形后网格的变化情况，同时记录挤压力的测量值。

［实验报告要求］

（1）描绘变形后坐标网格图。
（2）分析讨论轴对称挤压过程中金属的流动规律。
（3）分析讨论偏心模挤压时对金属流动的影响，并分析产生的后果及原因。

实验23 拉拔的安全系数及拉伸力的测量

[实验目的]

（1）掌握线材拉拔时安全系数的一般测量计算方法，分析考察线材拉拔时的影响安全系数的因素。

（2）掌握拉拔时拉拔力的一般测量方法，分析考察金属材料加工硬化对拉拔过程的影响，以及拉拔时拉伸力的影响因素。

[实验原理]

与挤压、轧制、锻造等加工过程不同，拉拔过程是借助在被加工金属前端施以拉力实现的，此拉力称为拉拔力。拉拔力与被拉金属出模口处的横断面积之比称为单位拉拔力，即拉拔应力。为确保拉拔过程能顺利进行，拉拔应力应小于金属出模口的屈服强度。如果拉拔力过大，超过金属出模口的屈服强度，则可引起制品出现细颈，甚至拉断。因此，拉拔时一定要遵守下列条件：

$$\sigma_1 = p_1/F_1 < \sigma_s$$

式中 σ_1——作用在被拉金属出模口横断面上的拉拔应力；
p_1——拉拔力；
F_1——被拉金属出模口横断面积；
σ_s——金属出模口的变形抗力。

被拉金属出模口的抗拉强度 σ_b 与拉拔应力 σ_1 之比称为安全系数 K，即：

$$K = \sigma_b/\sigma_1$$

所以，实现拉拔过程的基本条件是 $K>1$，安全系数与被拉金属的直径、状态（退火或硬化）以及变形条件（温度、速度、反拉力等）有关。一般 K 在 1.40 ~ 2.00 之间，即 $\sigma_1=(0.7\sim0.5)\sigma_b$；如果 $K<1.4$，则由于加工硬化率过大，可能出现断头、拉断；当 $K>2.0$ 时，则表示道次加工率不够大，未能充分利用金属的塑性。制品直径越小，壁厚越薄，K 值越大些。这是因为随着制品直径的减小，壁厚的变薄，被拉金属对表面微裂纹和其他缺陷以及设备的振动，还有速度的突变等因素的敏感性增加，因而 K 值相应增加。

[实验仪器、设备与材料]

（1）万能材料试验机，拉伸模架，拉伸模，千分尺，秒表，钢丝试样。

（2）坯料：ϕ3.0mm 铝线坯（M 态）；ϕ3.0mm 铜线坯（M 态），润滑剂。

[实验方法和步骤]

（1）测量拉拔坯料直径：取 3 次测量的平均值 D_0。

（2）装模架：固定上机头后装拉伸模架，将浸有规定润滑油的料头插入模孔内以保证模润滑，将其放在模架上，注意对中，松开上机头，快速提升下机头，用下钳口钳住料末。

（3）按规定速度拉伸，记录稳定时的拉伸力 P。

（4）待试样全部拉完后，停机，取出线材。

（5）测量拉拔后直径，测量三次，取三次的平均值 D_1。

（6）按同样的步骤将各坯料依次拉过不同模孔直径的模子，直至拉拔时制品断头为止。

（7）将拉伸后线材依次剪去夹头和不规则尾部，进行拉力试验，至拉断为止，记录此时的拉断值 P_b。

（8）测量颈缩处线材的直径，记录试验数据。

[实验报告要求]

（1）分析讨论影响拉拔力的因素。

（2）计算不同材料的安全系数 K，分析讨论线材拉拔时影响安全系数的因素。

（3）分析讨论线材拉拔时安全系数的合理制定范围和配模设计原则。

实验 24 拉伸试验数值模拟

[拉伸试验数值模拟的准备]

(1) 试样基本尺寸及简化方案。拉伸试验试样基本尺寸，如图 24-1 所示。

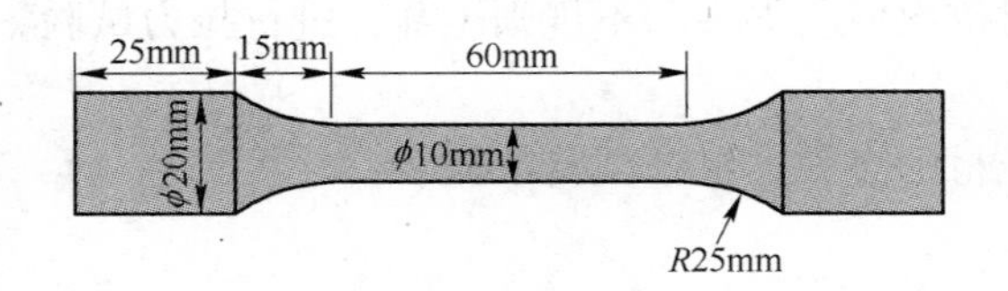

图 24-1 圆棒拉伸试样图示及基本尺寸

根据实验条件，试验机通过夹头夹持试样端部，夹头在传动机构的带动下运动（产生位移），对试样完成拉伸过程。在此我们不对夹头夹持行为进行考虑，而直接采用位移的方式进行试样端部的加载。分析拉伸试验试样存在以下几何对称的特点：

1）具有轴对称性；

2）具有平面对称性。

根据试样的几何形状特点，将采用轴对称及平面对称两种简化方法，其简化后的边界条件如图 24-2 所示。根据图 24-1 试样的基本形状与尺寸，在笛卡儿坐标系下，结合对称简化后的几何关键点坐标如图 24-3 所示。

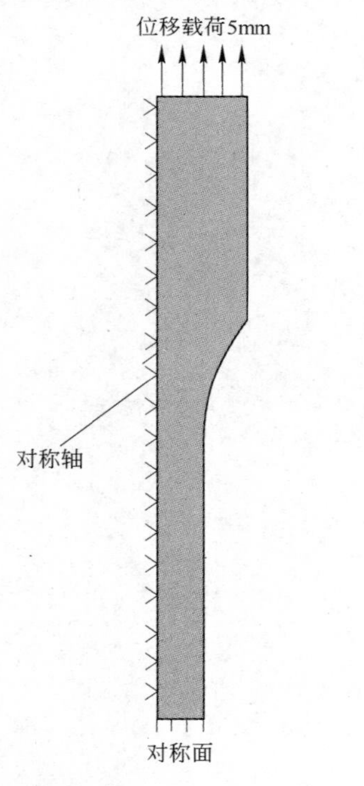

图 24-2 模型简化及对称、载荷边界图示

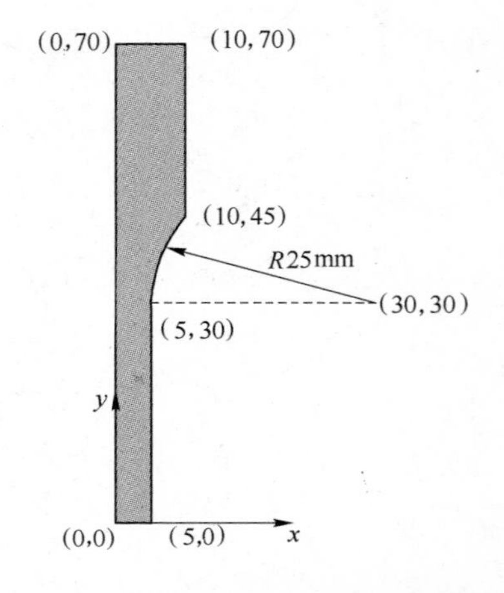

图 24-3 模型几何形状尺寸及关键点的坐标

（2）材料特性。本实验选择某一种钢材作为试验材料，进行室温下圆棒拉伸试验的模拟分析，材料的弹性模量为 2.1E5MPa，泊松比为 0.3。材料的应力-应变曲线如图 24-4所示。

（3）模拟试验所用软件。本模拟试验所用软件为 ANSYS/Structure 软件模块，ANSYS10.0 以上版本。

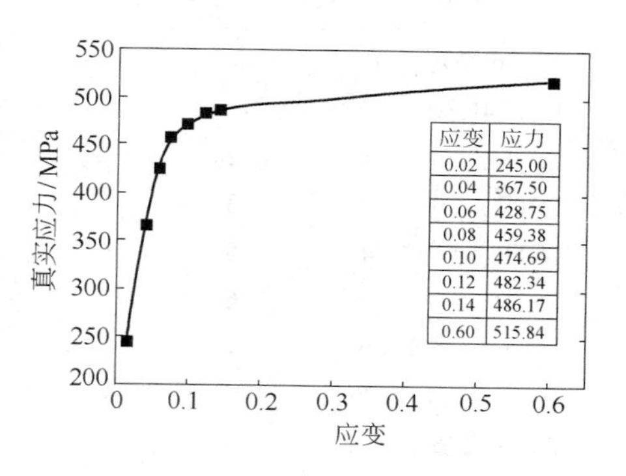

图 24-4　应力-应变曲线

［模拟方法和步骤］

（1）单元的选择及材料模型及参数的建立，见图 24-5。

/PREP7

ET,1,PLANE182（选择平面 182 单元，全积分轴对称单元算法）

KEYOPT,1,1,0

KEYOPT,1,3,1

KEYOPT,1,6,0

KEYOPT,1,10,0

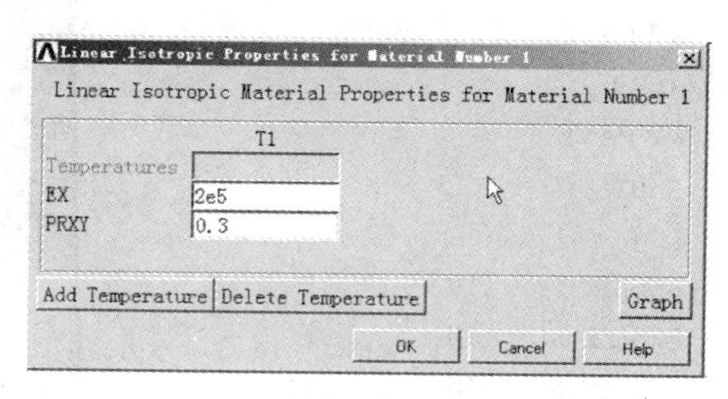

图 24-5　单元选择

（2）材料模型的选择及材料参数的输入，见图 24-6。

MPTEMP,,,,,,,,

MPTEMP,1,0

MPDATA,EX,1,,2.01E5

MPDATA,PRXY,1,,0.3

TB,PLAS,1,1,8,MISO

TBTEMP,0

TBPT,,0.02,245.00

TBPT,,0.04,367.50

TBPT,,0.06,428.75

TBPT,,0.08,459.38

TBPT,,0.10,474.69

TBPT,,0.12,482.34

TBPT,,0.14,486.17

TBPT,,0.60,515.84

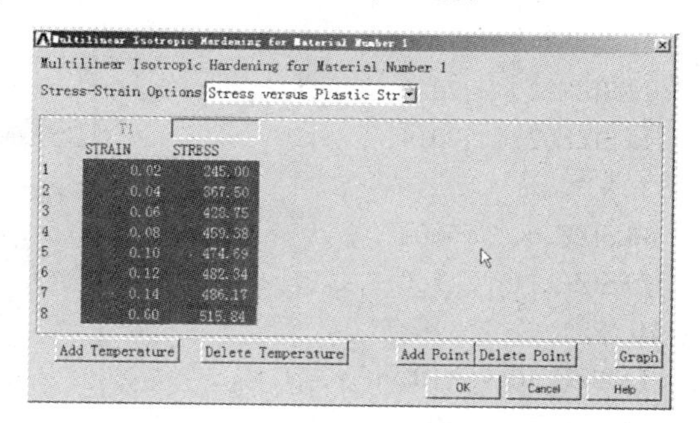

图 24-6　材料参数输入

（3）几何模型的建立，见图 24-7。

K, ,0,0,,

K, ,5,0,,

K, ,5,30,,

K, ,10,45,,

K, ,10,70,,

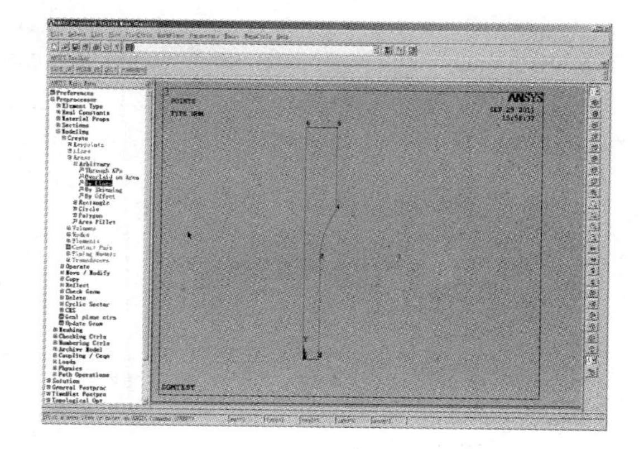

图 24-7　几何模型的建立

```
K, ,0,70, ,
K, ,30,30, ,
LSTR,       1,       2
LSTR,       2,       3
LSTR,       4,       5
LSTR,       5,       6
LSTR,       6,       1
LARC,3,4,7,25,
AL,1,2,6,3,4,5
```

（4）几何模型的切分及网格划分，见图 24-8。

```
WPROTA, , -90,
KWPAVE,       3
ASBW,       1
KWPAVE,       4
ASBW,       3
! *
LESIZE,1, , ,10, , , , ,1
LESIZE,8, , ,10, , , , ,1
LESIZE,5, , ,10, , , , ,1
LESIZE,4, , ,10, , , , ,1
! *
LESIZE,2, , ,20,4, , , ,1
LESIZE,7, , ,20,4, , , ,1
! *
LESIZE,6, , ,5,0, , , ,1
LESIZE,11, , ,5,0, , , ,1
! *
LESIZE,10, , ,10, , , , ,1
LESIZE,3, , ,10, , , , ,1
! *
MSHAPE,0,2D
MSHKEY,1
! *
AMESH,ALL
```

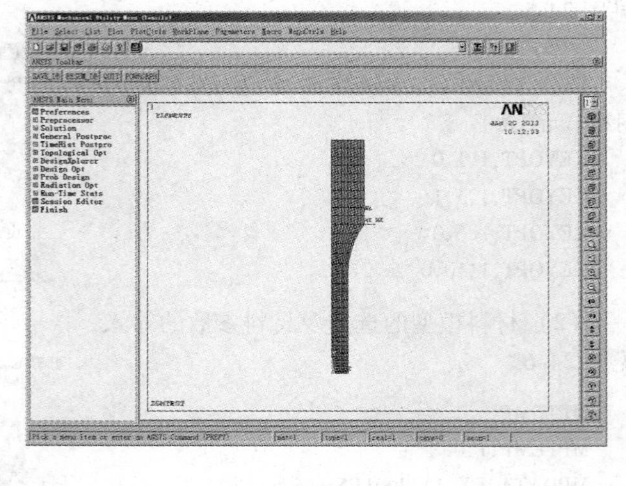

图 24-8　网格划分

（5）边界条件的设置，见图 24-9。

```
! *
DL,1, ,UY,0
DL,7, ,UX,0
DL,11, ,UX,0
DL,10, ,UX,0
DL,4, ,UY,5
FINISH
```

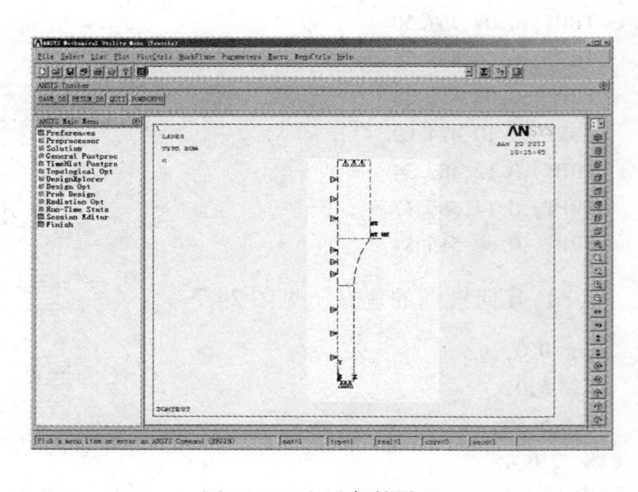

图 24-9　边界条件设置

（6）求解，见图 24-10。

```
/SOL
ANTYPE,0
NLGEOM,1
NSUBST,200,500,200
OUTRES,ERASE
OUTRES,ALL,1
/STATUS,SOLU
SAVE
SOLVE
FINISH
```

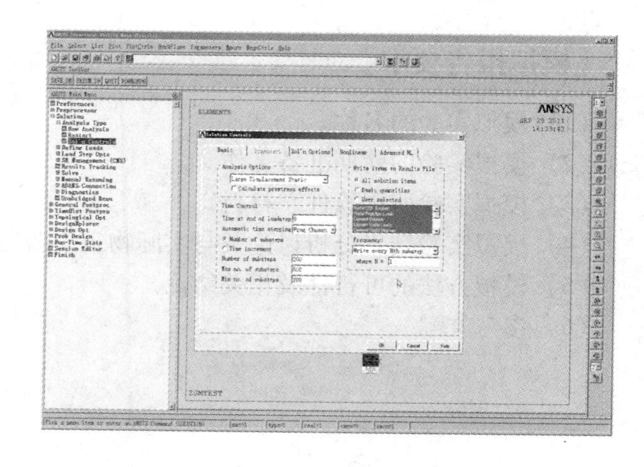

图 24-10　求解设置

（7）后处理，见图 24-11，图 24-12。

```
/POST1
SET,LAST
! *
/EFACET,1
PLNSOL, NL,EPEQ, 0,1.0
/EXPAND,27,AXIS,,,10,,2,RECT,HALF,,0.00001
```

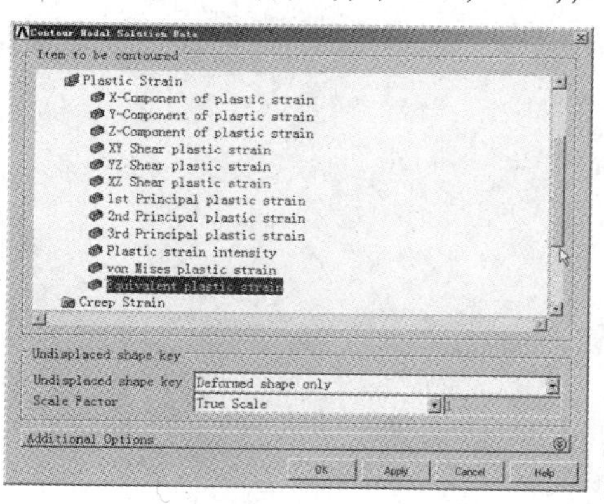

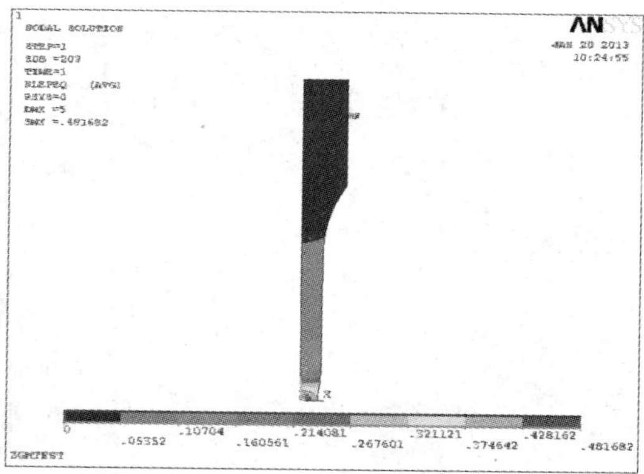

图 24-11　后处理

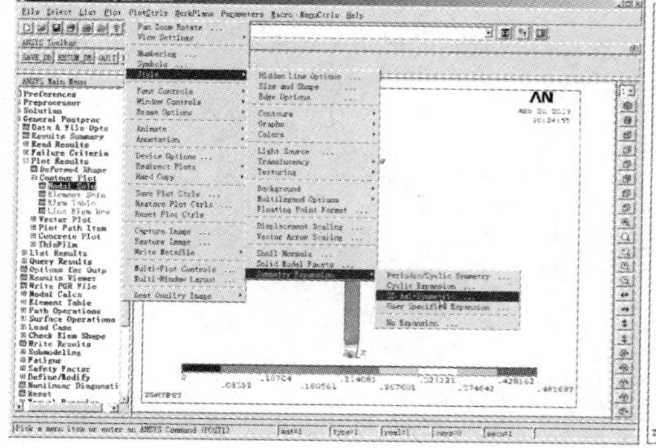

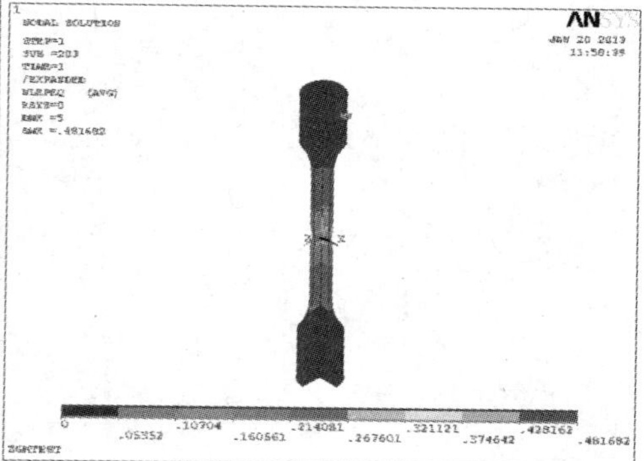

图 24-12　后处理对称显示

[模拟报告要求]

(1) 模拟实验的名称。
(2) 模拟实验的前期准备工作。
(3) 模拟实验所用软件、材料。
(4) 模拟实验结果分析讨论及与实际物理实验结果对比。
(5) 模拟方法的可行性及相关结论。
(6) 参考文献。

第五章

锻造与冲压成型实验

本章要点

本章针对锻造和冲压成型过程设计了 8 个教学实验，根据教学特点、进度安排和难易程度，包括了镦粗、拔长、冲孔、弯曲、拉深等主要工艺实验和杯突、成型极限图等材料成型性能综合实验。目的在于掌握各成型过程中金属流动规律与变形特点，并通过观察制品形状与表面缺陷，了解与分析工艺参数对成型过程与产品质量的影响。

实验 25　镦 粗 成 型

[实验目的]

(1) 分析锻造成型过程中金属材料变形过程及流动规律，加深对塑性成型相关概念的理解。

(2) 熟悉锻造成型加热设备（加热炉）和成型设备（四柱液压机），培养学生实际动手的能力。

[实验原理]

锻造是在一定的温度条件下，用工具或模具对坯料施加外力，使金属发生塑性流动，从而使坯料发生体积的转移和形状的变化，获得一定尺寸和性能的锻件。锻造工艺分为自由锻和模锻。在平砧压缩变形中，减小坯料高度同时增大其横截面面积的工艺称为镦粗。圆柱坯料在平砧间镦粗，随着高度（轴向）的减小，径向尺寸不断增大。由于坯料与工具的接触面存在着摩擦，镦粗后坯料的侧表面变成鼓形，同时造成坯料变形分布不均匀。分析金属塑性成型时的质点流动规律，必须应用最小阻力原理，即在塑性成型中，当金属质点有几个方向移动的可能时，它将向阻力最小的方向移动。因为接触面上质点向自由表面流动的摩擦阻力和质点距自由表面的距离成正比，因此质点距离自由边界越短，受到的阻力越小，金属质点必然沿这个方向流动。这样就形成了四个流动区域，以四个角的二等分线和长度方向的中线为分界线，这四个区域内的质点到各自的边界线的距离都是最短距离。这样流动的结果是，宽边方向流出的金属多于长边方向的，因此镦粗后的断面呈椭圆形。不断镦粗，各断面必趋向于达到各向摩擦阻力均相等的断面——圆形为止。通过采用对称面网格法的镦粗实验，可以从图25-1中看到坯料轴向剖面网格镦粗后的变化情况。经分析，沿坯料对称面可分为三个变形区：

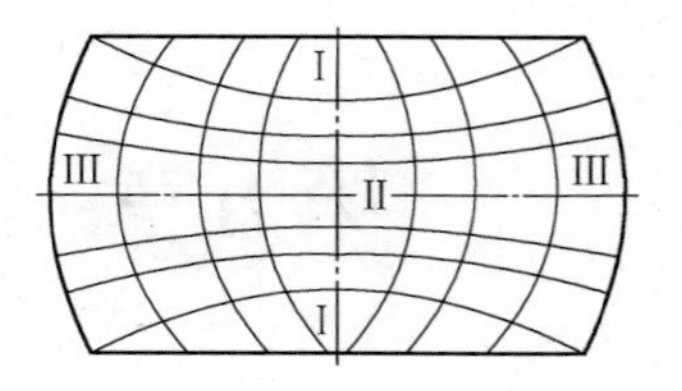

图25-1 镦粗时变形分布

区域Ⅰ称为难变形区，这是和上下平砧相接触的区域。由于表层受到很大的摩擦阻力，这个区域内的单元体都处于三向压应力状态，愈接近试样件中心，三向压缩愈强烈。这个区域的变形很小。同时，随着到接触表面的距离越远，摩擦力的影响越小，所以区域Ⅰ大体上是一个圆锥体。

区域Ⅱ是大变形区，它处于上下两个难变形锥体之间的部分（外围层除外）。这部分金属受到接触摩擦力的影响已经很小，因而在水平方向上受到的压应力较小，单元体主要在轴向力作用下产生很大的压缩变形，径向有较大的扩展，由于难变形锥体的压挤作用，横向坐标网格线还有向上、下弯曲的现象，这些变形的综合作用就导致圆柱体外形出现了鼓形。

区域Ⅲ是外侧的筒形区部分，称小变形区（中间变形区）。由于受到区域Ⅱ的扩张作用，因而纵向坐标线呈凸肚状，但网格的变形不大。

对不同高径比尺寸的圆柱形坯料进行镦粗时，产生鼓形特征和内部变形分布均不相同。

（1）高径比 $H_0/D_0=2.5\sim1.5$ 的坯料镦粗时，开始在坯料的两端先产生鼓形，形成Ⅰ、Ⅱ、Ⅲ、Ⅳ四个变形区，如图25-2a所示。其中Ⅰ、Ⅱ、Ⅲ区与前述相同，而坯料中部的Ⅳ区为均匀变形区，该区不受摩擦影响，内部变形均匀，侧面保持圆柱形。当高径比 $H_0/D_0=1.5\sim1.0$ 时，则形成明显的双鼓形，如图25-2b所示。

（2）高径比 $H_0/D_0=1.0\sim0.5$ 的坯料镦粗时，只产生单鼓形，并形成三个变形区，如图25-2c所示。

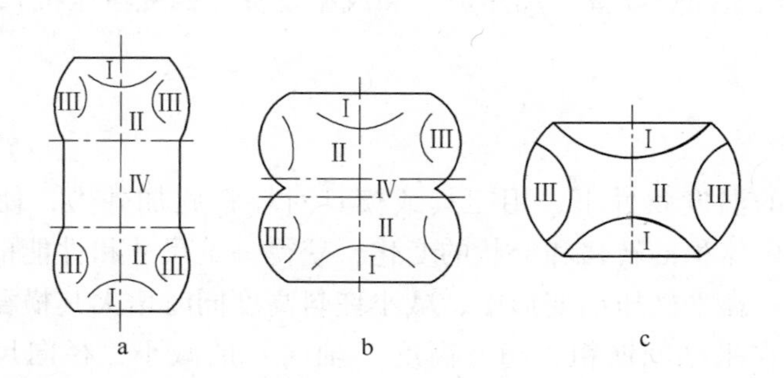

图25-2 不同高径比坯料镦粗时鼓形变化情况与变形区分布
a—高径比 $H_0/D_0=2.5\sim1.5$；b—高径比 $H_0/D_0=1.5\sim1.0$；
c—高径比 $H_0/D_0=1.0\sim0.5$

[实验仪器、设备与材料]

（1）YT32-200C型四柱液压机，如图25-3所示；箱式电阻炉。

（2）45 号钢。试样尺寸：ϕ40mm × 80mm，镦粗后的高度为 50mm；ϕ40mm × 50mm，镦粗后的高度为 20mm；ϕ40mm × 30mm，镦粗后的高度为 10mm。

图 25-3　YT32-200C 型四柱液压机

［实验方法和步骤］

（1）试样准备，设定加热炉的加热温度；

（2）将试样放进加热炉中加热，加热至始锻温度 1200℃，并保温一段时间；

（3）将加热好的试样从炉体中取出，放在压机下，开始进行镦粗实验；

（4）设定参数，镦粗至指定的高度。

［实验报告要求］

（1）报告格式自定；

（2）对实验结果进行理论分析。

实验 26 拔长成型

[实验目的]

研究在平砧间拔长时工艺参数对拔长效率和拔长质量的影响。

[实验原理]

使坯料横截面减小而长度增加的成型工序称为拔长。拔长时，最好使金属多往前后流动（伸长）而很少向左右流动（展宽）。但由于拔长过程中金属的流动情况是与当时摩擦条件、坯料截面尺寸（$b_0 \times h_0$）的大小、送进量 l_0 及压缩量 Δh 的大小等多种因素有关。因此，研究这些因素对拔长时金属的流动影响非常重要。

根据坯料拔长方式不同，可以分为：平砧间拔长、型砧拔长和空心件拔长。平砧间拔长是生产中用得最多的一种拔长方法，本次实验以平砧间拔长为例进行研究。

（1）锻造比。拔长是在坯料上局部进行压缩，局部受力、局部变形。如果拔长前变形区的长为 l_0、宽为 b_0、高为 h_0，l_0 称为送进量，l_0/h_0 称为相对送进量。拔长后变形区的长为 l、宽为 b、高为 h（见图 26-1），则 $\Delta h = h_0 - h$ 称为压下量，$\Delta b = b - b_0$ 称为宽展量，$\Delta l = l - l_0$ 称为拔长量。拔长时的变形程度是以坯料拔长前后的截面积之比——锻造比（简称锻比）K_c 来表示的，即：

$$K_c = \frac{F_0}{F} = \frac{h_0 b_0}{hb}$$

式中 F_0——拔长前坯料截面积，mm^2；

F——拔长后坯料截面积，mm^2。

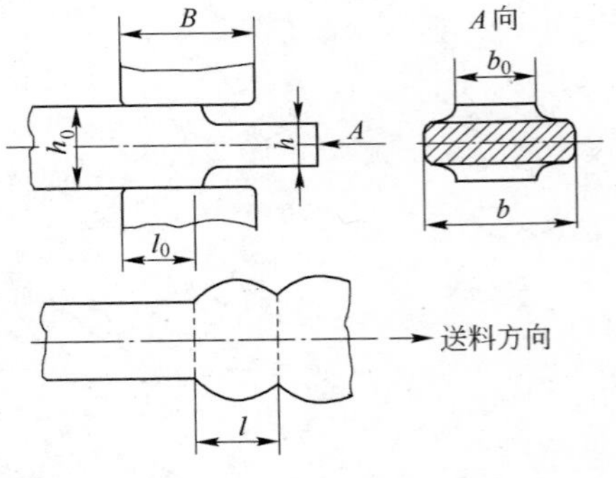

图 26-1 拔长变形前后尺寸关系

（2）拔长效率。在变形过程中，金属流动始终受最小阻力定律支配，因此，平砧间拔长矩形截面毛坯时，由于拔长部分受到两端不变形金属的约束，其轴向变形与横向变形就与送进量 l_0 有关，如图 26-1 所示。当 $l_0 = b_0$ 时，$\Delta l \approx \Delta b$；当 $l_0 > b_0$ 时，$\Delta l < \Delta b$；当 $l_0 < b_0$ 时，$\Delta l > \Delta b$。由此可见，采用小送进量拔长可使轴向变形量增大而横向变形量减小，有利于提高拔长效率。但送进量不能太小，否则会增加压下次数，反而降低拔长效率，另外还会造成表面缺陷。

[实验仪器、设备与材料]

（1）试样：25mm × 25mm × 200mm 铅条一根，25mm × 25mm × 300mm 铅条两根。

（2）工具：垫块 1（尺寸厚度为 10mm），垫块 2（尺寸厚度为 15mm），游标卡尺，钢板尺，划线针。

（3）设备：600kN 材料试验机 1 台。

[实验方法和步骤]

(1) 取铅条一根，距一端 8mm 处四周划线，距另一端 12mm 处四周划线，压缩至与尺寸厚度为 10mm 的垫块接触，观察断面凹心夹层情况。一般当 $l_0 > 10$mm 时，无凹心夹层。

(2) 在铅条两端继续划 8mm 两段、4mm 两段的线，压缩至与垫块 1 相接处，观察折叠情况。一般当 $l_0 > 7.5$mm 时，不会产生折叠。

(3) 在长度为 300mm 的铅条上划线，尺寸为 16mm、25mm、50mm 各三段。

(4) 分别采用垫块 1 和垫块 2 进行试验，均压缩至与垫块接触为止，测量拔长后的长度与宽度（为消除自由端及刚端的影响，只测量中间一段的尺寸），因宽度波浪形，故测量时要取最大宽度与划线处宽度的平均值，同时观察大送进量时所产生的波浪形及锯齿形。将测得数据填入表 26-1 中。

表 26-1 拔长变形研究实验数据记录

项目	送进量 l_0 /mm	有效送进次数 n	试件有效尺寸/mm						总伸长 $\Delta L = L - L_0$ /mm	一次送进伸长 $\Delta l = \Delta L/n$ /mm	相对伸长量 $\Delta l/l_0$
			拔长前			拔长后					
			$L_0 = nl_0$	b_0	h_0	$L = nl$	b	h			
垫块1	16										
	25										
	50										
垫块2	16										
	25										
	50										

注：l_0 为试件每次送进量，mm；b_0 为试件宽度，mm；b 为取中间有效变形处最宽与最窄的平均值。

[实验报告要求]

(1) 根据实验记录表中内容，深入分析送进量对拔长效率及拔长质量的影响。

(2) 根据实验记录表中内容，定性分析压下量对拔长效率及拔长质量的影响。

实验27 冲孔成型

[实验目的]

观察冲孔时锻件形状的变化，研究有关工艺参数对冲孔变形的影响。具体任务有：

（1）用简图描述冲孔过程中锻件形状的变化；

（2）研究冲子直径对试件形变的影响。

[实验原理]

（1）在坯料上制造出透孔或不透孔的锻造工序称为冲孔。它是锻造工艺中最基本的变形工序之一。冲孔工序常用于：

1）锻件带有大于 ϕ30mm 以上的盲孔或通孔；

2）需要扩孔的锻件应预先冲出通孔；

3）需要拔长的空心件应预先冲出通孔等情况。

（2）冲孔过程中，锻件外形会发生改变。一般表现为高度减小，外圆柱出现桶形（直径增大）。同时，在一个端面上形成下凹形，在另外一个端面上形成凸拱形（见图27-1）。

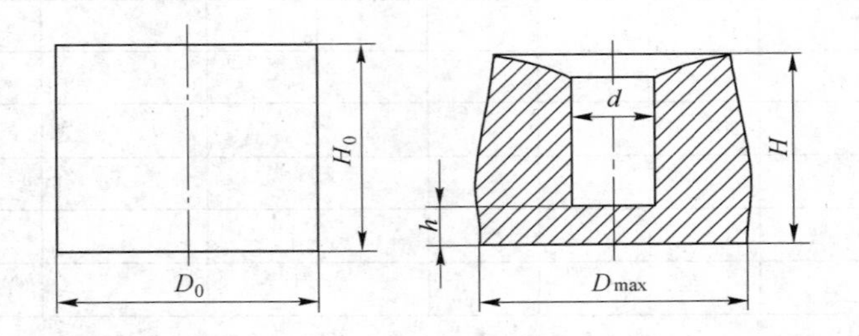

图27-1 圆柱坯料冲孔前后形状

（3）锻件形状的改变与坯料原始尺寸、冲子尺寸及冲孔时的压入深度有关。

1）d/D_0 值愈大，锻件畸变愈大。$d/D_0>0.5$ 时，锻件畸变非常严重；$d/D_0<0.2$ 时，锻件外形变形相对很小。实际上，只有在 d/D_0 值较小时才用开式冲孔。

2）冲孔深度愈大，锻件畸变愈大。冲孔浅（h/H_0 大），锻件变形不大（h/H_0 接近1）；随着冲孔深度加大（h/H_0 变小），冲子使金属向冲孔方向拉缩，使锻件高度变小（H/H_0 变小）；冲孔深度进一步加大（$h/H_0<0.2$），锻件高度又增大（H/H_0 变大）。但是，这种回归现象并不表明锻件畸变减小，而是由于锻件底部上翘造成高度增大，锻件的畸变其实更大。

[实验仪器、设备与材料]

实验设备：多功能成型试验机或YW2-200压力试验机1台。

实验材料：铅试件 ϕ45mm×40mm，6件/组。

工具：

（1）冲子 6 个（直径分别为 ϕ10mm，ϕ15mm，ϕ20mm，ϕ25mm，ϕ30mm，ϕ35mm）。
（2）百分表 1 个，百分表座 1 个。
（3）高度游标尺、游标卡尺各 1 把。
（4）外径千分尺 1 把，划针 1 根。
（5）起子、内六角扳手、木榔头各 1 把。
（6）模套 1 副，垫板 1 块，10mm 垫块 1 块。

［实验方法和步骤］

（1）对试件编号，分别测量试件原始尺寸（H_0，D_0）及冲子直径（精确到 0.1mm），填入表 27-1 中。

（2）检查并试运行设备，确认正常后，停车。

（3）将 ϕ10mm 冲子装在固定于试验机的模套内，在试验机工作台上放置垫板。

（4）在垫板上放置 10mm 厚的垫块，用手盘动试验机横梁上的手轮，使横梁下降到冲子下端面，贴在垫块上端面上。

（5）将百分表座安装于工作台上，装上百分表，使测杆受压后，调整百分表读数在 5mm。然后提升横梁，取出 10mm 厚的垫块。

（6）取第 1 号试件放在垫板上，与冲子对中。开动压力机油泵，对试件施压，观察百分表读数，当读数为 5mm 时（连皮厚度 $h=10$mm），按下关闭按钮。

（7）提升横梁，取出试件，测量 D_{max}，H，记入表 27-1 对应栏内。

（8）分别用 ϕ30mm，ϕ35mm 的冲子替代 ϕ10mm 冲子，对第 5、6 号试件进行冲孔（保持连皮厚度 $h=10$mm），重复上述步骤。

（9）依次用 ϕ15mm，ϕ20mm，ϕ25mm 冲子对第 2、3、4 号试件进行冲孔，并使连皮厚度分别等于 20mm，16mm，12mm，10mm。每一试件需中途停车 4 次（取出与放回试件），测量与连皮厚度相对应时的试件高度 H，记入表 2 与表 1 对应栏内。连皮厚度为 10mm 时，还需测量 D_{max}。

描绘出 6 件试件变形后（连皮厚度 $h=10$mm）的主剖面图（绘在实验报告相应位置）。

（10）继续对第 2、3、4 号试件冲孔，使连皮厚度依次等于 8mm，4mm，测量相应的 H，记入表 27-2 中。

表 27-1 冲孔变形前后尺寸（$h=10$mm）

试件号	d/mm	H_0/mm	D_0/mm	D_{max}/mm	H/mm	$\frac{d}{D_0}$	δ/%	ξ/%	$h=10$mm
1(ϕ10mm)									
2(ϕ15mm)									
3(ϕ20mm)									
4(ϕ25mm)									
5(ϕ30mm)									
6(ϕ35mm)									

表 27-2 冲孔深度与试件畸变

连皮厚度 h/mm	2 号试件（ϕ15mm）					3 号试件（ϕ20mm）					4 号试件（ϕ25mm）				
	h /mm	H /mm	H_0 /mm	$\frac{h}{H_0}$	$\frac{H}{H_0}$	h /mm	H /mm	H_0 /mm	$\frac{h}{H_0}$	$\frac{H}{H_0}$	h /mm	H /mm	H_0 /mm	$\frac{h}{H_0}$	$\frac{H}{H_0}$
20															
16															
12															
10															
8															
4															

[实验报告要求]

（1）绘草图。绘出 6 件试件变形后（连皮厚度 $h = 10$mm）的主剖面草图。

（2）作关系曲线。

1）根据实验结果（表 27-1）作出冲孔连皮厚为 10mm 时 $\delta = f\left(\frac{d}{D_0}\right)$ 和 $\xi = f\left(\frac{d}{D_0}\right)$ 曲线。

2）根据实验结果（表 27-2）作出 $\frac{H}{H_0} = f\left(\frac{h}{H_0}\right)$ 曲线（可只作 $d = 15$mm，20mm，25mm 的 3 条曲线）。

实验 28　冲裁模间隙对冲裁件质量和冲裁力的影响

[实验目的]

（1）通过实验进行观察，加深对冲裁断面组成的理解；
（2）分析冲裁间隙对冲裁件断面质量、尺寸精度和冲裁力的影响；
（3）培养学生按照工件质量要求及实际条件在冲模设计中正确选择凸凹模之间合理间隙。

[实验原理]

在分离工序中，剪裁主要是在剪床上完成的，落料和冲孔又统称为冲裁。冲裁是使坯料按封闭轮廓分离的工序。落料时，冲落部分为成品，而余料为废料，冲孔是为了获得带孔的冲裁件，而冲落部分是废料。

冲裁时板料的变形和分离过程对冲裁件质量有很大影响。其过程可分为三个阶段（如图 28-1 所示），即：（1）弹性变形阶段；（2）塑性变形阶段；（3）断裂分离阶段。

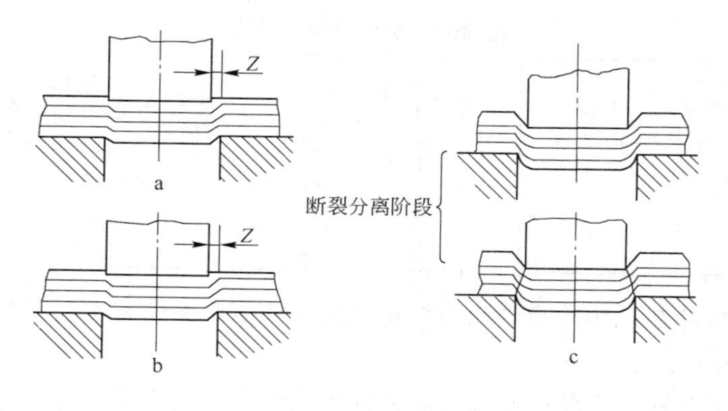

图 28-1　冲裁变形和分离过程
a—弹性变形阶段；b—塑性变形阶段；c—断裂分离阶段

影响冲裁件质量的因素很多，有凸凹模之间的间隙、模具刃口状态、材料的性质、模具结构、制造精度与冲裁速度等，而起主要作用的是凸凹模之间的间隙，它直接影响着冲裁件质量的优劣、尺寸精度、冲裁力大小和模具的使用寿命。

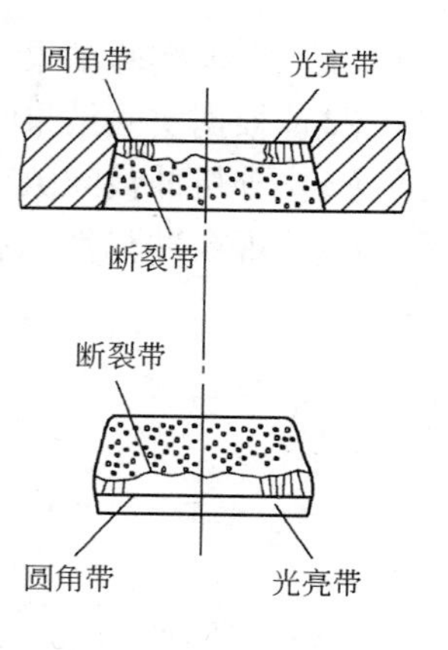

图 28-2　冲裁零件的断面

冲裁零件断面图（如图 28-2 所示）并不是光滑平直的，质量区可分为圆角带、光亮带和断裂带，间隙大小直接影响了各个成型带的大小，决定了冲裁件的质量。间隙过大，凸模刃口附近的剪裂纹较正常间隙时向里错开一段距离，因此光亮带小一些，剪裂带和毛刺均较大；间隙过小，材料中拉应力成分减少，压应力增强，裂纹产生受到抑制，凸模刃口附近的剪裂纹较正常间隙向外错开一段距离，上下裂纹不能很好重合，致使毛刺增大。间隙控制在合理的范围内，上下裂纹才能基本重合于一线，毛刺最小。间隙对卸料力、推件力也有比较明显的影响。间隙越大，则卸料力和推件力越小。当冲裁件断面质量要求较高时，应选取较小的间隙值。对于冲裁件断面质量无严格要求时，应尽可能加大间隙，以利于提高冲模寿命。

[实验仪器、设备与材料]

（1）设备：600kN 或 300kN 万能材料试验机。

（2）工具：可更换凸模的冲裁模一套，千分尺、放大镜、钢皮尺、安装模具的工具。

（3）材料：低碳钢板料，板厚 2mm，宽度 40mm。

[实验方法和步骤]

（1）测量凹模和凸模尺寸并计入表中，将凸模按尺寸大小顺序摆好待用。

（2）将冲裁模安装在设备上。先测量实验用材料厚度并记入表中，然后用此材料进行实验，实验时通过更换不同尺寸凸模的方法（由最大尺寸凸模开始，依次更换较小尺寸的凹模），以配成不同的冲裁间隙并进行冲裁。每次冲裁后要注意记下冲裁力的大小并填入表 28-1 中，同时将冲裁件按顺序放好。

表 28-1 实验结果记录表

实验顺序	材料种类	材料厚度 t/mm	凹模尺寸 $D_{凹}$/mm	凸模尺寸 $d_{凸}$/mm	间隙		冲裁力 P/N	零件外径/mm		孔径/mm		备注
					z/mm	t/%		$d_{零}$	$\delta_{零}$	$d_{孔}$	$\delta_{孔}$	
1												
…												

（3）测量每次冲裁后的冲裁件和边料孔的尺寸，把用卡尺或千分尺测得的工件直径尺寸和边料孔径尺寸记入表中。

（4）用放大镜观察工作断面质量情况，并绘出断面形状简图。

（5）整理实验数据，按要求写出实验报告。

[实验报告要求]

（1）根据实验结果，绘出冲裁力 P 和冲裁间隙 z 之间的关系曲线。

（2）根据实验结果，绘出冲裁件尺寸精度（δ）与间隙 z 之间的关系曲线。

（3）分析冲裁间隙对冲裁力的影响，分析冲裁间隙对零件质量及精度的影响。

（4）观察冲裁件（孔）的断面质量情况，并说明间隙大小对它的影响。

实验 29　板料弯曲成型工艺实验

[实验目的]

（1）观察试件在 V 形弯曲时的回弹现象，并掌握测定弯曲回弹角的方法；
（2）研究弯曲件材质和弯曲变形程度对回弹值的影响；
（3）理解最小相对弯曲半径的概念；
（4）分析控制弯曲回弹量的方法。

[实验原理]

将各种金属毛坯弯成具有一定角度、曲率和形状的加工方法称为弯曲。弯曲是成型工序之一，应用相当广泛，在冲压生产中占有很大的比例，因此掌握弯曲成型特点和弯曲变形规律有着十分重要的意义。

通过对弯曲变形过程分析可知，材料塑性变形必然伴随有弹性变形，当弯曲工件所受外力卸载后，塑性变形保留下来，弹性变形部分恢复，结果使得弯曲件的弯曲角、弯曲半径与模具尺寸不一致，这种现象称为弯曲回弹。在弯曲工艺中的回弹，直接影响了弯曲件的尺寸精度。因此，研究影响弯曲回弹的因素对保证弯曲件质量有着重要意义。

自由弯曲时的回弹角计算公式为：

$$\Delta\alpha = \frac{2m\sigma_s r\alpha}{Et}$$

即影响回弹的因素有以下几点：

（1）材料的力学性能。弯曲件回弹角的大小与材料的屈服强度 σ_s 成正比，与弹性模量 E 成反比。材料的屈服强度和硬度模数 m 越大，回弹角越大；材料的弹性模量越大，回弹角越小。

（2）相对弯曲半径 r/t。在工艺上，弯曲件的变形程度用相对弯曲半径 r/t（t 为板料厚度）来表示。r/t 越小，弯曲变形程度越大，回弹角越小，即回弹角的大小与 r/t 值成正比。

（3）弯曲中心角 α。它表达了弯曲变形区的大小，弯曲中心角越大，所代表的变形区也越大，积累的回弹量也越多，回弹角越大。

采用一套易于更换凸模的弯曲模（图 29-1），配有一系列具有不同弯曲圆角半径的可更换凸模（图 29-2）。其中包括一个制成局部凸起的凸模（图 29-2b），其圆角半径与其中一个可更换凸模的圆角半径相同。制备一批不同材料、相同厚度和相同材料、不同厚度的弯曲件毛坯，用这些毛坯在弯曲模上依次更换凸模进行弯曲成型实验，就可以测算出以下几组数据：

1）相同材料、不同变形程度时的弯曲回弹角（包括相同厚度、不同凸模圆角半径和相同圆角半径、不同厚度两种情况）。

2）不同材料在同一变形程度时的弯曲回弹角。

3）局部凸起的凸模与相应的普通凸模所形成的不同回弹角。

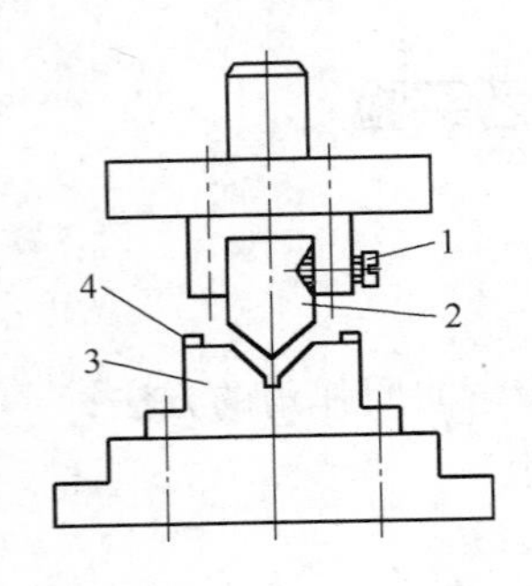

图 29-1 实验用弯曲模示意图

1—紧定螺钉；2—可更换凸模；3—凹模；4—定位块

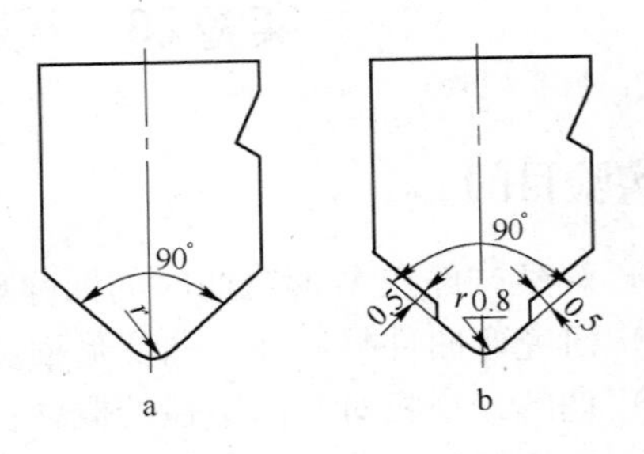

图 29-2 可更换凸模

a—普通凸模；b—带有局部凸起的凸模

通过对实验数据的分析，可以了解力学性能 σ_s/E 和相对弯曲半径 r/t 对弯曲回弹的影响，并可以找出各种材料在弯曲回弹值最小时的最佳变形程度，以及使用局部凸起的凸模减小回弹的良好效果。如果材料的厚度选择合适，还可观察到当弯曲变形程度超过材料的极限变形程度，即 $r/t<r_{min}/t$ 时，所产生的变形区破裂情况。

[实验仪器、设备与材料]

（1）Q235 钢板、08 钢板、H62 黄铜板各 10 片，长 50mm，宽 15mm，厚度分别为 0.5mm、1.5mm 和 2.5mm；

（2）实验用弯曲模一副（如图 29-1 所示），凸模 10 个，其中包括图 29-2a 所示的 r（凸模弯曲圆角半径）分别为 0.1mm、0.4mm、0.8mm、1.2mm、1.5mm、2.0mm、2.5mm、3.0mm、4.0mm 的 9 个 90°凸模和图 29-2b 所示的一个局部凸起 90°凸模；

（3）螺钉旋具一把、测量用角度尺一副、夹料用竹镊子一只；

（4）160kN 开式压力机一台、500kN 手动螺旋压力机一台。

[实验方法和步骤]

（1）检查实验用设备和模具能否进行正常工作；

（2）调整压力机连杆长度，使凸模和凹模间的间隙为 0.5mm；

（3）依次更换不同 r 的凸模进行实验。每更换一个凸模，对厚度为 0.5mm 的 Q235 钢板、08 钢板和 H62 黄铜板各冲一个试样，用角度尺测量每个弯曲件的弯曲角，算出回弹角的值，记入表 29-1 中；

（4）重新调整压力机连杆，使凸模和凹模之间的间隙为 1.5mm。依次更换不同 r 的凸模进行实验。每更换一个凸模，对厚度为 1.5mm 的 Q235 钢板冲一试样，测算出回弹角的大小，记入表 29-1 中；

（5）调整凸模与凹模间的间隙为 2.5mm，对厚度为 2.5mm 的 Q235 钢板重复上述实验，记录测算结果，填入表 29-1 中；

（6）在实验过程中仔细观察弯曲处是否出现裂纹，记录裂纹产生时对应材料厚度和凸模角度。

表 29-1　实验数据记录表

项目	板厚/mm	材质	弯曲半径/mm									
			普通凸模									带凸台的凸模
			0.1	0.4	0.8	1.2	1.5	2.0	2.5	3.0	4.0	0.8
回弹角	0.5	黄铜										
		08 钢										
		Q235 钢										
	1.5	Q235 钢										
	2.5	Q235 钢										

[实验报告要求]

（1）分析产生弯曲回弹的机理，阐明正负回弹产生的原因。

（2）根据实验所得数据，作出不同材料的 r/t-Δa 曲线。

（3）分析实验中所反映出的材质和变形程度对回弹的影响情况。指出实验所用各材料的最佳变形程度，比较局部凸起凸模与具有不同 r 的普通凸模，对不同试件冲压所得出的回弹值的差别。

实验30　拉 深 成 型

[实验目的]

（1）认识冲压设备和冲压模具的工作原理和工作过程。

（2）观察在不同成型速度和压边力条件下成型筒形件时质量的差别。

（3）熟悉钣金件冲压成型的工艺过程。

[实验原理]

冲压成型是利用安装在压力机上的冲模对板料施加压力，使其产生分离或塑性变形，从而获得所需各种板片状零件、壳体、容器类工件的一种压力加工方法。冲模是将材料加工成冲压件的一种工艺装备，冲压过程依靠冲压机械和模具设备共同完成。冲压所使用的模具称为冲压模具，简称冲模。冲模是将材料加工成所需冲压件的专用模具。冲模在冲压中至关重要，没有符合要求的冲模，冲压工艺就无法实现。模具、设备和板料构成冲压加工的三要素，三者相互结合才能冲出符合要求的具有一定形状、尺寸和性能的零件。

冲压工艺大致分为两类，即分离工序和成型工序。分离是指将板料按一定的轮廓线分离而获得一定的形状、尺寸和断面质量的冲压件的工序；成型是将坯料在不破裂的条件下产生塑性变形从而获得一定形状和尺寸冲压件的工序。

作为主要成型工序之一的拉深，是利用拉深模具使平面板料变成开口空心件的冲压工序。用拉深工艺可以制成筒形、阶梯形、锥形、球形、盒形和其他不规则形状的薄壁零件。如果与其他冲压成型工艺配合，还可制造形状极为复杂的零件。图30-1为典型冲压成型工艺——拉深变形过程示意图。

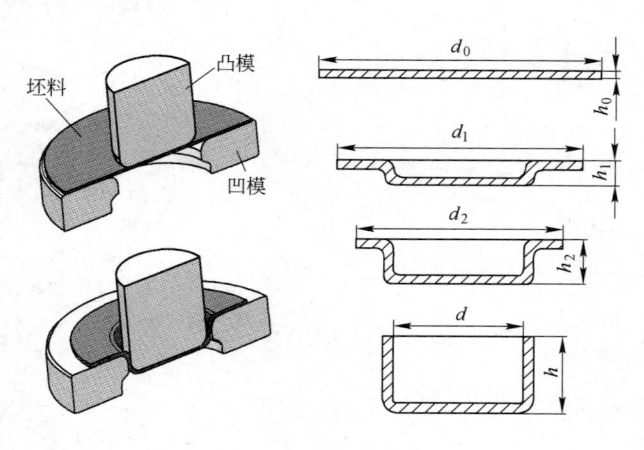

图30-1　典型冲压成型工艺——拉深变形过程示意图

根据筒形件各部位应力-应变分布的不同，可将整个拉深变形分为5个区域：

（1）平面凸缘区——主要变形区；

（2）凹模圆角区——过渡区；
（3）筒壁部分——传力区；
（4）凸模圆角区——过渡区；
（5）圆筒底部——小变形区。
各个区域的应力-应变状态如图 30-2 所示。

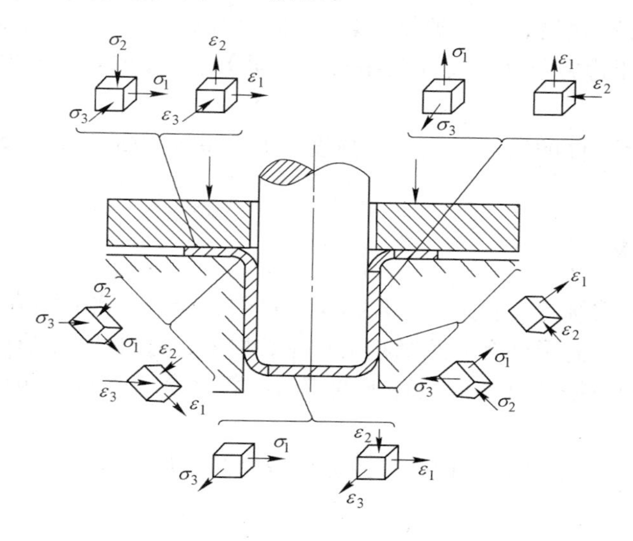

图 30-2 拉深变形 5 个不同区域应力-应变状态

拉深成型时，筒形件的不同部位应力-应变状态对其成型质量影响较大，主要的质量问题在于凸缘变形区的起皱和传力区的拉裂。因此在深入了解凸缘变形区和筒壁传力区的受力情况及其影响因素的基础上，在拉深工艺和拉深模具设计等方面采取适当的措施，能够更好地解决上述质量问题。

［实验仪器、设备与材料］

（1）实验设备为四柱液压机，见图 25-3。

（2）实验材料为厚度 1mm 的 Q235 钢板，圆形坯料外径为 ϕ100mm。在不同成型速度和无压边、有压边、压边力过大三种条件下分别冲压成内径为 ϕ50mm、ϕ40mm、ϕ30mm 的筒形件，如图 30-3 所示。

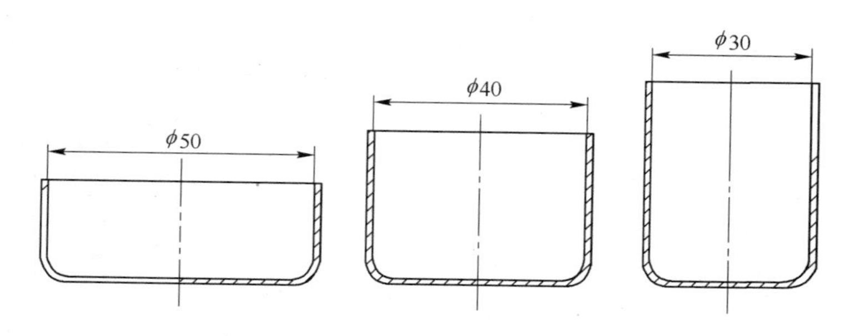

图 30-3 冲压成型的筒形件示意图

[**实验方法和步骤**]

(1) 认真观察压力机的结构和冲压模具的组成，熟悉冲压成型工艺过程；

(2) 将所需的模具安装在冲压设备上并开机试运行；

(3) 事先准备 ϕ100mm×1mm 的 Q235 圆钢板坯料若干；

(4) 设置两种冲压速度，每一速度设置三种不同的压边力（无压边—有压边力—压边力过大），每一种压边力条件下设置三种内径（ϕ50mm、ϕ40mm、ϕ30mm）分别冲压成筒形件；

(5) 测量成型筒形件的壁厚、内径、高度，并观察成型缺陷。将数据记录在相应表格中。

[**实验报告要求**]

(1) 按规定的要求撰写实验报告，包括实验目的、原理、实验内容等；

(2) 观察冲压成型筒形件有无凸缘起皱和拉裂情形，分析产生的原因；

(3) 根据记录的数据计算不同条件下的钢板拉深系数，并分析极限拉深系数的影响因素；

(4) 查表确定 Q235 钢板的极限拉深系数，说明筒形件是否能一次拉深成型。

实验31　杯 突 实 验

[实验目的]

(1) 学习确定板材胀形性能的实验方法，了解杯突值与板料成型性能的关系，学会分析实验现象和结果；

(2) 了解金属薄板试验机的构造及操作；

(3) 测定低碳钢或超低碳钢（如IF钢等深冲用板）的杯突值。

[实验原理]

其工作原理如图31-1所示。用一规定钢球或球形冲头3，向夹紧于规定的压模1，4内的试样2施加压力，直到开始产生裂缝为止，此时压入深度即为金属板料的杯突（*IE*）深度（单位：mm）。此深度用来判断材料延伸性能的优劣。*IE*值越大，胀形成型性能就越好。

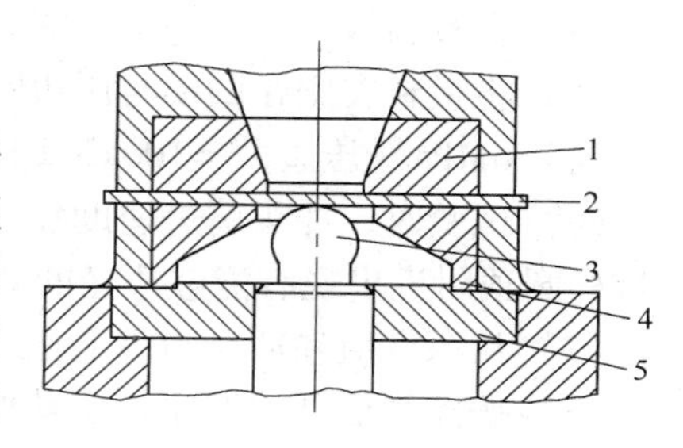

图31-1　杯突实验

1—上模；2—试样；3—球状冲头；4—垫模；5—座板

试验前，在与冲头接触的试样面上及冲头球面上应涂无腐蚀性的润滑脂（如凡士林）。试样在模具中夹紧后，应将压模旋回0.05mm，即保证模具与试样之间约有0.05mm间隙。然后摇动手柄使冲头压向试样，冲头前进速度为5～20mm/min。在接近破裂时，速度应降低到下限，以尽量减少试验的误差。此时除了可直接观察试样的破裂外，也能通过压力表指示的吨位下降来判断它。一般来说，材料状态越软，破裂时的裂缝便越圆；而硬状态的材料，裂缝则成一直线，并往往伴有破裂带。

[实验仪器、设备与材料]

(1) 型杯突试验机（采用如图31-2所示的冲压机）。

(2) 标准模具：

球形冲头*R*10mm；

上模孔径27mm；

压边圈孔径33mm。

(3) 游标卡尺、深度尺等测量工具。

(4) 实验用料：低碳钢板、超低碳钢板、铝。

图31-2　冲压机

[实验方法和步骤]

(1) 由实验指导教师讲解杯突试验机结构、工作原理和操作方法；

(2) 装好模具：把凹模装在实验机的凹模座上；把凸模座装到中心活塞上，把压边圈放在压边活塞上，压边圈上的凸梗和压边活塞上的沟槽是压边圈的定位部分；

（3）按表 31-1 选好杯突实验模具并测量试样宽度、厚度记录入表 31-1。

表 31-1　杯突实验记录表

序号	实验材料	试样宽度/mm	试样厚度/mm	冲头直径/mm	上模孔径/mm	垫板孔径/mm	杯突值/mm	
							单次值	平均值

（4）将实验板料与冲头接触的一面及冲头球头面上涂上无腐蚀性的润滑油；

（5）将板料夹紧在凹模与压边圈之间，按下压边按钮，调整压边液压手柄，使压边液压达到 2.6MPa（压边力 = 100kN ± 1.0kN）；

（6）试验时，冲头前进速度在 5 ~ 20mm/min 内，在接近缩颈时，速度应降到下限值。当试样圆顶附近出现有能够透光的裂缝时，迅速停止中心活塞；

（7）从深度值和冲压力表上记录下深度值（*IE* 值）和冲压力；

（8）按停胀形开关按钮，启动抽油回程开关，按下模座升降开关，把模座升起，取出试件；

（9）每种材料反复做 5 次，数据记入表 31-1 中，或一种材料改变厚度重复做 5 次，数据记入表 31-1 中，将所得杯突深度的算术平均值，作为该材料的杯突深度值；

（10）实验完毕后，将模具拆下。

［实验报告要求］

（1）实验目的及要求；

（2）实验设备及实验材料；

（3）实验结果分析。

掌握杯突实验方法，确定三种材料（08Al、IF 钢、Al）的杯突深度值，并对比分析杯突深度值的大小与材料成型性能之间的关系。

实验 32　成型极限图

[实验目的]

(1) 了解液压机的基本组成、原理及功能；
(2) 了解成型极限图与板料成型性能之间的关系；
(3) 熟悉网格法在塑性应变测定中的应用，掌握成型极限图制定的全过程。

[实验原理]

成型极限图（FLD）是板料在不同应变路径下的局部失稳极限应变 e_1 和 e_2（工程应变）或 ε_1 和 ε_2（真实应变）构成的条带形区域或曲线（如图 32-1 所示）。

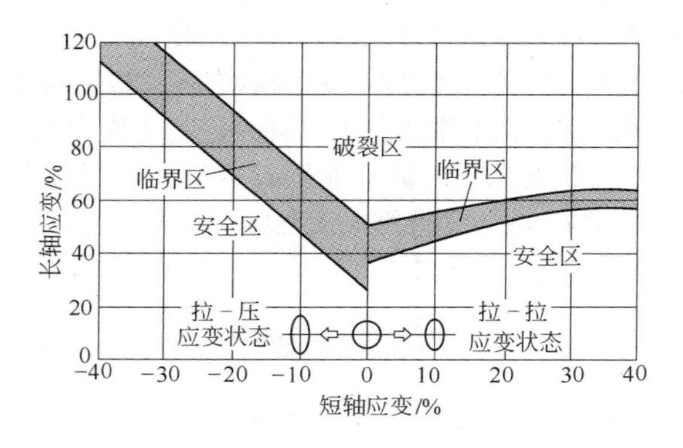

图 32-1　成型极限图 FLD

参照国标 GB/T 15825. 8—2008，在实验室条件下，通常可采用刚性凸模对金属薄板进行胀形的方法测定成型极限图。刚性凸模胀形实验时，将一侧板面制有网格圆的试样置于凹模与压边圈之间，利用压边力压牢试样材料，试样中部在凸模力作用下产生胀形变形并形成凸包，板面上的网格圆同时发生畸变成为近似的椭圆，当凸包上某个局部产生颈缩或破裂时，停止试验，测量颈缩部位或破裂部位（或这些部位附近）畸变网格圆的长轴和短轴尺寸，由此计算金属薄板板面上的极限应变，这种极限应变可称为面内极限应变。

实验时，为了测定成型极限图右半部分（双拉变形区，即 $e_1>0$，$e_2>0$ 或 $\varepsilon_1>0$，$\varepsilon_2>0$）各处不同的极限应变，可改变试样与凸模之间的润滑或接触条件；为了测定成型极限图左半部分（拉压变形区，即 $e_1>0$，$e_2\leqslant0$ 或 $\varepsilon_1>0$，$\varepsilon_2\leqslant0$）各处不同的极限应变，可采用不同宽度的试样，试样宽度差距越大，测定出的极限应变数值差异越大。选择较多的宽度规格，有利于分散极限应变点的间距。另外，辅助单向拉伸、液压胀形和平底圆柱凸模冲压成型等其他实验方法还可测成型极限图中的单向拉伸、等双拉和平面应变等应变路径下的极限应变特征点。

[实验仪器、设备与材料]

(1) 液压试验机（采用图 31-2 所示的冲压试验机）；
(2) 成型极限成套模具；

（3）照相制版或电化学腐蚀制版；

（4）应变分析仪、游标卡尺、工具显微镜等测量工具；

（5）润滑剂、丙酮等；

（6）实验材料：低碳钢板、超低碳钢板、铝板。

[实验方法和步骤]

（1）了解液压机的基本组成、原理及功能并掌握基本操作技能；

（2）完成模具的安装与调整；

（3）进行预实验；

（4）试样准备及测量并在薄板试样表面预先复制一定形式的网格图案；

（5）将试样上制有网格圆的一面贴靠凹模，对不带有网格圆图案一侧的试样表面进行润滑。实验过程中应保证将试样压紧，直至试样上发生局部颈缩或破裂为止；

（6）改变试件的宽度或冲头与试件间的摩擦条件，以改变应变状态和板平面内的应变比，再重复上述实验、测量、计算，获得不同应变状态下的极限应变值；

（7）对于同一尺寸规格和相同润滑条件的试样，进行3次以上有效重复实验；

（8）取出试件，用工具显微镜测量破裂部位起始部分（裂纹中央）最接近且不包含缩颈的椭圆的长轴 d_1 和短轴 d_2 的值，计算表面极限应变量（见式32-1、式32-2）或用应变分析仪直接计算极限应变量：

$$e_1 = \frac{d_1 - d_0}{d_0} \times 100\%$$

$$e_2 = \frac{d_2 - d_0}{d_0} \times 100\% \tag{32-1}$$

$$\varepsilon_1 = \ln \frac{d_1}{d_0} = \ln(1 + e_1)$$

$$\varepsilon_2 = \ln \frac{d_2}{d_0} = \ln(1 + e_2) \tag{32-2}$$

（9）绘制成型极限图。以 e_2 为横坐标、e_1 为纵坐标，建立表面应变坐标系，将实验测定的表面极限应变（e_1、e_2）或（ε_1、ε_2）标在表面应变坐标系中，根据极限应变在应变坐标系中的分布特征，将它们构成条带形区域或连成适当的曲线，即成型极限曲线。

[实验报告要求]

（1）实验报告格式自行设计。

（2）实验报告包括下述主要内容：

1）实验目的、内容及原理；

2）实验设备及实验材料的牌号、规格；

3）实验条件，主要是润滑条件；

4）网格制备过程及网格初始直径、临界网格圆的选择原则和测量方法；

5）测量和计算结果：包括 d_1、d_2，e_1、e_2（ε_1、ε_2），并绘制成型极限图 FLD；

6）实验体会及实验结果分析；

7）报告人、实验日期、实验报告日期。

本章思考讨论题

[实验 25]

（1）相同的压下率，为什么会出现双鼓形和单鼓形的区分？
（2）减小镦粗鼓形的措施有哪些？

[实验 26]

（1）分析坯料大送进、小压缩以及小送进、大压缩变形后产生缺陷的原因。
（2）讨论归纳拔长时金属流动的特点。

[实验 27]

（1）冲孔变形时金属的流动规律性如何？可能出现哪些缺陷？
（2）冲裁间隙对冲裁力及零件形状质量有何影响？

[实验 28]

（1）叙述间隙大小对冲裁件剪切断面质量的影响，并说明原因。
（2）分别叙述钝刃口的凸、凹模对落料及冲孔剪切断面质量的影响，并说明原因。
（3）叙述间隙大小对冲裁件精度的影响并说明原因。

[实验 29]

（1）试归纳最小相对弯曲半径的定义并分析影响最小相对弯曲半径的因素。
（2）根据影响回弹值的诸因素，简述减少回弹的措施。

[实验 30]

（1）避免冲压成型筒形件凸缘起皱和拉裂的措施有哪些？
（2）试分析极限拉深系数和形变硬化之间的关系。

[实验 31]

（1）说明材料的性能与杯突值的关系。
（2）同一种材料厚度的变化对杯突值以及成型性能的影响是什么？
（3）杯突值有何使用意义？

[实验 32]

（1）影响金属薄板成型极限图测定精确度的因素有哪些？
（2）影响金属薄板成型性的主要因素有哪些？

第六章

焊接成型实验

本章要点

本章针对焊接原理与工艺设计了5个教学实验，实验紧密结合专业课程内容和主要知识点，涵盖了常用焊接方法与原理，包括了气体保护电弧焊、钎焊等传统的焊接方法和激光焊、搅拌摩擦焊等新型焊接技术与方法。在此基础上设计了焊接接头性能评价综合实验，注重分析焊接接头的组织与性能的关系。通过实验掌握各种焊接方法的特点与主要应用领域。

实验33　气体保护电弧焊工艺

[实验目的]

(1) 了解气体保护电弧焊的基本原理。

(2) 熟悉气体保护电弧焊工艺流程及设备的特点。

(3) 分析气体保护电弧焊工艺参数对焊缝成型及熔滴过渡的影响规律。

[实验原理]

气体保护电弧焊是用外加气体作为电弧介质，并保护金属熔滴、焊接熔池和焊接区高温金属的一类电弧焊方法。气体保护焊的优点是：电弧挺度好，易实现全位置焊接和自动焊接；电弧热量集中，熔池小，焊接速度快，焊缝质量好等。缺点是不宜在有风的场地施焊，电弧光辐射较强。

气体保护电弧焊包括非熔化极气体保护焊和熔化极气体保护焊，常用气体保护电弧焊分类如表33-1所示。非熔化极气体保护电弧焊是电弧在非熔化极（通常是钨极）和工件之间燃烧，电极只起发射电子、产生电弧的作用，本身不熔化，焊接时填充金属从一侧送入，电弧热将填充金属与工件熔融在一起，形成焊缝。熔化极气体保护电弧焊是利用金属焊丝作为电极，电弧产生在焊丝和工件之间，焊丝不断送入，并熔化过渡到焊缝中。

表 33-1　常用气体保护电弧焊分类

名称	电极状态	操作方式	气体种类	电特性	极性	适用范围
气体保护焊	非熔化极（GTAW）	手工、自动、机器人	氩气，氦气	稳定电流，脉冲电流	直流	碳钢、低合金钢、不锈钢、钛及钛合金
					交流	铝及铝合金
	熔化极（GMAW）	半自动、自动、机器人	氩气（MIG），CO_2，混合气（MAG）	稳定电流，脉冲电流	直流	碳钢、低合金钢、不锈钢、钛及钛合金、铝及铝合金

根据具体情况的不同，气体保护电弧焊可以使用不同的保护气体，常用的保护气体有氩气（Ar）、氦气（He）、二氧化碳（CO_2）、氢气（H_2）及混合气体。混合气体是在一种气体中加入一定量的另一种或两种气体，对细化熔滴、减少飞溅、提高电弧稳定性、改变熔深及提高电弧温度等有一定好处。常用的混合气体有：

（1）Ar + He。广泛用于大厚度铝板及高导热材料的焊接，以及不锈钢的高速机械化焊接。

（2）$Ar + H_2$。利用混合气体的还原性来焊接镍及其合金，可以消除镍焊缝中的气孔。

（3）$Ar + O_2$ 混合气体。特别适用于不锈钢 MIG 焊接，能克服单独用氩气时的阴极飘移现象。

（4）$Ar + CO_2$ 或 $Ar + CO_2 + O_2$。适于焊接低碳钢和低合金钢，焊缝成型、接头质量以及电弧稳定性和熔滴过渡都非常满意。

钨极氩弧焊（TIG）是用高熔点的钨合金作为电极，与被焊工件之间形成电弧加热熔化工件和焊丝的一种非熔化极焊接方法，实验氩气作为保护气。根据所用电源种类的不同，TIG 焊可以分为直流 TIG 焊、交流 TIG 焊、脉冲 TIG 焊以及变极性 TIG 焊等类型。

MIG 焊使用的惰性气体可以是氩气、氦气或氩气与氦气的混合气体。因惰性气体与液态金属不发生冶金反应，只起包围焊接区使之与空气隔离的作用，所以电弧稳定的燃烧，熔滴向熔池过渡平稳、安定、无激烈飞溅。这种方法适用于铝、铜、钛等有色金属的焊接，也可以用于钢材等的焊接。

MAG 焊使用的保护气体是由惰性气体和少量的氧化性气体混合而成。加入少量的氧化性气体的目的是在不改变或基本不改变惰性气体电弧特性的条件下，进一步提高电弧的稳定性，改善焊缝成型和降低电弧辐射强度等。这种焊接方法常用于钢铁材料的焊接。

CO_2 气体保护电弧焊使用的保护气 CO_2 具有氧化性，因而需对焊接熔池脱氧，要使用含有较多脱氧元素的焊丝，本质上属于熔化极气体保护电弧焊。CO_2 来源广泛、成本低，是应用最广泛的一种熔化极气体保护电弧焊方法，常用于钢铁材料的焊接。实验采用 CO_2 气体保护电弧焊，研究其工艺流程及特点。

[实验仪器、设备与材料]

（1）CO_2 气体保护焊机。

（2）CO_2 保护气，与焊枪配套的焊丝，Q235 低碳钢板，砂纸等。

[实验方法和步骤]

（1）介绍该气体保护电弧焊接设备结构、原理及操作方法。

（2）用砂纸将待焊母材试样表面打磨去锈，按老师的要求接好线路。

（3）打开焊接电源开关，在控制面板上输入给定的焊接参数。

（4）打开气瓶，调节至合适的气体流量。

（5）打开循环水系统，保证水路工作正常。测试焊枪，保证送丝、送气工作正常。

（6）启动焊接开关，进行焊接。根据焊接结果调整焊接参数，反复几次，直到获得稳定的电弧和较好的焊缝成型。焊接时应注意电弧是否稳定燃烧，有无大的飞溅及爆破声响。

（7）以较佳的焊接参数作为标准，在其他焊接参数保持不变的条件下，每次只改变一个规范参数进行焊接。观察焊接参数的影响，并记录焊接电流、电弧电压的波形及焊接过程的稳定性，焊缝成型、飞溅、熔滴过渡等情况。

（8）焊接完毕，关闭气瓶、循环水及电源。

[实验报告要求]

（1）实验前要求做好预习，熟悉实验目的、实验原理及具体实验内容等。

（2）整理实验结果，并记录到表33-2。

（3）分别画出焊接电流、电弧电压等主要参数的关系曲线。分析各曲线形式对于焊接过程稳定性的关系。

（4）分析讨论实验中观察到的现象。

表33-2 实验结果记录表

序号	焊接电流/A	电弧电压/V	气流量/L · min^{-1}	送丝速度/m · h^{-1}	焊丝直径/mm	焊接速度/m · h^{-1}	过渡形式
1							
2							
3							

实验34 激光焊接工艺实验

[实验目的]

(1) 了解激光器的结构及工作原理。

(2) 了解激光焊接的原理、工艺过程和特点。

(3) 掌握激光焊接工艺参数对接头质量的影响规律。

[实验原理]

激光焊接是利用高能量密度的激光束作为热源的一种高效精密焊接方法。它是一种新型的焊接方式，激光焊接主要针对薄壁材料、精密零件的焊接，可实现点焊、对接焊、叠焊、密封焊等，具有深宽比高、焊缝质量高、焊接速度快、焊后操作简单、易实现自动化等特点。

激光焊接时，激光照射到被焊材料的表面，与其发生作用，一部分被反射，一部分被吸收，进入材料内部。对于不透明材料，透射光被吸收，金属的吸收系数约为 10^7 ~ $10^8 m^{-1}$。对于金属，激光在金属表面 0.01 ~ 0.1μm 的厚度中被吸收转变成热能，导致金属表面温度升高，再传向金属内部。

光子轰击金属表面形成蒸气，蒸发的金属可防止剩余能量被金属发射掉。如果被焊金属有良好的导热性能，则会得到较大的熔深。激光在材料表面的反射、投射和吸收，本质上是光波的电磁场与材料相互作用的结果。激光光波入射材料时，材料中的带电粒子依着光波电矢量的步调振动，使光子的辐射能变成电子的动能。物质吸收激光后，首先产生的是某些质点的过量能量，如电子的动能、束缚电子的激光能或者还有过量的声子，这些原始激光能经过一定过程再转化为热能。

激光还具有高方向性、高强度、高单色性和高相干性。激光焊时，材料吸收的光能向热能的转换是在极短的时间（约为 $10^{-9}s$）内完成。而后通过热传导，热量由高温区传向低温区。金属对激光的吸收，主要与激光波长、材料的性质、温度、表面状况及激光功率密度等因素有关。一般来说，金属对激光的吸收率随着温度的上升而增大，随着电阻率的增加而增大。

根据激光对工件的作用方式和激光器输出能量的不同，激光焊可以分为连续激光焊和脉冲激光焊。连续激光焊在焊接过程中形成一条连续的焊缝，主要用于厚板深熔焊。脉冲激光焊输入到工件的能量是断续的、脉冲的，每个激光脉冲在焊接过程中形成一个圆形焊点，主要用于微型件、精密元件和微电子元件的焊接。按工作介质的不同，激光器可以分为气体激光器、半导体激光器、液体激光器和半导体激光器，工业上常用的激光器有 CO_2 气体激光器和 YAG 固体激光器。

激光焊接的焊接参数与传统焊接方法略有不同，包括激光功率、焊接速度、离焦量、保护气体种类和气流量。激光功率和焊接速度是激光焊接中的主要参数，对焊缝质量有重要影响。对于脉冲激光焊，激光的平均功率、峰值功率和占空比是其中的关键参数。离焦量是指焦点与焊接表面的距离差，它对于焊接熔深影响很大。保护气体不仅能保护焊缝金属，还能抑制和屏蔽光致等离子体，提高激光的实际利用率。

本实验利用 CO_2 气体激光器焊接 316L 不锈钢试板，讨论激光焊接工艺参数和焊缝状态的关系。

[实验仪器、设备与材料]

（1）YAG 固体激光器系统，数控工作台及焊接夹具，图 34-1 是数控 CO_2 激光焊接加工系统的照片；体视显微镜等。

（2）200mm×100mm×2mm 的 316L 不锈钢试板若干块，砂纸，丙酮，氩气等。

图 34-1 数控激光焊接与加工系统

[实验方法和步骤]

（1）结合实验所用激光焊机给学生介绍激光焊接系统的基本构成、激光焊接的技术指标及调整方法。

（2）将待焊的 316L 不锈钢试板表面用砂纸打磨去锈，并用丙酮清洗干净后用夹具固定在工作台上。

（3）启动激光焊接系统，开启内部循环水系统，打开风刀和保护气，并调节保护气（氩气）气流量，气流量为 30L/min。

（4）当激光器内部温度和内部循环水的电离度都达到规定的指标后，各组分别改变激光功率、焊接速度、离焦量、脉冲频率、占空比等焊接参数进行焊接（参考工艺参数见表 34-1），观察记录焊接试样的表面成型情况及熔透情况。

（5）焊接完后，取出试样，关闭激光器和数控机床，并打扫工作台。

表 34-1 实验参考工艺参数表

序号	激光输出方式	激光功率 P/W	焊接速度 v/cm · min^{-1}	峰值功率 P/W	占空比/%	脉冲频率/Hz	焊缝状态
1	连续	300	100				
2	连续	500	100				
3	连续	700	100				
4	连续	900	100				

续表 34-1

序号	激光输出方式	激光功率 P/W	焊接速度 v/cm · min^{-1}	峰值功率 P/W	占空比/%	脉冲频率/Hz	焊缝状态
5	连续	1100	100				
6	连续	900	120				
7	连续	900	140				
8	连续	900	160				
9	连续	900	180				
10	连续	900	200				
11	脉冲	700	100	1500	16	100	
12	脉冲	900	100	1500	30	100	
13	脉冲	1100	100	1500	42	100	

[实验报告要求]

（1）实验报告要求写出实验目的、实验原理、实验步骤与方法、结果分析等。

（2）简述实验步骤并记录实验过程中观察的现象。

（3）整理实验数据，分析激光焊接不锈钢试板的完全熔透的工艺参数范围。

实验35 真空钎焊工艺实验

[实验目的]

(1) 了解钎料配置方法;
(2) 初步学会使用真空钎焊设备;
(3) 了解真空钎焊工艺流程和特点;
(4) 掌握真空钎焊的工艺参数设定及接头质量的检验方法。

[实验原理]

钎焊是指用比母材熔点低的金属材料作为钎料,加热到钎料熔化母材不熔化的温度,通过母材与钎料之间的溶解、扩散等冶金反应,凝固后形成冶金结合的一种焊接方法。按照国家标准,将使用钎料液相线温度450℃以上的钎焊称为硬钎焊,在450℃以下的称为软钎焊。钎焊的加热温度较低,而且钎缝周围大面积均匀受热,变形和残余应力较小,接头光滑美观,适合于焊接精密、复杂和由不同材料组成的构件,如蜂窝结构板、透平叶片、硬质合金刀具和印刷电路板等。钎焊前对工件必须进行细致加工和严格清洗,除去油污和过厚的氧化膜,保证接口装配间隙。间隙一般要求在0.01~0.1mm之间。

铝合金的硬钎焊均采用铝基钎料。要使钎料的熔点适当降低,以适合铝合金的钎焊,基本途径是向其中加入合金元素,使钎料形成共晶或低熔点固溶体。硅铝能在固态时部分互溶,形成熔点较低的简单共晶组织。这种共晶组织又具有抗腐蚀性等优点,故铝基钎料常含有硅作为主要合金成分。

配置钎料就是按规定的成分熔炼合金,按照钎料名义成分和配置量计算好,并称出需要的各种原料。若原料都是纯金属,计算是一种简单的比例计算。但有时某些成分宜以中间合金形式加入,则算料时应考虑其中所含的其他元素。钎料熔炼就是加热使各种原料熔化,形成成分均一的合金。

对于大多数材料,真空钎焊时不需要使用钎剂,并且能消除母材表面的氧化膜。钎料与母材润湿性的好坏是选择钎料时首先要考虑的条件,也是能否获得优质钎焊接头的关键性因素。如果钎料不能润湿母材,也就不能在母材上毛细填缝,接头将无从形成。母材的表面形貌是影响钎料对母材润湿性的主要因素之一。一般,表面过于平滑和过于粗糙都会减弱钎料对母材的润湿。在母材表面形成的微观沟槽起到一定的毛细作用,有利于液态钎料的铺展,能够提高钎料对母材的润湿性。因此,钎焊前对母材表面的清理,随采用的方法不同造成母材表面的形貌不同,对于钎料的润湿性会带来不同的影响。

通过测量钎料铺展面积来定量评价润湿性时,可采用下述的方法:

(1) 平均直径法。根据钎料铺展的具体形状,在不同的方位上分别测出铺展的直径值,计算出平均直径,求出当量圆面积。该方法简单,但只适用于形状规则的铺展。

(2) 求积仪法。直接沿钎料铺展区边缘一周,即可直接读出铺展面积值。该法精度值视所用求积仪的精密度而定。

(3) 方格统计法。借助透明纸描下钎料铺展去的轮廓,再在方格纸上统计出占有的方格数，已知每一方格的面积和方格数，就可以求出铺展面积。

（4）比重法。将铺展有钎料的试片拍摄成照片1∶1的照片，再从照片上剪下钎料铺展区。用电子天平称出该铺展区照片的重量，再根据单位面积纸的重量求出铺展面积。此法周期长，但精度最高。

[实验仪器、设备与材料]

（1）真空钎焊炉设备。主要由密闭的炉体、控制系统和真空系统组成，图35-1为多功能真空钎焊炉的照片。另外还包括炉钳、天平、坩埚等其他辅助设备。

（2）实验用焊接材料是铝合金，另外包括工业纯铝、镁、铝硅中间合金、酒精、砂纸等辅助材料。

图35-1　多功能真空钎焊炉

[实验方法和步骤]

（1）查阅资料文献，熟悉实验原理。

（2）熔炼钎料。实验采用Al-Si-Mg系钎料，自己设计钎料成分，并计算需要的纯铝、纯镁和铝硅中间合金的重量（钎料参考成分Al-10Si-1.6Mg、Al-10Si-2.4Mg与Al-11.5Si-1.6Mg）。按计算的结果，用天平称取镁，硅和铝硅中间合金，在坩埚内熔炼钎料。

（3）将截取的铝合金母材用砂纸打磨去除表面的氧化物，清水洗净后，采用酒精去除表面油污。

（4）将熔炼的钎料置于母材之间，搭接接头搭接长度为3～5mm，放入真空钎焊炉内，盖上炉盖。启动机械泵，对真空炉抽真空，同时接通扩散泵加热电炉。

（5）炉内真空度达到1.0×10^{-5}Pa后，接通真空炉电源，开始钎焊加热。加热至规定温度后保温（参考加热温度是620～630℃）。从加热开始，以100℃为间隔，记录时间和真空度。在钎焊温度保温结束后，关闭加热电源，随炉冷却。

（6）待炉温降至200℃以下，关停真空机组，开启真空炉，取出试片，按照要求进行相应的观察和力学性能测试。

（7）按照上面的步骤在不同的钎焊工艺参数下进行实验。

[实验报告要求]

（1）观察钎焊接头，记录实验结果。观察试样时要仔细观察钎焊接头的外观，钎料润湿情况，是否流淌，看钎角是否圆滑，是否发生熔蚀及未焊合等表面缺陷。测试力学性能时要记录接头断裂位置，计算伸长率，并目测断口是否有气孔及夹渣等缺陷。

（2）根据钎焊试片时记录的真空炉加热温度、真空度及加热时间数据，绘制钎焊加热循环曲线，并分析其特点。

（3）整理实验数据，分析焊接工艺参数与接头性能有什么关系？为什么？

实验36 搅拌摩擦焊接工艺实验

[实验目的]

(1) 了解搅拌摩擦焊的基本原理;

(2) 了解搅拌摩擦焊接设备及其工艺流程和特点;

(3) 分析焊接工艺参数对搅拌摩擦焊接接头成型的影响规律。

[实验原理]

搅拌摩擦焊(Friction Stir Welding, FSW)是英国焊接研究所(The Welding Institute, TWI)于1991年发明的一种新型固相连接技术。FSW过程如图36-1所示,其原理是利用高速旋转的搅拌头扎入工件后沿焊接方向运动,在搅拌头与工件的接触部位产生摩擦热,使其周围形成塑性软化层,软化层金属在搅拌头旋转的作用下填充搅拌针后面的空腔,并在轴肩与搅拌针的搅拌及挤压作用下实现材料的固相连接。搅拌摩擦焊接接头一般具有四个特征区域:焊核区(Weld Nugget)、热机影响区(Thermo-Mechanically Affected Zone, TMAZ)、热影响区(Heat-Affected Zone, HAZ)和轴肩影响区(Should-Affected Zone, SAZ)。

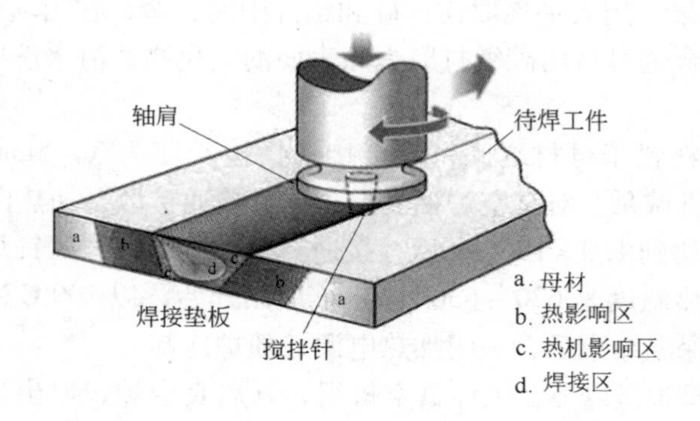

图36-1 搅拌摩擦焊接原理图

在搅拌摩擦焊过程中,搅拌针的长度略小于焊缝的深度,其作用是对接头处的金属进行摩擦及搅拌,而搅拌头上圆柱形的轴肩主要用于与工件表面摩擦产生热量,防止焊缝处的塑性金属向外溢出,同时可以清除焊件表面上的氧化膜,因此焊前不需要表面处理。搅拌摩擦焊接可以实现管-管、板-板的可靠连接,接头形式可以设计为对接、搭接,可进行直焊缝、角焊缝及环焊缝的焊接,并可以进行单层或多层一次焊接成型。

焊接接头的组织决定了焊接接头力学性能。搅拌摩擦焊的工艺参数对热量传导和材料的流动有着重要的影响,从而影响接头的显微组织。搅拌摩擦焊的工艺参数主要有:搅拌头倾角、搅拌头旋转速度、焊接速度、搅拌头下压量等。

(1) 搅拌头倾角。焊接时,由于板材原始厚度的误差,待焊的两个零件的板厚会存在一定的差异,造成板厚差问题,因此搅拌头通常会向后倾斜一定的角度,以便在焊接时轴肩后沿能够对焊缝施加均匀的焊接顶锻力。不同的板厚一般搅拌头倾角不同，一般为±5°。

（2）搅拌头旋转速度。搅拌头旋转速度对焊接过程中的摩擦产热有重要影响。当搅拌头旋转速度较低时，产生的摩擦热不够，不足以形成热塑性流动层，结果在焊缝中易形成空洞等缺陷。随着转速的增加，摩擦热增大，使得孔洞减小，当转速增加到一定值时，孔洞消失，形成致密的焊缝。但当转速过高时，会使焊缝温度过高，形成其他的缺陷。

（3）焊接速度。焊接速度过快，使得接头成型不好，容易形成缺陷，造成质量隐患，同时对设备及操作人员要求更高，增加成本。若焊接速度过慢，容易造成缺陷且生产效率不高。因此焊接速度应从各方面进行综合考虑。

（4）搅拌头下压量。搅拌头下压量增大，可增加热输入，提高焊缝组织的致密度。但是摩擦力增大，搅拌头向前移动的阻力也会增大，且下压量过大时，易形成焊缝凹陷，使焊缝表面形成飞边等。下压量过小，焊缝组织疏松，内部会出现孔洞。

[实验仪器、设备与材料]

（1）搅拌摩擦焊机，显微硬度计，力学试验机，夹具，搅拌头等。

（2）铝合金试板，丙酮，砂纸等。

[实验方法和步骤]

（1）介绍搅拌摩擦焊机、搅拌摩擦焊接原理及技术指标。

（2）焊前用砂纸将与轴肩接触的母材表面及结合面轻微擦拭，除去氧化膜，然后用丙酮将接头附近清理干净。

（3）用夹具将两片待接试样刚性固定在钢衬板上，防止工件在焊接过程中移动。

（4）启动搅拌摩擦焊机，以一定的转速缓慢扎入两试样结合面内，直至轴肩和工件表面接触，然后以一定的焊接速度向前移动。实验中设置不同的旋转速度和焊接速度焊接试样。

（5）观察焊缝外观，分析焊接参数对于焊缝成型的影响。

[实验报告要求]

（1）写出实验目的、原理、实验内容及实验步骤等。

（2）列出焊接工艺参数和焊缝外观形貌。

（3）整理实验结果，分析焊接工艺参数与焊缝外观形貌的关系，并分析原因。

实验37 焊接接头性能评价实验

[实验目的]

(1) 观察与分析焊接接头的金相组织。

(2) 了解焊接接头的硬度分布特征。

(3) 分析焊接接头组织与接头力学性能的关系。

(4) 掌握评价焊接接头性能的方法。

[实验原理]

焊接技术是指通过适当的手段，使两个分离的物体产生原子或分子间结合而形成永久性连接的方法，广泛应用于航空航天、电子、石油化工、机械制造、桥梁等领域。焊接接头性能的好坏直接影响其在工业上的应用，因此需要对焊接接头的性能进行评价。

焊接时，焊缝区金属是由常温开始加热到较高温度，然后再冷却到室温。在焊接接头各点的最高加热温度不同，不同点的焊接热循环，相当于进行了一次热处理，因此有相应的组织和性能的变化。焊接接头由焊缝区、熔合区和热影响区三部分组成，其组织特征存在明显差异。焊缝区接头金属及填充金属熔化后，又以较快的速度冷却凝固后形成，因此形成的组织为非平衡凝固组织。焊缝组织是从液体金属结晶的铸态组织，晶粒粗大，成分偏析，组织不致密。但是，由于焊接熔池小，冷却快，化学成分控制严格，碳、硫、磷都较低，还通过元素的扩散焊缝化学成分，使其含有一定的合金元素，因此，焊缝金属的性能问题不大，可以满足性能要求，特别是强度容易达到。

熔合区是熔化区和非熔化区之间的过渡部分。熔合区化学成分不均匀，组织粗大，往往是粗大的过热组织或粗大的淬硬组织。其性能常常是焊接接头中最差的。熔合区和热影响区中的过热区（或淬火区）是焊接接头中力学性能最差的薄弱部位，会严重影响焊接接头的质量。

热影响区是指在焊接热源作用下焊缝外侧处于固态的母材发生组织和性能变化的区域。由于焊接时热影响区各部分离焊缝距离不同而被加热到不同的温度，焊后冷却时又以不同的冷速冷却下来，因此整个热影响区的组织和性能是不均匀的。热影响区的组织分布与钢的种类、不同部分的加热最高温度有关。钢板尺寸越大，冷却越快，钢板初始温度越高（预热），冷却越慢。低碳钢的热影响区可分为过热区、正火区和部分相变区。过热区的加热温度为固相线至1100℃，晶粒粗大，甚至产生过热组织。正火区（细晶区）的加热温度为A_{c3}以上到晶粒开始急剧长大的温度范围，未达到过热温度，由于焊后空冷，相当于热处理后的正火组织。部分相变区（不完全重结晶区）的加热温度为$A_{c1}\sim A_{c3}$之间，只有部分组织发生相变，空冷时为先共析铁素体和珠光体以及未溶的粗大铁素体组织，晶粒大小和组织不均匀。

观察焊接接头的显微组织要用金相显微镜，因此必须制备金相试样。制备焊接接头金相试样的过程与一般金相制样大致相同，包括取样、预磨、抛光、浸蚀等步骤。在截取金相试样时试样要包括完整的焊缝及热影响区和母材部分。

硬度是评价焊接接头力学性能和产品质量的重要指标之一，它与材料的很多其他性能之间存在一定的关系。一般情况下，可以利用硬度与强度的相应关系，用热影响区硬度的变化来表示性能的变化，另外热影响区最高硬度试验可以作为测定金属材料淬硬倾向的判据。硬度测试简单易行，在焊接接头性能评价中得到了广泛的应用。所采用焊接方法的不同，所得焊接接头的组织会存在差异，因此硬度分布曲线也不同。硬度测试的方法很多，包括布氏硬度、洛氏硬度、维氏硬度等，本实验中，焊接试样的硬度测试采用的是维氏硬度计。

金属拉伸实验是指在承受轴向拉伸载荷下测定材料特性的实验方法，主要用于检验材料是否符合规定的标准和研究材料的性能，是材料力学性能试验的基本方法之一。利用拉伸实验得到的数据可以确定材料的弹性极限、伸长率、弹性模量、比例极限、面缩率、拉伸强度、屈服点、屈服强度等。从高温下进行的拉伸试验可以得到蠕变数据。拉伸曲线图是由拉伸试验机绘出的拉伸曲线，实际上是载荷伸长曲线，如将载荷坐标值和伸长坐标值分别除以试样原截面积和试样标距，就可得到应力-应变曲线图。

[实验仪器、设备与材料]

(1) 抛光机，金相显微镜，维氏硬度计，拉伸试验机，吹风机，玻璃平板，游标卡尺等。

(2) 抛光布，不同粗细的砂纸，抛光膏，无水乙醇，4%的硝酸酒精，脱脂棉，低碳钢焊接接头试样若干等。

[实验方法和步骤]

(1) 实验前，先认真阅读实验指导书，明确本次实验的目的和要求。

(2) 制备金相试样。在室温下垂直于焊缝中心截取试样，注意试样要包括完整的焊缝及热影响区和部分母材，切割时要注意冷却。然后再研磨、抛光和侵蚀制备金相样品。研磨时要注意由粗到细、依次操作，并用清水冲洗。侵蚀使用4%的硝酸酒精溶液，然后用清水冲洗，并用无水乙醇轻轻擦去水分，然后用吹风机吹干。

(3) 将制备好的金相试样在金相显微镜下进行观察与分析，并拍摄焊接接头的金相照片。操作过程中要严格防止镜头碰到试样表面，实验完毕后，要关掉电源。

(4) 用维氏硬度计分别测量各显微组织的显微硬度。热影响区每隔0.5mm作硬度测量点，焊缝区间隔可以稍大些，记录好实验数据。硬度计的使用要严格按照操作流程进行，加载时应细心操作以免损坏压头。

(5) 制备拉伸试样，进行拉伸力学实验，并分析拉伸曲线图。

[实验报告要求]

(1) 整理不同焊接参数下焊接接头的金相组织照片，并分析特征。

(2) 分析材料、焊接参数对接头焊缝区、熔合区及热影响区组织特点的影响规律，并解释原因。

(3) 结合得到的硬度数据，绘制焊接接头硬度分布曲线图，并分析原因。

(4) 记录拉伸实验中的原始数据并绘制曲线图，比较接头的强度及塑性指标。

(5) 分析拉伸曲线图，获得最优性能的条件是什么？并解释原因。

本章思考讨论题

［实验 33］

（1）激光焊接的主要特点是什么？相对于传统的焊接方法具有哪些优点和不足？

（2）激光焊接的工艺参数是如何影响焊缝成型的？

（3）分析连续激光焊接与脉冲激光焊接参数的异同及两种方法中最主要的焊接参数变化。

［实验 34］

（1）Al-Si-Mg 系钎料中的含镁量是否越高越好？为什么？

（2）真空钎焊与气氛炉中钎焊的原理有什么不同？

（3）结合实验中的现象，你认为母材表面原有的氧化膜在真空炉中是否已被去除？镁对实现钎料润湿母材起什么作用？

［实验 35］

（1）与其他的焊接方法相比，气体保护电弧焊有什么优缺点？

（2）CO_2 气体保护电弧焊发生飞溅的内在原因是什么？应该从哪些方面来减少飞溅的发生？

［实验 36］

（1）哪些材料不适合采用搅拌摩擦焊接？为什么？

（2）比较搅拌摩擦焊与摩擦焊的异同。

（3）为什么搅拌摩擦焊相比传统熔焊更适于焊接铝合金？

（4）搅拌头旋转速度和焊接速度存在什么样的关系时，能得到性能优良的焊接接头？

［实验 37］

（1）焊接接头不同区域硬度分布的基本规律是什么？并分析原因。

（2）焊接接头不同区域组织有什么特点？什么样的组织对接头力学性能最有利？并解释其形成机理。

（3）焊缝区组织是否可能全是等轴晶？为什么？

第七章

模具结构分析实验

本章要点

模具是材料加工领域中的重要技术装备，是企业的“效益放大器”。本章针对该领域中的模锻模、冲压模、拉拔模、挤压模、压铸模、注塑模的典型结构、工作原理、模具组成零件及其作用，以及零部件之间的装配关系等方面的内容进行了实验设计。通过该实验有助于直观、感性地认识模具结构，为学习模具结构设计、制造理论、提高实践能力奠定基础。

实验38 模锻模结构分析实验

[实验目的]

(1) 了解模锻模的类型、结构、工作原理以及各零件的名称和作用。
(2) 了解模锻模各个零件之间的位置和相互关系及装配过程。
(3) 了解模具图的设计。

[实验原理]

模锻是在模锻设备上，利用高强度锻模，使金属坯料在模膛内受压产生塑性变形，而获得所需形状、尺寸以及内部质量锻件的加工方法，如图38-1所示。在变形过程中由于

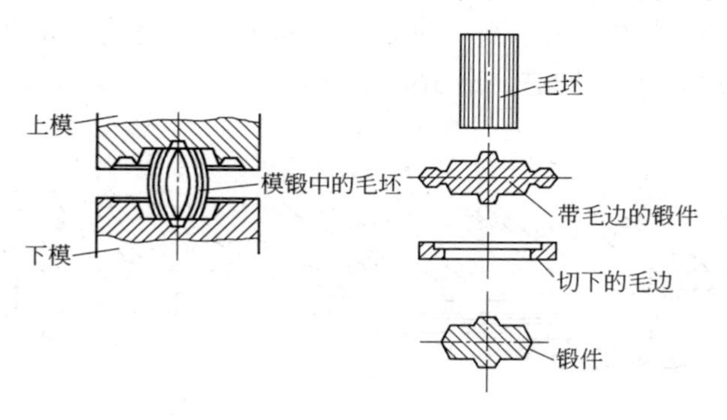

图38-1 模锻示意图

模膛对金属坯料流动的限制，因而锻造终了时可获得与模膛形状相符的模锻件。

锻模结构主要是指生产一种锻件所采用的各工步模膛（如制坯模膛、预锻模膛和终锻模膛）在模块上的合理布排，包括模膛之间和模膛至模块边缘的壁厚，模块尺寸、质量、纤维方向要求，以及平衡错移力的锁扣形式。

（1）模膛布排。模锻一种锻件，往往要采用多个工步完成。因此锻模分模面上的模膛布置要根据模膛数、各模膛的作用以及操作是否方便来确定，原则上应使模膛中心（模块承受反作用力的合力点）与理论上的打击中心（燕尾中心线与键槽中心线的交点）重合（如图 38-2 所示），以使锤击力与锻件的反作用力处于同一垂直线上，从而减小锤杆承受的偏心力矩，有利于延长锤杆使用寿命，减小导轨的磨损和模块燕尾的偏心载荷。在保证应有的打击能量和锻模有足够强度的前提下，应尽量减少模块尺寸，这样模块寿命长，锻件精度高。

（2）模膛间壁厚。模膛至模块边缘的距离（图 38-3 中的 s_0），或模膛之间的距离（图 38-3 中的 s）都称为模膛间壁厚。模膛间壁厚应保证有足够的强度和刚度，同时又要尽可能减小模块尺寸。

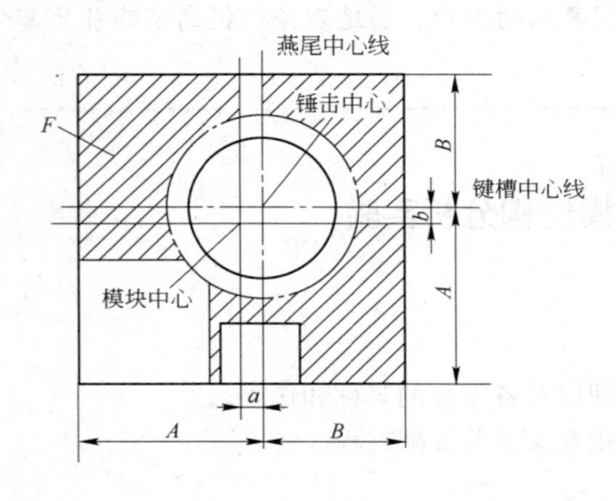

图 38-2 锤击中心与模块中心的关系

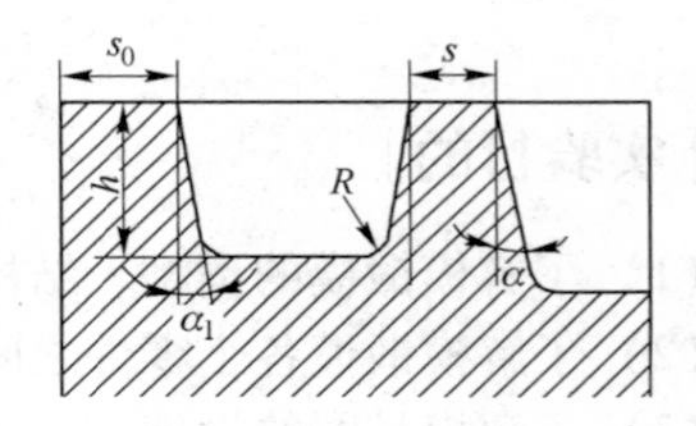

图 38-3 模壁示意图

（3）错移力的平衡与锁扣。当锻件的分模面为斜面、曲面或打击中心与模膛中心的偏移量较大时，模锻过程中将产生水平分力，从而引起上下模错移。其后果不仅是给锻件带来错移，影响尺寸精度和加工余量；而且加速锻锤导轨磨损和锤杆过早折断。所以要在锻模上设计一种结构（称锁扣）来平衡（抵消）这种水平错移力，锁扣就是在上模某个位置做出凸台，在下模对应位置凹进，凸出面和凹进面有一定斜度和间隙的附加部分，如图 38-4 所示。

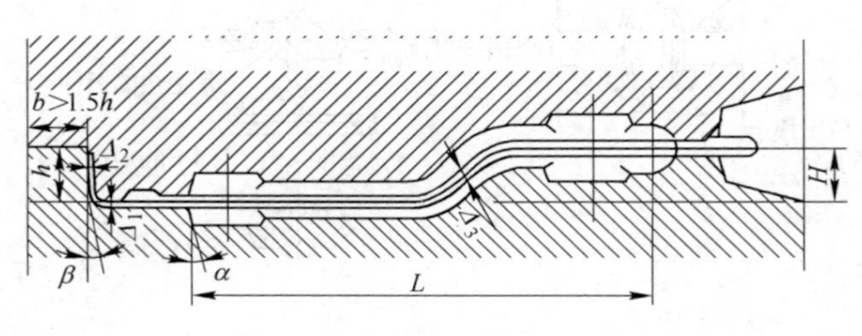

图 38-4 带锁扣的锻模

（4）模块尺寸及要求。模块尺寸除与模膛数、模膛尺寸、排列方式和模膛间最小壁厚有关外，还须考虑下列问题。

承击面是指锻锤空击时，上下模块实际接触的面积，如图38-5所示。

为保证锻模不与锤的导轨相碰，模块最大宽度B_{max}应保证模块边缘与导轨间留有单边距离大于20mm。模块最小宽度也有要求，至少超出燕尾每边10mm，如图38-6所示。

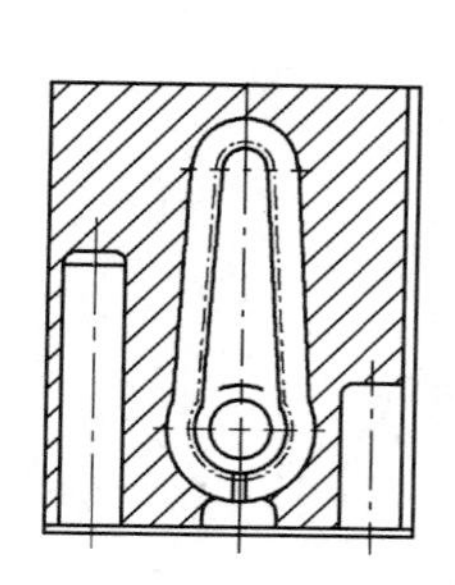

图38-5　承击面

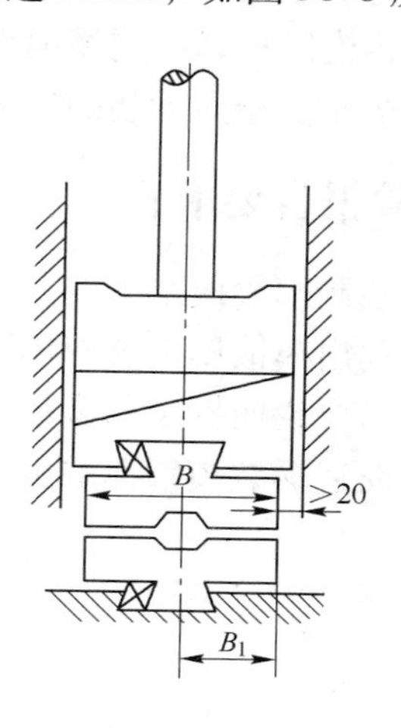

图38-6　模块宽度限制

锻模高度根据模膛最大深度和锻锤的最小闭合高度确定。考虑到锻模翻修的需要，通常锻模总高度H模是锻锤最小闭合高度的1.35～1.45倍。若H模太小，上下模合不拢，锻件打不靠，甚至可能撞掉锻锤汽缸底；若H模太大，将缩短锤头行程，降低打击能量。对于镶块模，模膛底部与侧壁连接半径$R>3$mm时，应保证模膛最大深度不超过镶块高度的40%；$R<3$mm时，取其不超过30%。

模锻特长锻件时，允许模块超出锤头，两端处于悬空状态。这时锻模受力条件处于不利，故应限制模块悬空的长度。一般规定，每端允许伸出锤头长度值$f\leqslant H/3$，H为模块高度（如图38-7所示）。

为保证锤头运动性能，上模块质量应有所限制，最大质量不得超过锻锤吨位的35%。

图38-7　模块长度

锻模上两个加工侧面所构成的90°角称为检验角。这两个侧面一般刨进深度为5mm，高度50～100mm。检验角可以设在模块左边或右边，根据模膛位置而定。检验角的作用一是为了锻模安装调整时，检验上下模模膛对准的情况；二是作为锻模机械加工划线时的基准。

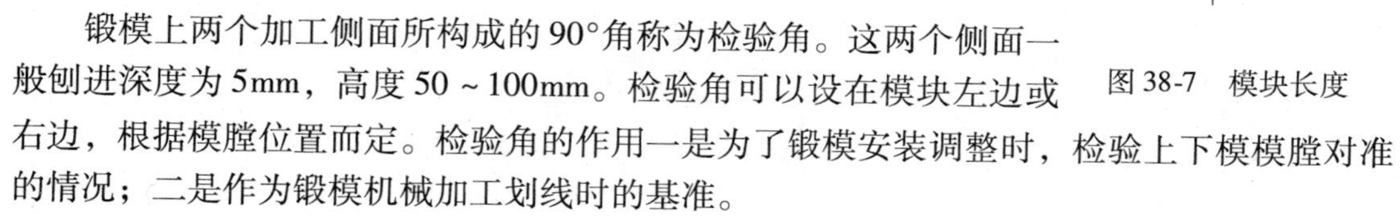

［实验仪器、设备与材料］

（1）锤上模锻模具、曲柄压力机上模锻模具、摩擦压力机上模锻模具、平锻机上模锻模具。

（2）手锤、铜棒、内六角扳手、活动扳手及螺丝刀等五金工具。

(3) 游标卡尺、金属直尺、角尺等测量工具。

[实验方法和步骤]

(1) 在教师指导下，首先初步了解模锻模的总体结构和工作原理。
(2) 将模锻模从模锻设备上拆卸下来，详细了解模锻模中各模膛的结构和作用。
(3) 将模锻模紧固到模锻设备上，进一步了解模锻模的结构工作原理。
(4) 按比例绘出拆装的模锻模结构图。

[实验报告要求]

(1) 绘制模锻模结构图。
(2) 列出模锻模上全部模膛的名称、用途。
(3) 简要说明拆装的模锻模的工作原理。
(4) 简述拆装模锻模的拆装过程及注意事项。

实验 39　冲压模具结构分析实验

[实验目的]

（1）了解冲压模具的类型、结构、工作原理以及各零件的名称和作用。

（2）了解冲压模具各个零件之间的位置和相互关系及装配过程。

（3）了解模具总装图、零件图的设计。

[实验原理]

冲模是板料零件在冲压生产中主要的工艺装备。用于安装在冲压设备上完成冲压工作，其结构与技术性能在很大程度上决定了冲压件的质量、生产率及操作安全程度。图 39-1 显示的是一副导柱式单工序落料模的结构图。

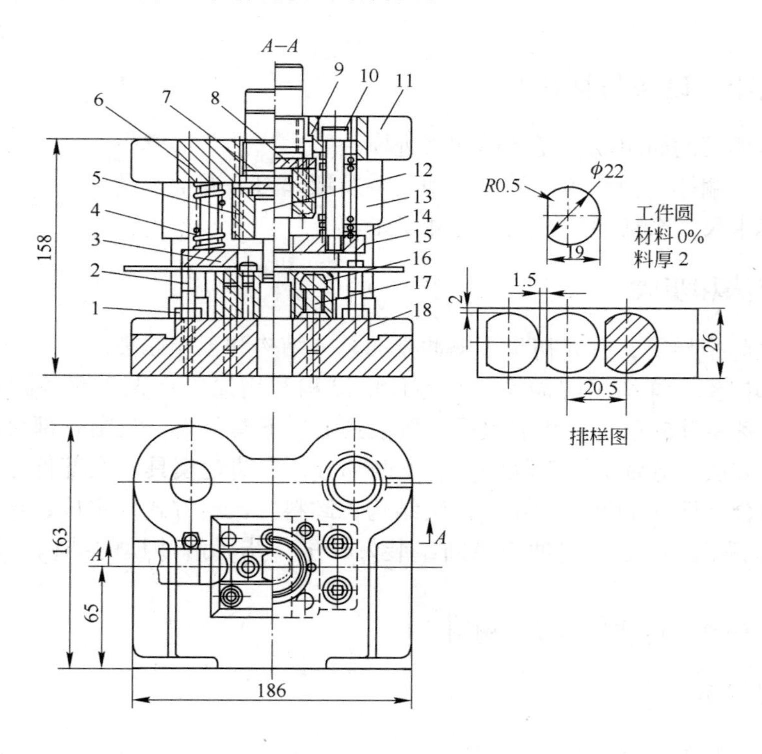

图 39-1　导柱式单工序落料模

1—螺母；2—导料螺钉；3—挡料销；4—弹簧；5—凸模固定板；6—销钉；7—模柄；8—垫板；9—止动销；10—卸料螺钉；11—上模座；12—凸模；13—导套；14—导柱；15—卸料板；16—凹模；17—内六角螺钉；18—下模座

冲模主要由工作零件、定位零件、卸料零件、出件零件、压料零件、导向零件、连接与固定零件以及其他零件等按一定的方式组合而成。

（1）工作零件。是直接对毛坯或半成品进行加工的零件，如凸模（图 39-1 中件 12）、凹模（图 39-1 中件 16）、凸凹模、镶拼成凸模或凹模的镶块和拼块。

（2）定位零件。是用来确定毛坯或半成品在模具中正确位置的挡料销（图 39-1 中件 3）、导正销、侧压板、导料板、定距侧刃。

（3）卸料、出件、压料零件。卸料零件是将包在凸模、凸凹模上的废料或半成品卸下来的零件，如卸料板（图 39-1 中件 15）、废料切刀。出件零件是将卡在凹模中的工件推出或顶出的零件，如推件块（板）、推杆、顶件块（板）、顶杆。压料零件是在冲压时用于压住材料的零件，如压料板、拉深压料圈。

（4）导向零件。是保证凸、凹模正确运动的零件，如导柱（图 39-1 中件 14）、导套（图 39-1 中件 13）、导板、导筒等。

（5）连接与固定零件。是将凸模、凹模和其他零件连接固定在上下模板上用于传递工作压力的零件，如模座（图 39-1 中件 11、18）、固定板（图 39-1 中件 5）、垫板（图 39-1 中件 8）、模柄（图 39-1 中件 7）、螺钉（图 39-1 中件 17）、销钉（图 39-1 中件 6）等。

（6）其他零件。是在模具中用于配合其他动作的零件，如弹簧（图 39-1 中件 4）、滑块、凸轮等。

[实验仪器、设备与材料]

（1）冲压模具的简单模、复合模和级进模。

（2）手锤、铜棒、内六角扳手、活动扳手及螺丝刀等五金工具。

（3）游标卡尺、金属直尺、角尺等测量工具。

[实验方法和步骤]

（1）在教师指导下，首先初步了解冲模的总体结构和工作原理。

（2）拆卸冲模，详细了解冲模每个零件的结构和用途。首先了解各副模具的总体结构，仔细观察各零件的位置和相互关系。将模具上、下模分离，观察各部分的结构组成及凸、凹模固定方法。分别拆开模具的上、下两部分，弄清楚模具六大部件的零件组成。分析模具结构的合理性（如冲模的正、倒装结构，卸料、压料方式，定位、导向方式）。

（3）按拆开顺序还原，将冲模重新组装好，进一步了解冲模的结构工作原理及装配过程。

（4）按比例绘出拆装的冲模结构图。

[实验报告要求]

（1）绘制冲模结构图。

（2）详细列出冲模上全部零件的名称、用途及选用材料。

（3）简要说明拆装冲模的工作原理。

（4）简述拆装冲模的拆装过程及注意事项。

实验 40　拉拔模具结构分析实验

[实验目的]

（1）了解拉拔模的类型、结构、工作原理。
（2）了解拉拔模芯孔、芯棒等零件的类型、结构特点及其作用。
（3）了解模具图的设计。

[实验原理]

拉拔是在外力作用下，迫使金属坯料通过模孔，以获得相应形状与尺寸制品的塑性加工方法称之为拉拔，如图 40-1 所示。根据拉拔制品的断面形状，可将拉拔方法分为实心材拉拔（见图 40-1a）和空心材拉拔（见图 40-1b）。

拉拔是管材、棒材、型材以及线材的主要生产方法之一。拉拔工具主要包括模孔和芯棒，其结构、形状尺寸、表面质量和材质，对制品的质量、产量、能耗以及成本等有很大影响。

（1）模孔。普通拉模根据模孔纵断面形状可分为锥形模和弧线形模两种。弧线形模一般只用于细线的拉拔。而拉拔管、棒、型及粗线时，普遍采用锥形模。一般模孔可分为四个带，即润滑带、压缩带、定径带、出口带，如图 40-2 所示。

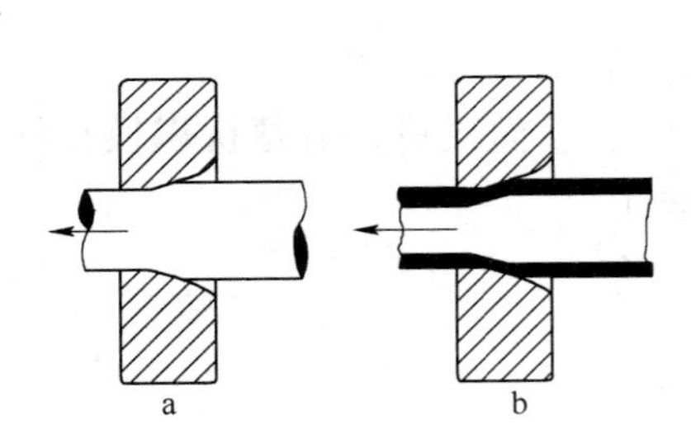

图 40-1　拉拔原理示意图
a—实心材拉拔；b—空心材拉拔

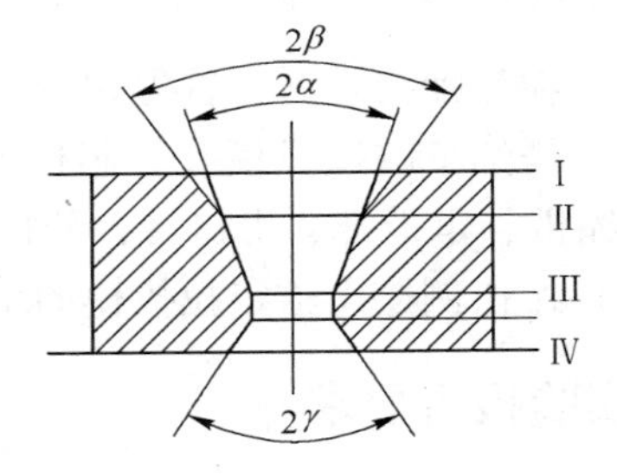

图 40-2　锥形模拉拔模孔的几何形状
Ⅰ—润滑带；Ⅱ—压缩带；Ⅲ—定径带；Ⅳ—出口带

润滑带也称入口锥或润滑锥，主要作用是便于润滑剂进入凹模口，以减轻摩擦，并可带走拉拔过程中金属产生的变形热、摩擦热以及部分脱落的金属屑。

压缩带又称压缩锥，是使金属坯料产生塑性变形的部分。锥形压缩带适合于大变形率（35%），如果采用弧线构成压缩带，则既适用于大变形率，也适用于小变形率（15%）。模角 α 过小，坯料与模具表面接触面积增大。α 角过大，金属在变形区内流动弧度增大，产生不利于金属流动的剪切应力。α 常取 6°～9°，但最佳 α 角随坯料与模口之间的摩擦系数增大而增加。

定径带最后决定型材外径尺寸的模口部分。拉拔制件外径在 5～400mm 之间变化时，定径带长度应在 1～6mm 之间取值，即随制件外径增加而加大定径带有效长度。

出口带是为防止拉拔制件通过定径带之后产生的弹性变形、因受力而产生剥落或被模口表面划伤而设置的，出口带应开出 $2\gamma = 60° \sim 90°$ 的锥角，其长度可取（0.2～0.3）D（D 为制件直径），过渡区应保证光滑。

（2）芯棒。芯棒有固定芯棒和游动芯棒两种形式，如图 40-3 所示。芯棒可制成实心的和空心的。通常拉拔内径大于 30～60mm 管子时，采用空心的，而拉拔内径小于 30～60mm 管子时，采用实心的。芯头的形状可以是圆柱形的，也可以略带 0.1～0.3mm 的锥度。带锥度的优点是可以调整管子的壁厚精度，还可以减少管子内壁与芯头的摩擦。

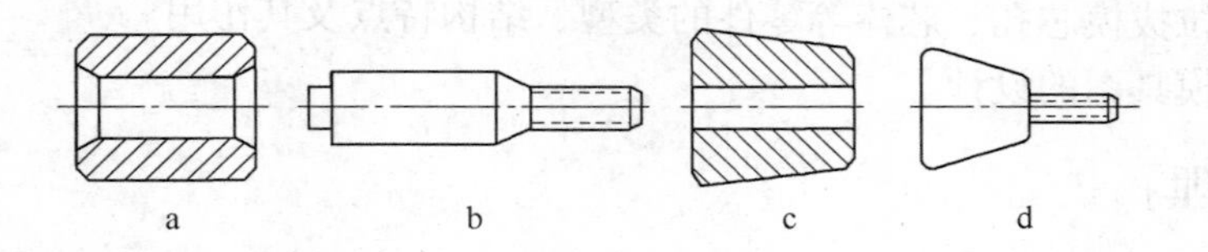

图 40-3　芯棒的结构形式

a—空心圆柱芯棒；b—实心圆柱芯棒；c—空心锥形芯棒；d—实心锥形芯棒

[实验仪器、设备与材料]

（1）拉拔模。

（2）手锤、铜棒、内六角扳手、活动扳手及螺丝刀等五金工具。

（3）游标卡尺、金属直尺、角尺等测量工具。

[实验方法和步骤]

（1）在教师指导下，首先初步了解拉拔模的总体结构和工作原理。

（2）详细了解拉拔模孔、芯棒的结构特点、尺寸、表面质量，清楚认识模孔的润滑带、压缩带、定径带、出口带，分析模具结构的合理性。

（3）按比例绘出给定拉拔模的结构图。

[实验报告要求]

（1）绘制拉拔模结构图。

（2）详细列出拉拔模模孔的润滑带、压缩带、定径带、出口带。

（3）简要说明给定拉拔模的工作原理。

实验 41　挤压模具结构分析实验

［实验目的］

（1）了解挤压模的类型、结构、工作原理以及各零件的名称和作用。

（2）了解挤压模各零件之间的位置关系及装配过程。

［实验原理］

本实验通过拆装正、反挤、复合挤模具，加深对挤压模类型、结构组成、各部分作用等的认识。

根据挤压机的结构、用途以及所生产的制品类别的不同，挤压工具的组成和结构形式也不一样。挤压工具一般包括：模子、穿孔针（芯棒）、挤压垫、挤压杆和挤压筒，如图 41-1 所示。此外，还包括其他一些配件如：模支撑、模垫、支撑环、副支撑环、压力环、冲头、针座和导路等。

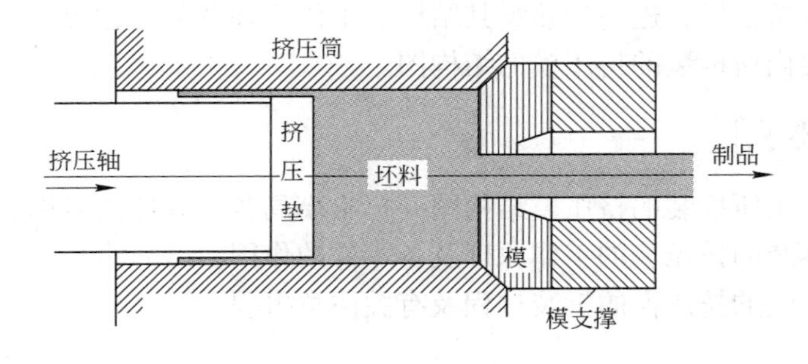

图 41-1　挤压模结构示意图

模子是挤压生产中最重要的工具。它的结构形式、各部分的尺寸以及所用的材料和加工处理，对挤压力、金属流动均匀性、制品尺寸的精度、表面质量及其使用寿命都有极大的影响。模子可以按不同的特征进行分类。根据模孔的剖面形状，可分为平模、锥模、流线模、碗形模等，其中最基本的和使用最广泛的是平模和锥模。

穿孔针或芯棒是用来确定空心制品内部尺寸和形状的工具。在挤压管材和空心型材时，根据挤压机的结构、被挤压金属与合金的性质，以及挤压温度的不同等条件，可以用空心锭或实心锭。当用实心锭挤压时，用来穿孔的工具称为穿孔针；而在用空心锭挤压时称为芯棒。

挤压垫是用来防止高温的锭坯直接与挤压杆接触，消除其端面磨损和变形的工具。

挤压杆是用来传递主柱塞压力的，它在挤压时承受很大的压力。如果设计不当，易产生弯曲变形，从而成为管子偏心的主要原因之一。此外，挤压杆在工作时还有可能产生端部压溃、龟裂和斜碴碎裂。挤压杆分空心与实心的两种：前者用在正向挤压管材和反向挤压管、棒、型材；后者用于正向挤压棒、型材和用特殊反挤压法生产大口径管材，也可用于在无独立穿孔系统的挤压机上用空心锭挤压管材。挤压杆一般皆制成等断面的圆柱体或扁圆柱体（在用扁挤压筒情况下）。但是，在挤压变形抗力很高的钨或钼合金时，为了提高杆的纵向抗弯强度，可以将它做成变断面的，此时，挤压筒亦应具有相应的内孔。为了节省合金钢材，挤压杆也可制成装配式的。

挤压筒是由两层或三层以上的衬套以过盈热配合组装在一起构成的。将挤压筒制成多层的原因是：使筒壁中的应力分布均匀些和降低应力的峰值；同时，在磨损后仅更换内衬套而不必换掉整个挤压筒，从而可节约大量的合金钢材。

[实验仪器、设备与材料]

（1）挤压模具。

（2）手锤、铜棒、内六角扳手、活动扳手及螺丝刀、销钉冲、镊子等五金工具。

（3）游标卡尺、金属直尺、角尺等测量工具。

[实验方法和步骤]

（1）在教师的指导下，了解挤压模类型和总体结构。

（2）拆卸模具，详细了解挤压模每个零件的名称、结构和作用。

（3）重新装配挤压模，进一步熟悉其结构、工作原理及装配过程。

（4）按比例绘出所拆装的挤压模的结构图。

[实验报告要求]

（1）按比例绘出所拆装的挤压模结构图并标出模具各个零件的名称。

（2）简述所拆装的挤压模的工作原理及各零件的作用。

（3）简述所拆装的挤压模的拆装过程及有关注意事项。

实验 42　压铸模具结构分析实验

［实验目的］

（1）了解压铸模具的结构、组成及各部分的作用。

（2）了解压铸模具分型面的确定和抽芯机构的设计方法。

（3）掌握正确拆装压铸模具的基本要领和方法。

［实验原理］

压铸模具主要用于液态金属压铸成型。通常由定模和动模两部分组成。压铸模具的基本结构（如图 42-1 所示）如下：

（1）成型系统。决定压铸件几何形状和尺寸精度的零件。形成压铸件外表面的称为型腔；形成压铸件内表面的称为型芯，见图 42-1 中的定模镶块 13、动模镶块 22、型芯 15、活动型芯 14。

（2）浇注系统。连接压室与模具型腔，引导金属液进入型腔的通道，由直浇道、横浇道、内浇道组成，见图 42-1 中浇道套 19、导流块 21 组成直浇道，横浇道与内浇道开设在动、定模镶块上。

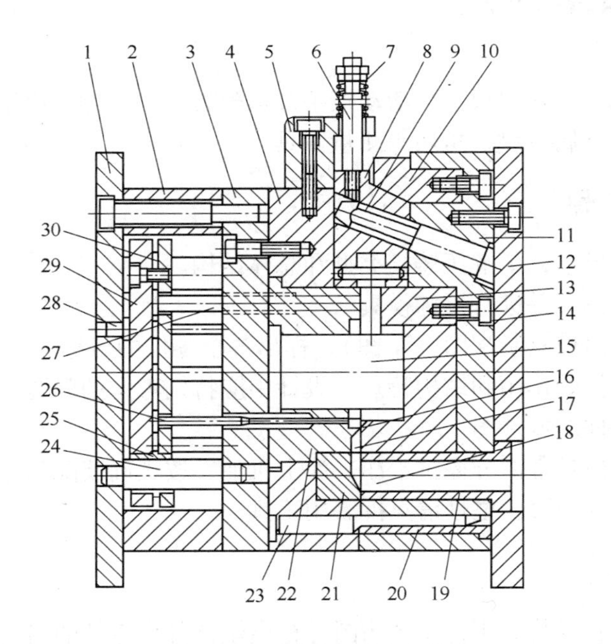

图 42-1　压铸模的基本结构

1—动模座板；2—垫块；3—支撑板；4—动模套板；5—限位块；6—螺杆；7—弹簧；8—滑块；9—斜销；10—楔紧块；11—定模套板；12—定模座板；13—定模镶块；14—活动型芯；15—型芯；16—内浇道；17—横浇道；18—直浇道；19—浇道套；20—导套；21—导流块；22—动模镶块；23—导柱；24—推板导柱；25—推板导套；26—推杆；27—复位杆；28—限位钉；29—推板；30—推杆固定板

（3）溢流、排气系统。排除压室、浇道和型腔中的气体，储存前流冷金属液和涂料残渣的处所，包括溢流槽和排气槽，一般开设在成型零件上。

（4）模架。将压铸模各部分按一定规律和位置加以组合和固定，组成完整的压铸模具，并使压铸模能够安装到压铸机上进行工作的构架。通常可分为三个部分：

1）支撑与固定零件包括各类套板、座板、支撑板、垫块等起到装配、定位、安装作用的零件，见图42-1中的动模座板1、垫块2、支撑板3、动模套板4、定模套板11、定模座板12。

2）导向零件是确保动、定模在安装和合模时精确定位，防止动、定模错位的零件，见图42-1中的导柱23、导套20。

3）推出机构是压铸件成型后动、定模分开，将压铸件从压铸模中脱出的机构，见图42-1中的推杆26、复位杆27、推板29、推杆固定板30、推板导柱24、推板导套25等。

（5）抽芯机构。抽动与开合模方向运动不一致的活动型芯的机构，合模时完成插芯动作，在压铸件推出前完成抽芯动作，见图42-1中的限位块5、螺杆6、弹簧7、滑块8、斜销9、楔紧块10、活动型芯14等。

（6）加热与冷却系统。为了平衡模具温度，使模具在合适的温度下工作，压铸模上常设有加热与冷却系统。

（7）其他如紧固用的螺栓及定位用的销钉等。

[实验仪器、设备与材料]

（1）压铸模具。
（2）手锤、铜棒、内六角扳手、活动扳手及螺丝刀、销钉冲、镊子等五金工具。
（3）游标卡尺、金属直尺、角尺等测量工具。

[实验方法和步骤]

（1）在教师的指导下，了解压铸模类型和总体结构。
（2）拟订拆装方案，并进行拆卸模具。
（3）对照实物画出模具装配图（草图），标出各个零件的名称。
（4）分析各个零件的作用和结构特点、设计中应特别考虑的问题。
（5）画出工作零件的零件图。
（6）观察完毕将模具各部分擦拭干净、涂上机油，按正确装配顺序装配模具。
（7）检查装配正确与否，整理清点拆装用工具。

[实验报告要求]

（1）按比例绘出所拆装的压铸模结构图并标出模具各个零件的名称。
（2）简述你所拆装的压铸模的工作原理及各零件的作用。
（3）简述你所拆装的压铸模的拆装过程及有关注意事项。

实验 43 注塑模具结构分析实验

[实验目的]

(1) 了解注塑模具的结构特点及各零部件的作用。
(2) 了解注塑模具的浇注系统、顶出机构、侧向分型抽芯机构的结构特点。
(3) 掌握正确拆装注塑模具的基本要领和方法。

[实验原理]

注塑模的基本结构都是由定模和动模两大部分组成的。定模部分安装在注塑机的固定板上，动模部分安装在注塑机的移动板上。

注塑成型时，定模部分和动模部分经导柱导向而闭合，塑料熔体从注塑机喷嘴经模具浇注系统进入型腔；注塑成型冷却后开模，即定模和动模分开，一般情况下塑件留在动模上，模具顶出机构将塑件推出模外。图 43-1 为一单分型面注塑模具。

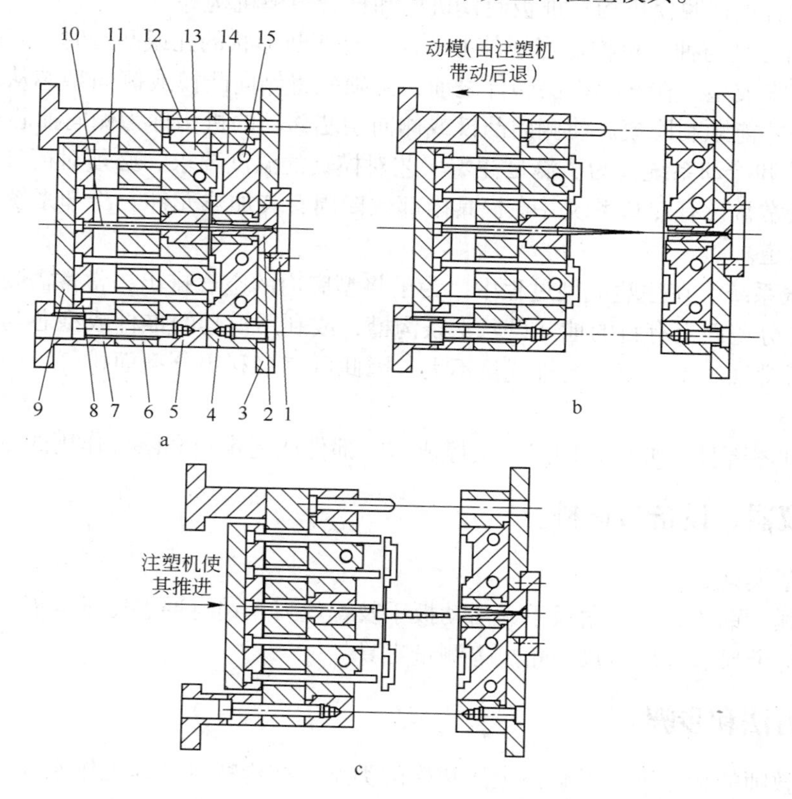

图 43-1 单分型面注塑模具

a—合模状态；b—开模状态；c—塑件被顶出状态

1—定位环；2—主流道衬套；3—定模底板；4—定模板；5—动模板；6—动模垫板；7—模脚；8—顶出板；9—顶出底板；10—拉料杆；11—顶杆；12—导柱；13—凸模；14—凹模；15—冷却水道

根据模具上各部件的作用不同，一般注塑模可由以下几个部分组成（如图43-2所示）：

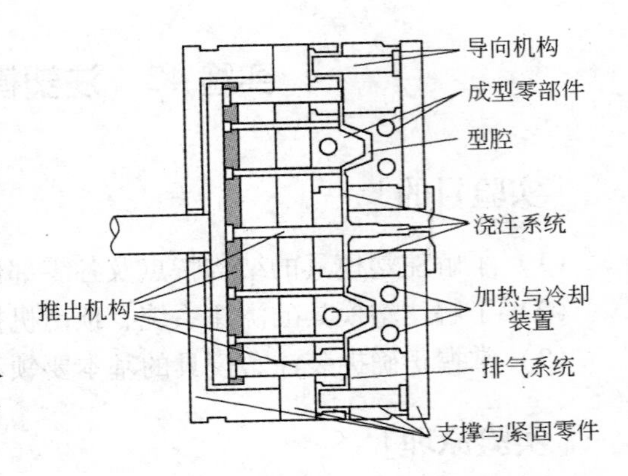

图43-2 注塑模结构组成示意图

（1）成型零部件。成型零部件是指定、动模部分中组成型腔的零件，通常由凸模（或型芯）、凹模、镶件等组成，合模时构成型腔，用于填充塑料熔体，它决定塑件的形状和尺寸。

（2）浇注系统。浇注系统是熔融塑料从注塑机喷嘴进入模具型腔所流经的通道，它由主流道、分流道、浇口和冷料穴组成。

（3）导向机构。导向机构分为动模与定模之间的导向机构和顶出机构的导向机构两类。前者保证动模和定模在合模时准确对合，以保证塑件形状和尺寸的精确度；后者是为避免顶出过程中推出板歪斜而设置的。

（4）脱模机构。用于开模时将塑件从模具中脱出的装置，又称顶出机构。其结构形式很多，常见的有顶杆脱模机构、推板脱模机构和推管脱模机构等。

（5）侧向分型与抽芯机构。当塑件上的侧向有凹凸形状的孔或凸台时，就需要有侧向的凸模或型芯来成型。在开模推出塑件之前，必须先将侧向凸模或侧向型芯从塑件上脱出或抽出，塑件才能顺利脱模。使侧向凸模或侧向型芯移动的机构称为侧向抽芯机构。

（6）加热和冷却系统。为了满足注塑工艺对模具的温度要求，必须对模具温度进行控制，所以模具常常设有冷却系统并在模具内部或四周安装加热元件。冷却系统一般在模具上开设冷却水道。

（7）排气系统。在注塑成型过程中，为了将型腔内的空气排出，常常需要开设排气系统，通常是在分型面上有目的地开设若干条沟槽，或利用模具的推杆或型芯与模板之间的配合间隙进行排气。小型塑件的排气量不大，因此可直接利用分型面排气，而不必另设排气槽。

（8）其他零部件。如用来固定、支撑成型零部件或起定位和限位作用的零部件等。

[实验仪器、设备与材料]

（1）注塑模具。

（2）手锤、铜棒、内六角扳手、活动扳手及螺丝刀、销钉冲、镊子等五金工具。

（3）游标卡尺、金属直尺、角尺等测量工具。

[实验方法和步骤]

（1）在教师的指导下，了解给定注塑模的类型、结构特点及其工作原理。

（2）制订拆卸方案。注塑模具的一般步骤是：首先将动模和定模分开，分别将动、定模的紧固螺钉拧松，然后打出销钉，用拆卸工具将模具的主要板块拆下；其次是从定模板上拆下浇注系统，从动模板上拆下顶出系统，拆散顶出系统的各零件，从固定板中压出型芯等零件，有侧向分型抽芯机构时，拆下侧向分型机构的各零件；最后，要是给定模具有电加热系统时电加热系统不能拆下。

（3）模具拆卸后，进行如下方面的分析和了解：型腔的数目、分型面、型腔的配置、浇注系统、脱模方式及推出机构、冷却系统、凹模和凸模/型芯的结构和固定方式、排气方式等。

（4）绘出注塑模结构图及各零件图。

（5）观察完毕将模具各部分擦拭干净、涂上机油，按正确装配顺序装配模具。

（6）检查装配正确与否，整理清点拆装用工具。

[实验报告要求]

（1）按比例绘出所拆装的注塑模结构图并标出模具各个零件的名称。

（2）简述你所拆装的注塑模的工作原理及各零件的作用。

（3）简述你所拆装的注塑模的拆装过程及有关注意事项。

本章思考讨论题

[实验 38]

(1) 指出给定模锻模的结构的特点是什么?
(2) 指出给定模锻模的选材依据是什么?

[实验 39]

(1) 指出给定冲模的结构的特点是什么?
(2) 指出给定冲模主要零部件的选材依据是什么?

[实验 40]

(1) 指出给定拉拔模的结构的特点是什么?
(2) 指出给定拉拔模的主要零部件及其选材依据是什么?

[实验 41]

(1) 指出给定挤压模具的结构特点是什么?
(2) 指出给定挤压模具的主要零部件及其选材依据是什么?

[实验 42]

(1) 指出给定压铸模的结构特点是什么?
(2) 指出给定压铸模的主要零部件及其选材依据是什么?

[实验 43]

(1) 指出给定注塑模的结构特点是什么?
(2) 指出给定注塑模的主要零部件及其选材依据是什么?

第八章 塑性成型过程工艺参数测定与控制实验

本章要点

本章针对成型过程的主要工艺参数测定与控制设计了8个教学实验，主要包括测力传感器实验技术、轧机综合测试、轧制过程组织性能控制、轧后板形控制以及最新的无模拉拔的在线测量与控制等多个综合性实验。实验涉及知识面较广，包含了电子、力学、机械、自动化、材料等相关专业知识，内容涵盖了成型专业理论课程的多个知识点，也是专业理论知识的综合应用，可以培养学生综合分析问题与解决问题的能力。

实验44 电桥特性

[实验目的]

（1）通过实验验证电桥加减特性。

（2）根据电桥加减特性，掌握正确的组桥方法。

（3）学习动态电阻应变仪的使用方法。

[实验原理]

根据组桥原理，如图44-1所示。

$$\Delta u = \frac{EK}{4}(\varepsilon_1 - \varepsilon_2 + \varepsilon_3 - \varepsilon_4)$$

式中，ε_1，ε_2，ε_3，ε_4 分别为各桥臂应变的变化；K 为应变片的灵敏系数；E 为供桥电压。

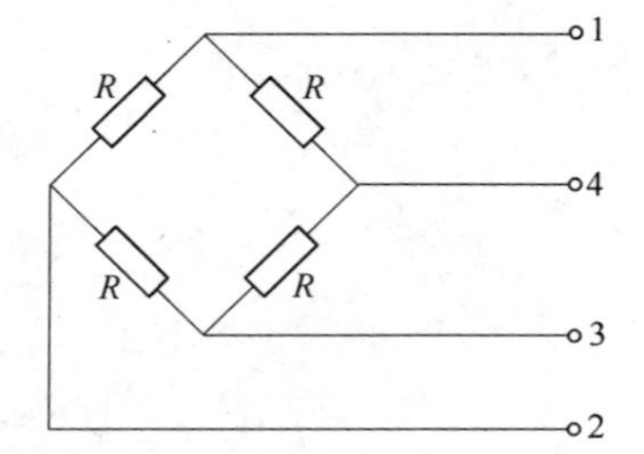

图44-1　应变片组桥原理图

对不同方式的组桥所得试验结果进行比较，理解电桥加减特性。电桥的输出与电阻变化或应变变化的+、-符号有关。

[实验仪器、设备与材料]

（1）动态电阻应变仪（要求填写型号）。

（2）等强度梁，补偿片块（如图 44-2 所示）。

（3）直流电流表（要求填写型号、量程）。

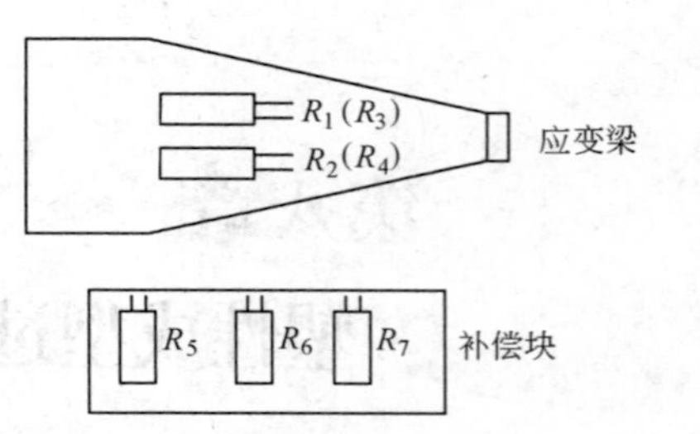

图 44-2　应变片布局图

[实验方法和步骤]

（1）用应变梁和补偿块的应变片分别按下列方式分别组桥，并接入应变仪的电桥盒。

1）单臂 ε 工作方式（取一个工作片、三个补偿片）。

2）邻臂 ε 同号方式（取两个工作片、两个补偿片）。

3）邻臂 ε 异号方式（取两个工作片、两个补偿片）。

4）对臂 ε 同号方式（取两个工作片、两个补偿片）。

5）对臂 ε 异号方式（取两个工作片、两个补偿片）。

6）四臂 ε 工作方式（取四个工作片）。

（2）每次组桥后调整电桥平衡，根据电流表量程选择合适的应变仪衰减挡。

（3）加载砝码（2kg），记录各组桥方式的输出电流值（mA）。

[实验报告要求]

（1）绘出以上六种组桥原理图。

（2）实验结果填入实验数据表 44-1 中。

（3）结合电桥输出公式解释实验结果，并得出电桥和差特性要点。

（4）讨论全桥接法时是如何实现温度自补偿的？

表 44-1　实验数据记录表

组桥方式	单臂	邻臂（同号）	邻臂（异号）	对臂（同号）	对臂（异号）	四臂（工作）
加载重量/kg						
输出电流/mA						
与单臂输出对比值						

实验 45　应变式传感器标定

[实验目的]

掌握测力传感器的标定方法，直接标定和间接标定。学会绘制传感器的标定曲线，算出标定系数及检验精度。

[实验原理]

（1）对压力传感器进行直接标定，是用材料试验机给出一系列标准载荷作用在传感器上，从而确定出一系列标准载荷与输出信号（电流、电压）之间的对应关系，以此关系来度量在测试中传感器所承受的未知载荷大小。

（2）验证实测压力。

[实验方法和步骤]

（1）接通应变仪各部连线。

（2）应变仪调平衡。

（3）将传感器放在压力机上，对正中心。开动压机并匀速慢慢加载，由零载荷到额定载荷反复加载多次（至少三次），以消除传感器各部件之间的间隙和滞后，改善其线性。在加载过程中根据输出信号的大小调整应变仪的衰减挡。应变仪的输出值应是线性输出值范围的 40% ~80% 为宜。

（4）进行标定前的第一次应变仪电标定。

（5）对传感器进行正式标定加载，由零到额定载荷 3 ~5 次，标定时应将额定载荷分成若干梯度，每个梯度要相对稳定 10 ~20s，以便读数并记录输出值。

（6）检查传感器输出信号是否正确?

（7）经检查无误后，进行标定后的第二次应变仪电标定。

（8）仪器工作状态记录。

1）传感器编号。

2）应变仪编号。

3）应变仪通道号。

4）电桥盒编号。

5）加载设备。

6）应变仪衰减挡位。

7）第一次应变仪给定电标值和输出信号值。

8）第二次应变仪给定电标值和输出信号值。

（9）验证实测压力。由压力机上给出三个压力值（假设为未知轧制力），学生根据传感器标定曲线查出假设未知压力的大小。

将实验数据记录在表 45-1 中。

表 45-1 实验数据记录表

标定压力 输出信号					
第一次					
第二次					
第三次					

［实验报告要求］

（1）简述标定方法。
（2）画出标定曲线，求出标定系数。
（3）计算传感器精度（线性度、重复性）。

实验 46　电阻应变片的粘贴及技术工艺

[实验目的]

通过实验初步掌握电阻应变片粘贴技术和组桥连接方法。

[实验内容]

在一试件上粘贴四片纸基丝式应变片。

[实验方法和步骤]

应变片粘贴技术室保证测量精度和测量工作正常进行的关键环节，因此必须严格按贴片工艺操作。

（1）贴片工艺（见图 46-1）。

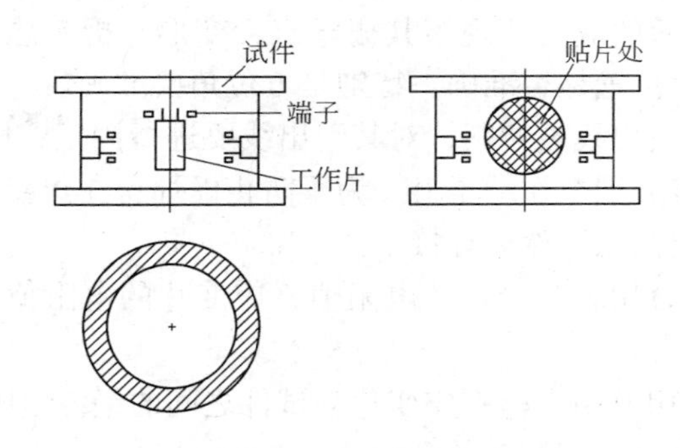

图 46-1　贴片示意图

1）应变片的检查。丝栅的排列是否整齐，有无短路、断路的部分，丝栅是否有霉点和锈斑。引出线（特别是引出线和丝栅的焊点处）是否有折断的危险，基片和覆盖片（特别是基片）是否有破损部位。

2）电阻值检查。经外观检查合格的应变片，每枚都要用四位电桥进行电阻值测量，其值要求精确到 0.05Ω，同一批使用的应变片电阻值误差范围，一般不应超过 0.5Ω。使用的应变片阻值应登记。对以上各项检查，如有不符合要求者，不可采用。

3）贴片部位的表面处理。

机械清理：用锉刀或砂轮磨去试件表面的沟、槽、坑使其表面平整。再用纱布将贴片表面打成与应变片轴线方向成 45°角的交叉的细密纹路，以增加滑动阻力，提高黏附力。

化学清理：先将试件在清洗剂中用刷子刷洗，然后用镊子夹住脱脂棉蘸少量丙酮，对打磨表面进行仔细清理，以去除油污。操作人员的双手应保持清洁干净，禁止用手指触摸清理过的表面。

4）划线定位。为保证应变片粘贴位置的准确，用铅笔或划针将定位线划在试件的表面上（或用坐标方格纸），按照应变片的大小做成带有窗口的纸样板贴在试样上，贴片时，应使应变片的基准线与试样的定位线对正。

5）配黏结剂。粘贴纸基丝式电阻应变片选用 HY-914 快速黏结剂，该黏结剂为 A（树脂）和 B（固化剂）两组，按 A：B＝5：1（体积比）配方，两组混合匀后即可使用，每次配用后使用寿命为 5min，室温放置 1h 可固化，3h 基本固化完成。

6）粘贴应变片。用玻璃棒将先配好的黏结剂涂在应变片的基底面上，要求黏结剂涂满基底的每一个部位，做到薄而匀。在应变片上面盖一层透明的塑料薄膜，随后用拇指小心压挤应变片，挤出多余的黏结剂和气泡。压挤应变片时，使其不能错动，用力要适中，不能过大，以免使应变片丝栅变形和引线端焊点下面的基片被压破，使其绝缘破坏。

7）粘贴端子。为防止在焊接组桥时将应变片的引出线拉断，要在应变片的附近粘贴端子。在粘贴端子时应考虑使引出线呈弯曲形余量和引出线与试件之间有良好的绝缘。

8）加压固化。为防止应变片在黏结剂固化过程中发生翘曲，故在贴片之后，马上在其上面盖一层聚四氟乙烯薄膜，其上面再垫一层橡胶（2mm 厚）外面用白布带缠紧，在常温下放置 12～24h 待其完全固化。最后将贴好的试件写上班级和姓名准备下一次实验用。

（2）组桥连线。

1）外观检查。固化后的应变片观察其栅丝有无变形，折皱翘曲，整个应变片是否完全贴牢，还要检查其贴片位置是否准确，特别是方位角要准确。

2）为防止应变片的引出线被拉断，对其引出线要进行固定，固定方法是用 20W 电烙铁将电阻片的两根引出线分别焊在端子上。为了防止虚焊，在焊接前先用小刀或砂布将端子和引出线上面的氧化层刮除，然后焊接。

3）电阻值检查。用万用表测量各片电阻值，应变片的电阻值在贴片前后不应有较大的变化。

4）绝缘电阻检查。用万用表检查应变片与试件之间的绝缘电阻值，一般在 500MΩ 以上，本实验要求在 100MΩ 以上即可。

上述三项检查工作中如发现缺陷或不符合要求的应变片去掉重新补贴。

5）组桥连线。

首先，给电阻片编号，按设计好的组桥方式画出组桥连线图。

然后，按照画好的连线图进行连线，从端子处用细导线焊接，要做到线的长短要适中，布置要整齐。

注意：焊接点一定要焊牢，严防虚焊，焊点要光滑，焊接时间不要过长，一般为 3～5s。

6）检查。各焊点是否牢固，如有虚焊重新焊接。

用万用表测量各桥臂电阻值，相邻臂阻值相同，两对臂阻值相同。

绝缘电阻检查，桥臂中任一抽头与试件之间的绝缘电阻应在 50～100MΩ 以上。

7）防潮处理。

［实验报告要求］

（1）简述贴片、连线，检查等主要步骤。

（2）画出 8 片应变片（四片工作片，四片补偿片）组成全桥的组桥原理图和连线图。

实验 47　轧制力矩和能耗曲线的测定

[实验目的]

(1) 加深对轧机传动力矩组成的了解。
(2) 在实验室条件下，掌握能耗曲线的测定及绘制方法。
(3) 掌握通过能耗曲线计算轧制力矩的方法。

[实验原理]

(1) 轧机传动力矩的组成。轧制时电动机输出的传动力矩，主要用于克服以下四个方面的阻力矩。

1) 轧制力矩 M：由金属对轧辊的作用力所引起的阻力矩。
2) 空转力矩 M_0：轧机空转时，在轧辊轴承及传动装置中所产生的摩擦力矩。
3) 附加摩擦力矩 M_f：轧制时，在轧辊轴承及传动装置中所增加的摩擦力矩。
4) 动力矩 M_d：轧机加速和减速时的惯性力矩。

由此，电动机所输出的力矩为：

$$M_e = \frac{M}{i} + M_f + M_0 + M_d$$

式中　i——电机传动比。

(2) 单位能耗曲线。板带材轧制的单位能耗曲线一般表示为每吨产品的能量消耗与板带厚度的关系，如图 47-1 所示。假定轧件在某一轧制道次之前厚度为 $h_n - 1$，在该轧制道次之后厚度为 h_n，显然在该轧制道次内轧制 1t 材料所消耗的能量应表示为：

$$a = a_n - a_{n-1}$$

式中　a_n——该道次后的累计单位能耗，MJ/t；
a_{n-1}——该道次前的累计单位能耗，MJ/t。

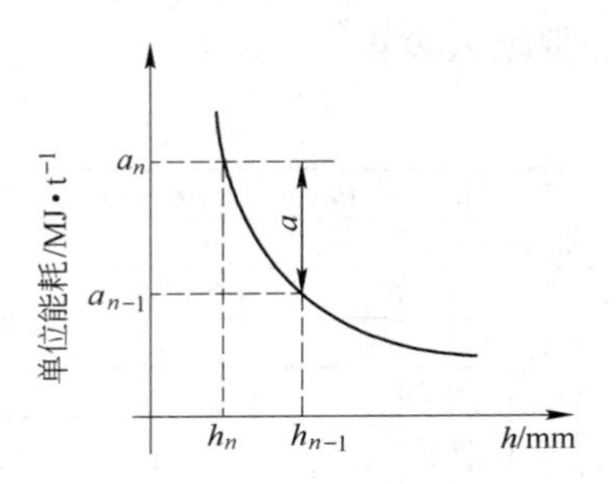

图 47-1　能耗曲线图

通过计算机采集系统测出轧制时的有功功率 N 和轧制时间 T，可算出该道次电机所消耗的能量：

$$A = N \times T \qquad (\text{kW} \cdot \text{h})$$

电机能耗中，包括轧制变形功，机器中的所有摩擦功，可扣除空转功。由能量守恒定律及单位能耗定义可知：

$$a = A/G = N \times T/G \qquad (\text{kW} \cdot \text{h/t})$$

式中　G——轧件的质量。

(3) 由能耗曲线确定轧制力矩。由某轧制道次所消耗的能量可求出该轧制道次所需的电机功率：

$$N = 1000\frac{(a_n - a_{n-1})G}{T} \qquad (\text{kW})$$

根据力矩和功率的关系，可得轧辊力矩为：

$$M_{\Sigma} = \frac{N}{\omega} = 1000\frac{(a_n - a_{n-1})G}{\omega \times T} \qquad (\text{kN} \cdot \text{m})$$

式中 ω——轧辊的角速度，$\text{rad} \cdot \text{s}^{-1}$。

由于轧制时的能量消耗是按电机负荷大小测量的。故按能耗曲线确定的能量消耗包括了轧辊轴承及传动机构中的附加摩擦损耗。由于不计空转功率，因此减去了轧机的空转损耗。另外，在本实验的条件下，认为轧辊速度不变，可不考虑 M_d 的影响。因此有：

$$M_{\Sigma} = M + iM_f = iM_e$$

经过适当变换，设试件为钢材料，将其密度 $\rho = 7.8\text{t/m}^3$ 代入式中，且不计前滑的影响，则有：

$$M_{\Sigma} = M + iM_f = 3900 \times (a_n - a_{n-1}) \times F \times D \qquad (\text{kN} \cdot \text{m})$$

式中 F——轧件的横断面积；

D——轧辊直径。

[实验仪器、设备与材料]

（1）ϕ130mm 二辊实验轧机；轧制工艺参数采集系统。

（2）钢板试件 2 块。

[实验方法和步骤]

（1）测量试件的体积，计算出其质量 G。

（2）制定压下规程，每块试件以 $\Delta h = 0.2\text{mm}$ 连续轧制 6 个道次。

（3）每道次轧制时，要记录空转功率、轧制功率、轧制时间、轧制压力、轧后厚度。数据填入表 47-1 内。

表 47-1 实验数据记录表

项 目		H/mm	B/mm	L/mm	T/s	N/kW	A/kW·s	a/MJ·t^{-1}	P/kN	M/kN·m
原始尺寸										
轧后尺寸	1									
	2									
	3									
	4									
	5									
	6									
原始尺寸										
轧后尺寸	1									
	2									
	3									
	4									
	5									
	6									

[实验报告要求]

（1）绘制 ϕ130mm 轧机冷轧钢板试件的单位能耗曲线。

（2）由能耗曲线计算出轧制力矩（第四道）（设：辊颈直径 = 65mm，传动效率 = 0.85）。

实验 48　轧制力能参数综合测试

［实验目的］

（1）通过对实验轧机进行多参数的综合测定，加深对轧制工艺参数测定的认识。
（2）巩固所学知识，学习扭矩在线标定方法，进行一次现场测试的基本技能训练。
（3）了解计算机的测试采集系统。

［测试参数］

（1）轧制力 $P_{传}$，$P_{自}$；
（2）轧制力矩；
（3）电机功率；
（4）轧件尺寸。

［实验原理］

力能参数的测定，如图 48-1 所示。

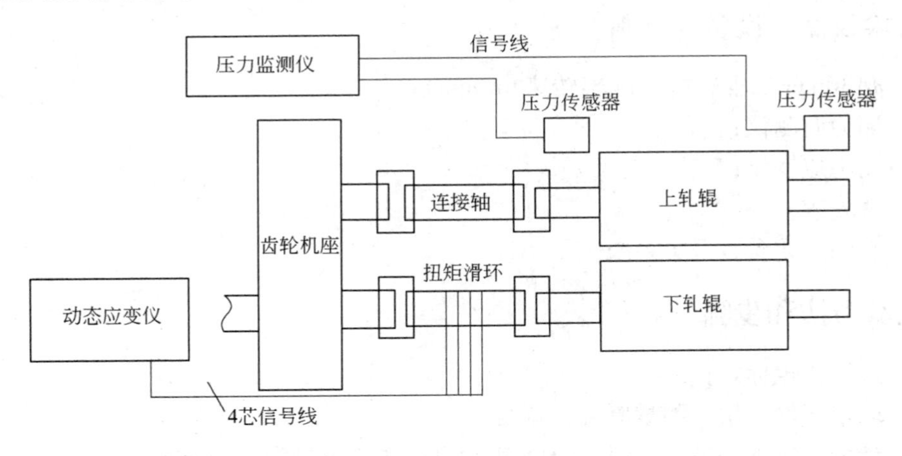

图 48-1　力能参数位置图

（1）轧制力测量。本实验的轧制力是通过压力监测仪的显示进行记录的：

$$P_{总} = P_{传} + P_{自} \quad (\mathrm{kN}) \tag{48-1}$$

（2）扭矩的测量。由于轧制设备为上下对称轧制，可设定上下扭矩是相等的，因此我们可通过测量下接轴扭矩得出总扭矩：

$$M_{总} = 2 \times M_{下} \tag{48-2}$$

（3）扭矩标定。根据应变仪给定应变法（电标法）得知，通过应变仪可使桥路产生应变信号输出，也就是给出一个已知标准的应变值 $\varepsilon_{标}$，可测出相应的电流输出值 $I_{标}$。

根据公式（48-3）可计算出在给定应变 $\varepsilon_{标}$ 时接轴所需产生的相应力矩 $M_{标}$：

$$M_{标} = \frac{0.2D^3\left(1 - \left(\frac{d}{D}\right)^4\right)E\varepsilon_{标} k}{1 + u} \tag{48-3}$$

式中 D——接轴外径，65mm；

d——接轴内径，45mm；

E——弹性模量，$2.0 \times 10^6 \mathrm{kgf/cm^2}$；

u——泊松比，0.28；

$\varepsilon_{标}$——给定应变值，$\times 10^{-6}$；

k——应变片导线修正系数，1.0。

这时可求出力矩的标定系数 $K_{标}$：

$$K_{标} = \frac{M_{标}}{4 \times I_{标}} \quad (\mathrm{kN \cdot m/mA})$$

$$M_{下} = K_{标} \times I_{测} \quad (\mathrm{kN \cdot m}) \tag{48-4}$$

再由 $N_{总}$ 可求出电机轴上的输出转矩 $Me_{总}$，公式如下：

$$Me_{总} = 9554 \frac{N_{总}}{n} \times 10^{-3} \quad (\mathrm{kN \cdot m}) \tag{48-5}$$

[实验仪器、设备与材料]

（1）ϕ130mm 二辊轧机（轧辊转速 6r/min）；

（2）测力监测仪；

（3）动态应变仪；

（4）毫安表；

（5）轧制工艺参数采集系统。

[实验方法和步骤]

（1）进行扭矩标定；

（2）取铝试件一块，测量厚度，宽度；

（3）计算轧制第一道的辊缝 S_0（本实验每道次压下量为 0.4mm）；

（4）准备各种记录；

（5）进行第一道轧制，同时读取各种参数；

（6）测其轧后厚度，并记录；

（7）调整辊缝压下 0.4mm 后，重复轧制和记录参数；

（8）如此连续轧制共 6 道次；

（9）整理所记录的参数。

[计算机采集系统]

本实验只是要求学生对计算机采集系统在轧钢参数测试中的作用有初步的了解和认识，了解它的主要硬件组成部分和软件具有的功能。

（1）硬件组成部分。采集系统配置如图 48-2 所示。

（2）软件应具有的基本功能。

1）各参数的采集和换算；

2）自动采集轧制过程参数；

3）参数的数值显示；

4）轧制过程参数曲线的显示；

5）自动存档，建立参数文件；

6）自动打印报表功能。

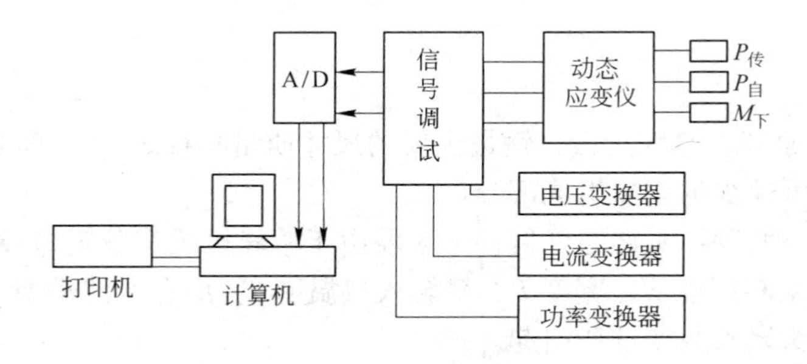

图 48-2　采集系统配置图

[实验报告要求]

（1）制作如表 48-1 所示的参数表格；

表 48-1　参数记录表

序　号	H	h	$P_{传}$	$P_{自}$	$P_{总}$	$M_{下}$	$M_{总}$	$Me_{总}$	$N_{总}$
1									
2									
3									
4									
5									
6									

（2）分析 $Me_{总}$ 和 $M_{总}$ 的区别；

（3）作出扭矩标定曲线；

（4）轧制工艺参数动态过程分析。

实验49 板带轧制厚度、形状检测与控制

[实验目的]

(1) 了解板带轧制过程板厚控制的基本原理和控制方法;

(2) 了解板带轧制过程板形控制的基本原理和控制方法;

(3) 分析实验参数对板带轧制厚度与板凸度的影响规律。

[实验原理]

(1) 板厚控制原理。厚度是板带钢最主要的尺寸质量指标之一,厚度自动控制是现代化板带钢生产中不可缺少的重要组成部分。

板带厚度偏差有两种:头部厚度偏差,主要由于精轧机组空载辊缝设置不当及同一批板料的来料参数(来料厚度 H,宽度 B,精轧入口温度 T_{F0})有所波动所引起;同板厚差,主要是板带通卷的头尾参数变动所引起。

1) 轧制过程中厚度变化的基本规律。带钢的实际轧后厚度 h 与预调辊缝值 s_0 和轧机弹跳值 Δs 之间的关系可用弹跳方程描述:

$$h = s_0 + \Delta s = s_0 + \frac{P}{k_m} \tag{49-1}$$

由其绘成的曲线称为轧机弹性曲线,如图49-1 曲线 A 所示,其斜率 k_m 称为轧机刚度,它表征使轧机产生单位弹跳量所需的轧制压力。

带钢实际轧出厚度主要取决于 s_0、k_m 和 P 三个因素。各种参数和条件对于轧后厚度的影响均是通过 s_0、k_m 和 P 这三个因素来体现的。

轧制时的轧制压力 P 是所轧带钢的宽度 B、来料入口与出口厚度 H 与 h、摩擦数 f、轧辊半径 R、温度 t、前后张力 σ_h 与 σ_H 以及变形抗力 σ_s 等的函数。

$$P = F(B,R,H,h,f,t,\sigma_h,\sigma_H,\sigma_s) \tag{49-2}$$

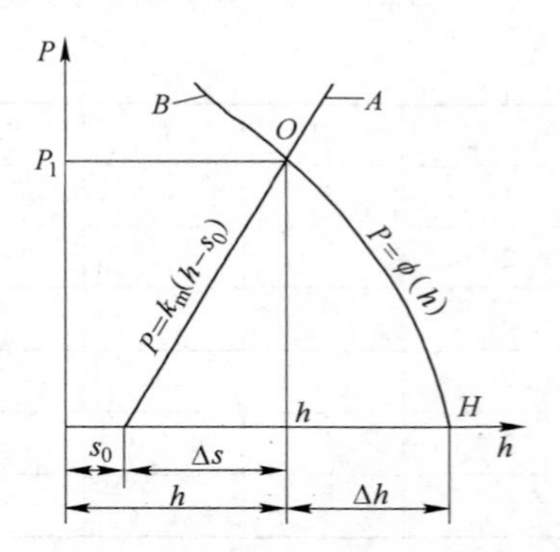

图49-1 弹塑性曲线叠加的 P-h 图

公式(49-2)为金属的压力方程,当 B、f、R、t、σ_h、σ_H、σ_s 及 H 等均为一定时,P 只随轧出厚度 h 而改变,从而可在图49-1 的 P-h 图上绘出曲线 B,称为金属的塑性曲线,其斜率 M 称为轧件的塑性刚度,它表征使轧件产生单位压下量所需的轧制压力。A 与 B 相交于 O 点,其对应厚度为相应条件下轧机最小可轧厚度。

轧制过程中影响厚度变化的因素较多,除了辊缝和轧机刚度以外,其他因素主要通过影响轧制压力 P 来影响实际轧出厚度,各因素影响的基本规律如图49-2 所示。

在实际轧制过程中,以上诸因素对带钢实际轧出厚度的影响不是孤立的,所以在厚度自动控制系统中应考虑各因素的综合影响。

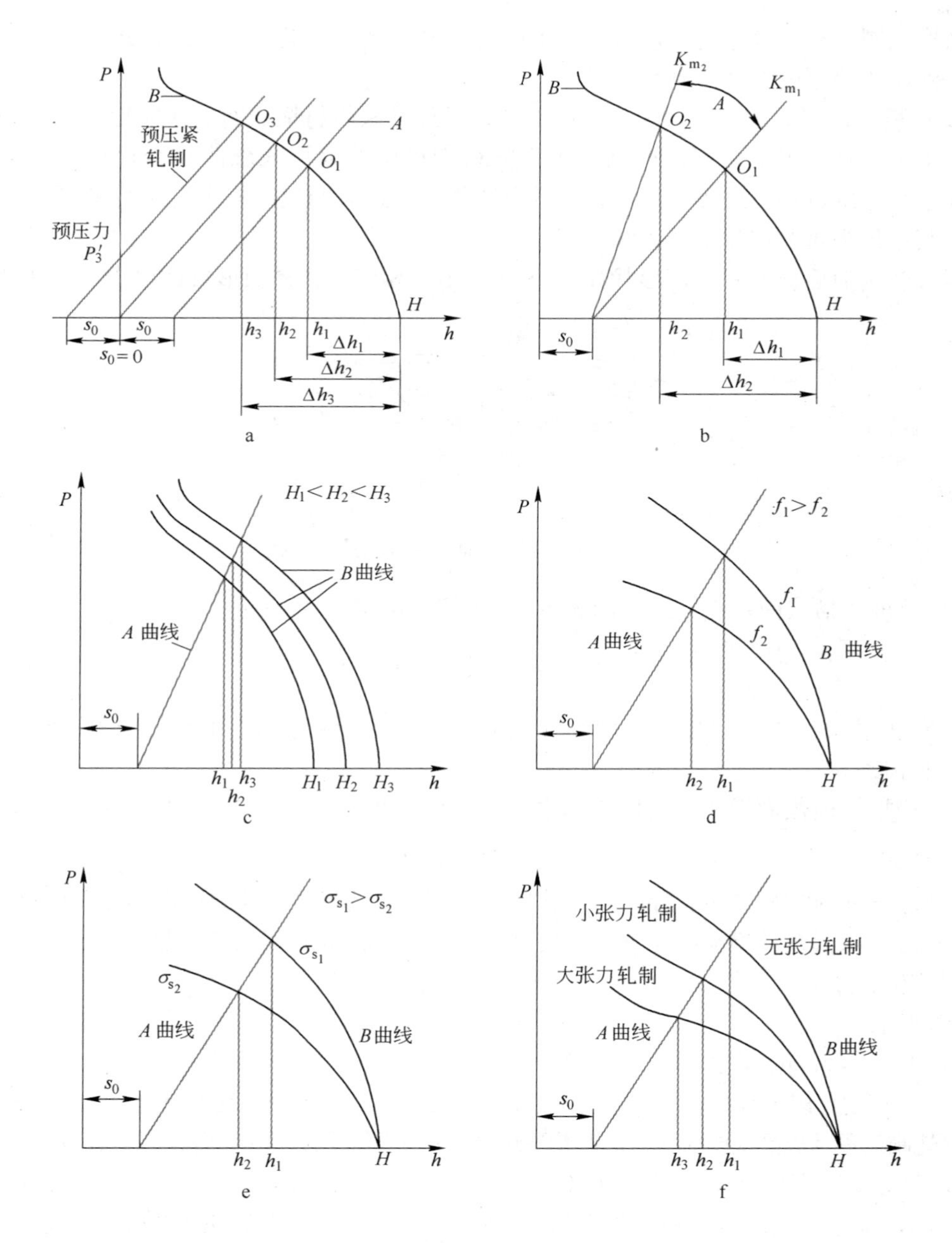

图 49-2　轧制过程中厚度变化的基本规律

a—原始辊缝对轧出厚度的影响；b—轧机的刚度系数的影响；c—来料厚度的影响；
d—摩擦系数的影响；e—变形抗力的影响；f—张力的影响

2）板厚自动控制。为获得理想的厚度要求，钢板轧制过程均采用厚度自动控制。厚度自动控制是通过测厚仪或传感器（如辊缝仪和压头等）对带钢实际轧出厚度连续地进行测量，并根据实值与给定值相比较后的偏差信号，借助于控制回路和装置或计算机的功能程序，改变压下位置、张力或轧制速度等，把厚度控制在允许偏差范围内的方法。实现厚度自动控制的系统称为“AGC”。

根据轧制过程中对厚度的调节方式不同，一般可分为反馈式、厚度计式、前馈式、张力式、液压式等厚度自动控制系统。

（2）板形控制原理。板形为板材的形状，具体指板带材横截面的几何轮廓形状和在自然状态下的表观平坦度。板形可以用来表征板带材中波浪形或瓢曲是否存在、大小及位置。除了平直度以外，与板形指标相关的重要特征值还有凸度、楔形、边部减薄、局部高度等，其中最为重要的就是凸度和平直度。

板带轧制前后横截面几何形状如图 49-3 所示。相应的各种板形特征值表示方法如下：

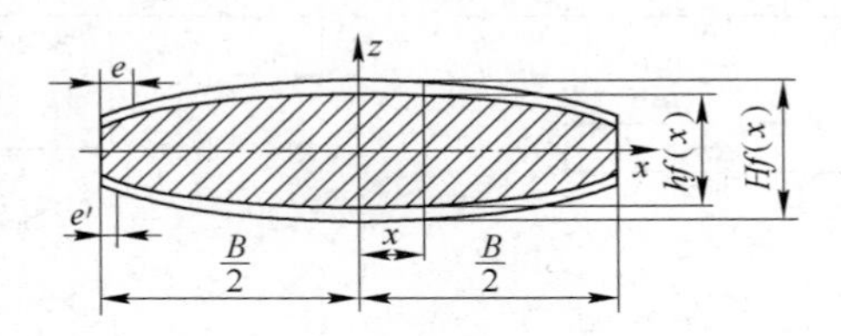

图 49-3 板带材轧制前后横截面几何形状

1）凸度。横截面中点厚度与两侧标志点的平均厚度之差：

$$CW = h_0 - \frac{1}{2}(h_e + h_{e'}) \tag{49-3}$$

式中，h_0 为横截面中点厚度；$e = 25$mm 或 40mm，即两侧标志点取距离边部 25mm 或者 40mm 处厚度。

2）楔形：横截面操作侧与传动侧边部标志点厚度之差。

$$CW_1 = h_e^E - h_e^0 \tag{49-4}$$

式中，h_e^E——横截面操作侧边部标志点厚度，而 h_e^0 为横截面传动侧边部标志点厚度。

3）边部减薄量：横截面操作侧与传动侧边部标志点与边缘位置厚度差。

操作侧： $E_0 = h_e - h_{e'}$

传动侧： $E_M = h_e - h_{e'}$ （49-5）

其中，$e' = 5$mm，即边缘位置厚度。

4）平坦度：即板带材表观平坦程度。板带材在自然状态下的表观平坦度示意图见图 49-4。由于在轧制过程及成品检验时采用的测量平坦度方法不同，因此有几种平坦度的定义：

①平度（纤维相对长度）。即相对延伸差法（I 单位表示法）自由状态下在某一取向长度区间，某条纵向纤维沿板带表面的实际长度 L_i 对参考长度 L_0 的相对值。

设带钢平直部分的标准长度是 L_0，宽度方向上任意一点的波浪弧长为 L_i。则相对延伸差：

$$e_i = \frac{l_i - l_0}{l_0} = \frac{D_L}{l_0} \tag{49-6}$$

公式（49-6）表示波浪部分的曲线长度对于平直部分标准长度的相对增长量。一般用带钢宽度方向上最长和最短部分的相对长度差表示。

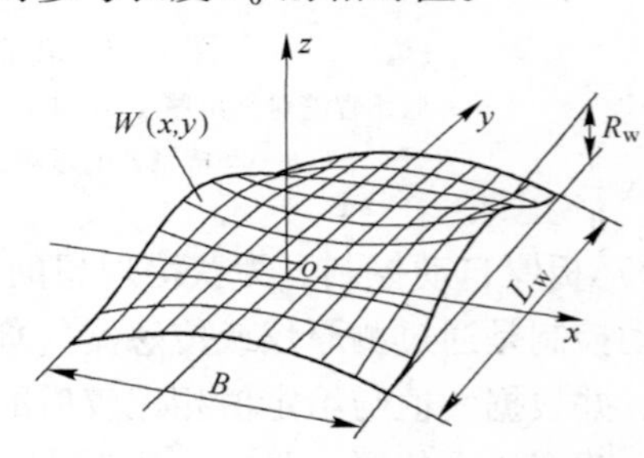

图 49-4 板带材在自然状态下的表观平坦度

平度的量度用 I 表示，规定 10^{-5} 为一个 I 单位。

②波高：在自然状态下，板带材瓢曲表面上偏离检查平面的最大距离 H_0。

③波浪度（陡度）。板带材波高 H 与 L_0 比值百分数，即：

$$s = \frac{H_0}{L_0} \times 100\% \tag{49-7}$$

可作为带钢的静态平直度检查。

（3）板形分类以及板形缺陷产生的原因和影响因素。板形可分为以下几种：

1）理想板形：板带材横向内应力相等，切条后仍保持平整。

2）潜在板形：板带材横向内应力不相等，但由于轧件较“厚”，刚度较大，在张力作用下仍保持平整，可是切条后内应力释放出来，形状会参差不齐。

3）表观板形：板带材横向内应力的差值大，导致局部瓢曲或波浪。适当增加张力可使其减弱，甚至转化为“潜在板形”。

4）双重板形：即同时存在潜在板形，又存在表观板形。

板形缺陷产生原因可从以下两个方面分析：

①沿板宽方向各点延伸不一样。在轧制过程中，塑性延伸（或加工率）若沿横向处处相等，则产生平坦板形；相反则产生不同形状的板形。假设沿板宽方向将带钢分成若干个自由活动的小长条，由于在生产中各部分的延伸不一样，而实际上带钢是一整体不可能单独延伸，由于延伸不同而产生内应力，在纵向压应力作用下，而且在轧件较薄时，轧件失稳而形成瓢曲或波浪形。

②从力学条件分析，则是轧后带钢沿板宽方向残余应力分布不均。当残余应力差达到某一临界点即发生翘曲而出现板形不良。

造成轧制过程横向加工率不同的原因主要有：变形区辊缝的形状不同，以及来料的板形较差。

板形控制的实质也是对辊缝的控制，板形控制必须是沿带材宽度方向辊缝曲线的全长。影响板形的主要因素有以下几个方面：轧制力的变化、来料板凸度的变化、原始轧辊的凸度、板宽度、张力、轧辊接触状态、轧辊热凸度的变化。轧制过程中有载辊缝的变化会引起轧件残余应力分布的不同，从而造成各种不良板形。

（4）板形控制。板形控制的实质就是对承载辊缝的控制，为了得到高质量的轧制带材，必须随时调整轧辊的辊缝去适合来料的板凸度，并补偿各种因素对辊缝的影响。

对于不同宽度、厚度、合金的带材只有一种最佳的凸度，轧辊才能产生理想的目标板形。辊缝控制方法分为两大类：

1）柔性辊缝控制：增大有载辊缝凸度的可调范围，如 CVC、PC 轧机；

2）刚性辊缝控制：增大有载辊缝横向刚度，减小轧制力变化时对辊缝的影响，如 HC 轧机。

[实验仪器、设备与材料]

实验用冷轧机设备如图 49-5 所示。

实验材料为厚度 2.5mm 和 3.0mm，宽度为 150mm，长度 300mm 的 SPHC 热轧带钢，以及厚度 2.5mm，宽度为 150mm，长度 300mm 的 Q345 热轧低合金钢。

图 49-5 四辊实验冷轧机

[实验方法和步骤]

(1) 启动轧机，设定不同初始辊缝大小，如 2.5mm、2.3mm、2.0mm，将 3.0mm 厚度 SPHC 钢板从轧机入口侧送入进行轧制，根据轧制压力和轧后轧件厚度，计算轧机刚度，并分析原始辊缝大小对于轧件厚度的影响。

(2) 依次设定辊缝为 2.0mm、1.4mm、1.0mm、0.6mm、0.3mm、0.0mm，将 3.0mm 厚度 SPHC 钢板从轧机入口侧送入进行 6 道次轧制，根据轧制压力和轧后轧件厚度，计算 SPHC 钢板塑性刚度，确定最小可轧厚度。

(3) 设定初始辊缝大小为 2.0mm，分别将 2.5mm 和 3.0mm 厚度 SPHC 钢板从轧机入口侧送入进行轧制，分析原始坯料厚度对于轧件厚度的影响。

(4) 依次设定辊缝为 2.0mm、1.4mm、1.0mm、0.6mm、0.3mm、0.0mm，分别在无润滑和有润滑条件下，将 3.0mm 厚度 SPHC 钢板从轧机入口侧送入进行 6 道次轧制，分析摩擦系数对于轧件厚度的影响。

(5) 设定初始辊缝大小为 2.0mm，分别将 3.0mm 厚度 SPHC 钢板和 Q345 钢板从轧机入口侧送入进行轧制，分析原材料变形抗力对于轧件厚度的影响。

(6) 测量轧后轧件中心位置厚度和两侧标志点（$e = 25$mm）厚度，计算板凸度，并分析上述工艺参数对于板凸度的影响。

(7) 整理实验数据，分析实验结果，撰写实验报告。

[实验报告要求]

(1) 计算轧机刚度和 SPHC 轧件的塑性刚度。

(2) 分析原始辊缝、摩擦润滑条件、原材料厚度和变形抗力对于轧件厚度的影响。

(3) 计算不同条件下板凸度，分析各因素对于板凸度的影响。

实验 50　板带轧制过程组织性能控制

[实验目的]

（1）了解板带热轧过程组织演变的基本原理；

（2）分析工艺参数对热轧带钢组织演变的影响规律。

[实验原理]

（1）控制轧制与控制冷却基本原理。轧材质量控制目标有两个：一是改善组织性能；二是控制几何形状尺寸。而在热轧过程组织性能控制的关键在于变形过程控制变形条件，如变形量的大小、变形温度、变形速度、变形区几何学等，从而可以控制产品的组织结构、应力分布、细化晶粒等，提高产品的强度、韧性和其他物理性能和化学性能。因而需加强变形过程中形变与相变、变形与温度耦合的有利作用，充分发挥固溶强化、位错强化、细晶强化、沉淀强化和聚合型相变强化等强化作用，实现组织纯净化、精细化和均匀化控制，从而获得良好的强韧性匹配。

控制轧制和控制冷却（Controlled Rolling and Controlled Cooling）是目前广泛应用的有效实现材料细晶强韧化新技术。在 C-Mn 的化学成分上结合微量合金元素 Nb、V、Ti 的有利作用，在轧制过程中，通过控制加热温度、开轧温度、变形量、变形速率、终轧温度和轧后冷却等工艺参数，把钢的形变再结晶和相变效果联系起来，以细化晶粒为主，并通过沉淀强化、位错亚结构强化，充分挖掘钢材强韧性的潜能，使热轧状态钢材具有优异的低温韧性和强度配合。

依据变形温度和变形后钢中再结晶过程的特征，可以将轧制温度区间分成具有不同特点的阶段：奥氏体再结晶区轧制（Ⅰ型控轧）、奥氏体未再结晶区轧制（Ⅱ型控轧）和（$\gamma+\alpha$）两相区轧制。

1）奥氏体再结晶区轧制。再结晶区轧制通过再结晶进行使得奥氏体晶粒细化，进而细化了铁素体晶粒。此阶段中奥氏体的进一步细化较为困难，它是控制轧制的准备阶段。

2）奥氏体未再结晶区轧制。钢铁材料在奥氏体未再结晶区域轧制时不发生再结晶。塑性变形使奥氏体晶粒拉长，在晶粒内形成变形带。变形奥氏体晶界是奥氏体向铁素体转变时铁素体优先形核的部位。随着变形量的加大，奥氏体晶粒被拉长，将阻碍铁素体晶粒的长大，同时变形带的数量也增加，而且在晶粒间分布得更加均匀。这些变形带也提供了相变时的形核位置。因而，相变后的铁素体晶粒也更加均匀细小。

3）（$\gamma+\alpha$）两相区轧制。在这一温度范围变形使奥氏体晶粒继续拉长，在其晶粒内部形成新的滑移带，并在这些部位形成新的铁素体晶核而先析出铁素体。经变形后，铁素体晶粒内部形成大量位错，并且这些位错在高温形成亚结构，使强度提高，脆性转变温度降低。

在实际的控制轧制中，一般采用上述几种方式的组合，即高温变形阶段，通过奥氏体再结晶区轧制，得到等轴细小的奥氏体再结晶晶粒；在奥氏体未再结晶区轧制得到“薄饼形”未再结晶的晶粒，晶内出现高密度的形变带，从而有效增加晶界面积。控制轧制的三种类型如图 50-1 所示。

控制冷却能够在不降低韧性的前提下进一步提高钢的强度，通过控制热轧钢材轧后冷却条件来控制奥氏体组织状态、相变条件、碳化物析出行为、相变后钢的组织和性能。通过冷却速度和冷却路径的变化，可以获得具有不同性能的显微组织。

（2）热轧双相钢组织性能控制原理。双相钢具有良好的强度与塑性的匹配，低的屈强比和高的加工硬化率，是目前广泛应用于汽车制造的先进高强钢之一。其良好的力学性能与成型性能是由其独特的铁素体和马氏体双相组织决定的。

热轧双相钢的两相组织中铁素体与马氏体相变分别发生在不同温度区间，采用低温卷取工艺生产热轧铁素体马氏体双相钢，关键在于控制两段水冷间隔空冷过程铁素体转变和第二段水冷后低温卷取的马氏体转变。在轧制工艺确定的条件下，两段水冷间隔空冷开始温度和空冷时间影响铁素体转变体积分数、形态和晶粒尺寸，从而也影响了残余亚稳奥氏体的体积分数和分布；第二段水冷快速冷却速度保证亚稳奥氏体不发生珠光体和贝氏体转变；卷取温度影响亚稳奥氏体的转变，进而也影响马氏体的自回火过程和铁素体的过时效过程。低温卷取铁素体马氏体双相钢相变示意图如图 50-2 所示。

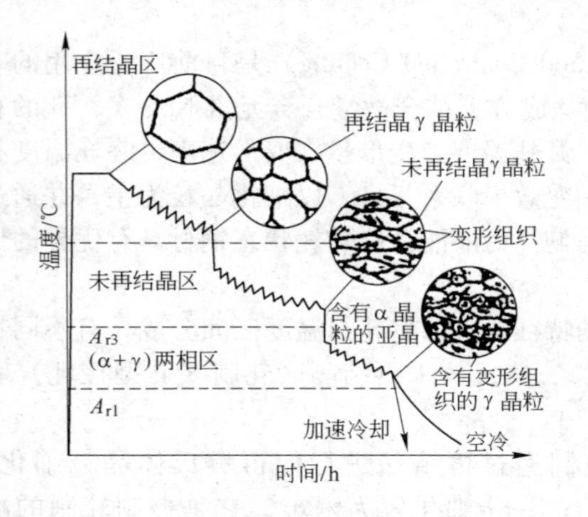

图 50-1 三种不同控制轧制方式组织演变示意图

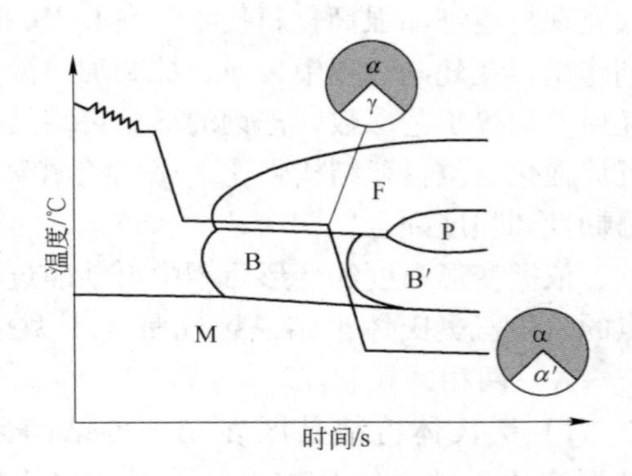

图 50-2 低温卷取 F + M 双相钢相变示意图

（B′为残余亚稳奥氏体的贝氏体转变区）

[实验仪器、设备与材料]

热轧板带组织性能控制实验在多功能热轧机上完成，其实验装置如图 50-3 所示，包括高温加热炉、二辊热轧机、轧后控制冷却系统和退火炉。实验材料采用 C-Si-Mn-Cr 低合金钢坯料，长宽高尺寸为 100mm × 80mm × 40mm，化学成分如表 50-1 所示。

表 50-1 热轧双相钢化学成分（质量分数） （%）

元 素	C	Si	Mn	Cr	P	S
含 量	0.07	0.6	1.5	0.6	0.009	0.007

图 50-3　二辊实验热轧机

[实验方法和步骤]

热轧双相钢组织性能控制实验工艺方案如图 50-4 所示。

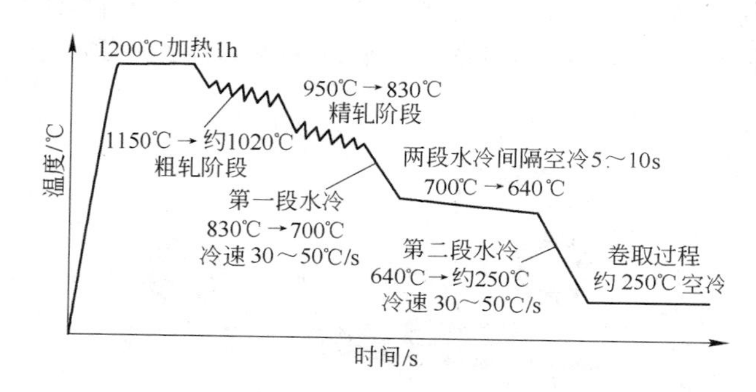

图 50-4　低温卷取热轧双相钢控轧控冷工艺示意图

（1）坯料放入 1200℃加热炉中加热保温 1h，使实验钢完全奥氏体化。

（2）坯料人工出炉，去除氧化铁皮后，由二辊热轧机入口侧送入轧机进行轧制，粗轧 4 道次，压下量分别为 27.5%、31.0%、30.0% 和 28.6%，中间坯厚度 10mm，精轧 3 道次，累积变形量 65%，成品厚度 4.0mm。

（3）轧后快速进入控制冷却区域进行分段冷却，其中第一段水冷冷速要求 30～50℃/s，水冷终止温度 700℃，空冷 5～10s 以促进先共析铁素体转变，而后进入第二段水冷，水冷冷速要求 30～50℃/s，终冷温度 250℃，空冷模拟低温卷取。

（4）控制不同终轧温度，第一段水冷终止温度和空冷时间，分别在热轧板上取样分析力学性能和观察显微组织，进行实验结果分析，完成实验报告。

[实验报告要求]

（1）根据力学拉伸实验结果，绘制热轧双相钢应力-应变曲线。

（2）观察热轧双相钢显微组织，分析组织与性能关系。

（3）分析终轧温度、第一段水冷出口温度和空冷时间对于热轧双相钢组织和性能的影响。

实验51 无模拉拔变形区形状在线测量与控制实验

[实验目的]

(1) 了解无模拉拔变形的基本原理和操作方法。

(2) 了解无模拉拔变形区形状在线测量以及反馈控制原理。

(3) 分析实验参数对无模拉拔变形区形状的影响规律。

[实验原理]

(1) 无模拉拔的原理。无模拉拔技术是一种不采用传统模具而进行金属塑性成型加工的方法，在工件两端施加一定张力的同时对工件的局部进行加热和冷却，使张力所引起的变形集中在变形抗力较小的局部高温区，从而获得恒截面或变截面产品。

本实验采用的连续式无模拉拔工艺原理如图51-1所示，加热与冷却装置固定，坯料的一端以速度 v_i 进料，另一端以速度 v_o 拉拔。由于 $v_i < v_o$，在工件轴向产生拉拔力 F。被加热部分坯料的变形抗力减小，产生颈缩，随着坯料不断进给，颈缩连续扩展，最终得到预期的塑性变形。

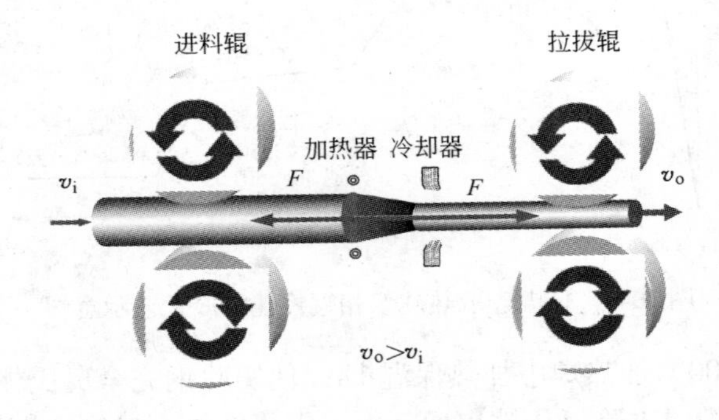

图51-1 连续式无模拉拔成型工艺原理

当成型过程稳定时，由于单位时间内流入变形区的金属体积与流出变形区的金属体积相等，可计算变形后坯料的断面收缩率：

$$\psi = 1 - \frac{v_i}{v_o} \tag{51-1}$$

无模拉拔工艺中加热方式有多种，常见的有感应加热、气体加热、电阻加热、激光加热、等离子加热。其中，由于感应加热具有加热效率高、表面氧化不严重、不脱碳、能精确控制加热温度、成本低等优点，是目前较为普遍使用的一种加热方式。冷却方式包含液体（水、油）和气体（空气、二氧化碳、惰性气体）等多种方式。

(2) 无模拉拔变形区形状在线测量原理。无模拉拔成型后线材尺寸的均匀性是一个重要的质量参数，受成型过程中变形区形状的影响显著。无模拉拔成型的关键是基于前一时刻线材变形区形状的数据通过反馈控制，在线实时调整工艺参数（包括拉拔速度、进料速度、冷却水流量、冷热源之间的距离及加热区宽度等)，以控制线材变形区的形状。因此，变形区形状在线精确测量是无模拉拔制备高质量金属线材的重要因数。

本实验采用基于机器视觉的无模拉拔变形区形状在线测量系统。变形区形状的在线测量采用机器视觉方式，以弥补传统激光测径仪只能测量单点位置直径的缺点，实现整个变形区形状的在线测量，其基本结构如图 51-2 所示。

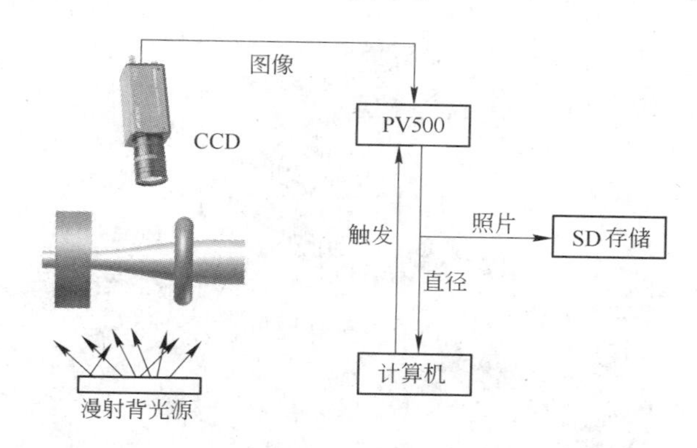

图 51-2　基于机器视觉的线材直径测量系统示意图

漫射背光源和面阵 CCD 摄像机分别置于被测线材两侧，面阵 CCD 摄像机光轴垂直于漫射背光源和被测线材的轴向。面阵 CCD 摄像机将采集的图像数据流实时传送至图像处理装置，经图像处理装置完成对线材边界的识别和各测量位置直径的计算，将变形区内轴向各设定位置的直径值传送至上位机，仅在需要时将照片存储于 SD 卡内，以提高数据通讯速度。为使测量点分布足以描述变形区形状，对变形区范围内的多个轴向位置进行直径测量，距离冷却装置 0. 5mm 处标记为 X_0，总共设定 50 个直径测量位置，如图 51-3 所示。

在漫射背光源照射下，变形区低温部分形成暗区，产生反差，形成可检测的图像边缘。变形区高温部分亮度高于漫射背光源背景，产生反差，形成可检测的图像边缘（见图 51-4）。变形区范围内的温度场沿轴向连续，因此拍摄的图像中相应的灰度值沿轴向也连续变化。因此在轴向上总存在部分线材成型图像的灰度值与背景相同，同时，其附近区域的线材灰度值与背景灰度值差值小于边界识别条件中的阈值，系统判断认为该处不存在边界。为此，需要采用一定的插值方法（本研究中采用 B 样条曲线）对该部分区域变形区形状进行平滑连接。

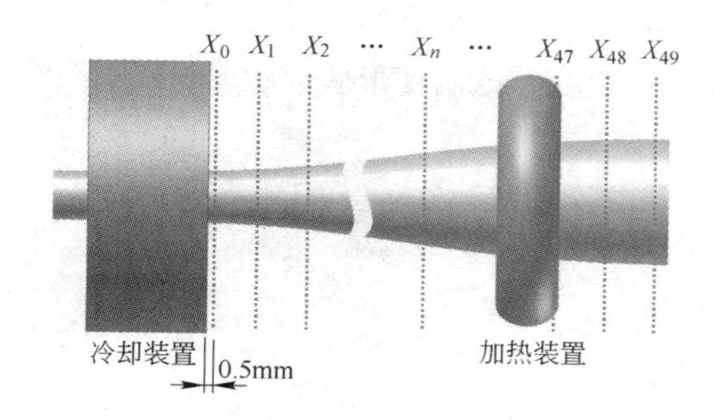

图 51-3　直径测量位置示意图

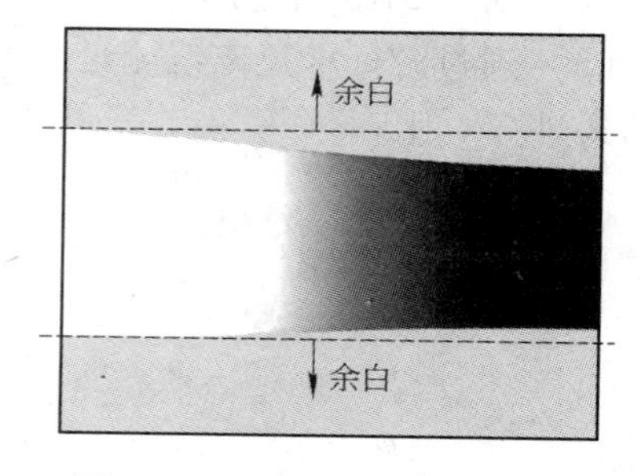

图 51-4　CCD 采集的一帧图像

[实验仪器、设备与材料]

实验设备如图 51-5 所示，配备工业 CCD 摄像机（Panasonic ANPVC1210）和图像处理装置（Panasonic PV500）。

实验材料为 ϕ6. 0mm ×400mm 的纯铜、316L 不锈钢、Ni-Ti 合金线材。

图 51-5 无模拉拔成型实验设备

[实验方法和步骤]

（1）准备好金属线材，将线材穿过感应加热线圈和安装在无模拉拔设备的进料机构和拉拔机构上，保证线材轴线和感应加热线圈轴线重合。

（2）打开无模拉拔设备电源开关，启动工业 CCD 摄像机和图像处理装置。

（3）对系统设定不同的拉拔速率和进料速率，启动无模拉拔进料机构、拉拔机构、感应加热装置和冷却装置，进行无模拉拔实验。

（4）无模拉拔实验过程中在线测量线材在变形区的直径，并保存数据。

（5）提取实验数据，分析实验结果，撰写实验报告。

[实验报告要求]

（1）对于相同的断面收缩率，采集纯铜、316L 不锈钢、Ni-Ti 合金线材的变形区形状；

（2）对于 316L 不锈钢，采集不同断面收缩率时的变形区形状；

（3）通过游标卡尺离线测量变形区不同位置的直径，绘制变形区形状，与以上在线采集结果进行对比。

本章思考讨论题

[实验44]

(1) 应变仪工作原理是什么?
(2) 什么是应变片灵敏系数?

[实验45]

(1) 如何通过计算机提高传感器标定精度?
(2) 如何提高传感器的灵敏度?

[实验46]

(1) 说明单臂多片应变片的作用和如何组桥。
(2) 简述胶基应变片的贴片方法。

[实验47]

(1) 型钢单位能耗曲线如何绘制?
(2) 能耗曲线应用条件、范围如何?

[实验48]

(1) 说明计算机采集系统原理并画出框图。
(2) 轧制力与轧制扭矩及电机功率动态过程有什么不同?

[实验49]

(1) 除原始辊缝、摩擦润滑条件、原材料厚度和变形抗力等因素以外,还有哪些因素对于轧后轧件厚度产生影响?

(2) 轧制时为使轧件稳定于轧制中心线而不产生偏移,即具有自动定心的能力,板带多采用正凸度控制,为什么?

[实验50]

(1) 根据所学知识,试分析为何热轧双相钢应力-应变曲线连续屈服?
(2) 热轧双相钢强化手段有哪些?
(3) 常规热轧生产卷取温度约为600℃,是否可以通过600℃中温卷取获得铁素体、马氏体双相组织?

[实验51]

(1) 各实验参数对无模拉拔变形区线材形状有何影响?
(2) 在获得变形区线材形状数据的基础上,如何对无模拉拔变形区线材形状进行在线控制？

（3）设想如何将本实验无模拉拔变形区形状在线测量系统原理应用到你日常生活或者未来的研究领域？请举一个事例简要说明。

（4）除了本实验的基于机器视觉的无模拉拔变形区形状在线测量系统，是否有更好的在线测量方法？

第九章

材料成型虚拟实验

本章要点

虚拟实验是在多媒体技术、网络教育技术和虚拟现实技术的基础上发展起来的一种新型实验模式，虚拟实验教学过程直观、形象，知识表达科学、准确，学习方式个性化，且交互式强，能充分调动学生自主学习的热情，打破实体实验室资源局限，有效降低实验教学设备、材料的成本，而且可以实现异地协作和实验资源共享，为学生提供更多自主学习的机会。本章简单介绍了虚拟实验室的功能特点、北京科技大学材料虚拟实验室的访问路径及主页面功能。材料虚拟实验 53、实验 54、实验 55 为材料力学性能测定的基本实验，实验 56、实验 57 为材料工程基础实验。实验 58 以钢铁企业生产现场的数据资料为基础，开发了热连轧带钢工艺、设备模拟仿真综合实验，为学生创造了在校内进行工程实践的机会。

北京科技大学材料虚拟实验室首页如图 52-1 所示，进入材料虚拟实验室的路径为：

（1）http：//222. 28. 40. 85；

（2）北京科技大学主页——材料科学与工程学院网页——实验中心——进入中心新版页面。

图 52-1　材料虚拟实验室首页

实验52 低碳钢强度及应变硬化指数测定

[实验目的与原理]

（1）进入图52-1所示材料虚拟实验室首页，选择“材料学实验室”，在出现的下拉列表中选择“低碳钢强度及应变硬化指数测定”实验，出现图52-1界面。

（2）进入虚拟实验后，在如图52-2所示的虚拟实验界面，分别点击界面左侧的项目，了解实验目的、实验原理、实验设备，进行相关知识学习。

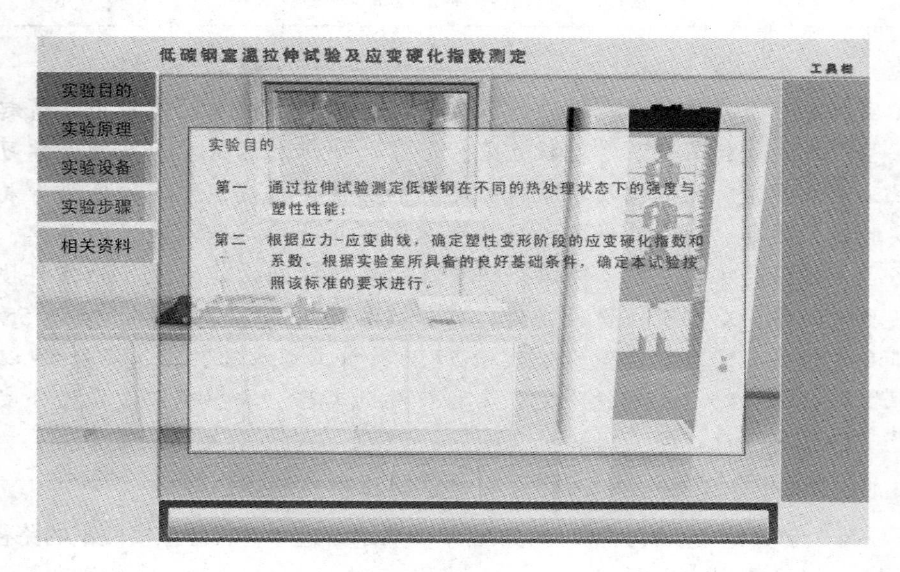

图52-2 实验目的

[实验目的]

（1）通过拉伸试验测定低碳钢在不同热处理状态下的强度与塑性性能。

（2）根据应力-应变曲线，确定塑性变形阶段的应变硬化指数和系数。金属材料室温拉伸试验方法的国标编号为GB/T 228—2002。根据实验室所具备的良好基础条件，确定本试验按照该标准的要求进行。

[实验原理]

（1）拉伸试验是评定金属材料性能的常用测试方法，可以检测强度与塑性性能。

（2）拉伸试验测定的拉伸曲线还是观察金属材料塑性变形过程的良好手段。在均匀塑性变形阶段，Hollommon公式可以较好地描述金属的塑性变形规律。该经验公式中，反映材料特性的两个参数是应变硬化系数k和应变硬化指数n。

（3）低碳钢是具有良好塑性的金属，经过不同的热处理获得不同的微观组织结构，因而具有不同的强度与塑性。通过拉伸试验观察淬火、正火和退火三种不同的热处理后，低碳钢的性能与塑性参数n、k的变化。

[实验仪器、设备与材料]

试验所需的设备、测试工具、试样等如图 52-3 所示。

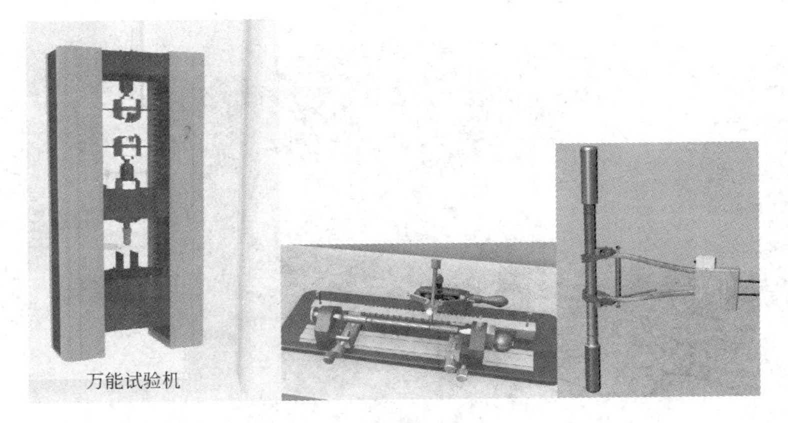

图 52-3　万能材料试验机、划线器、试样及引伸计

(1) 主体试验设备——计算机控制的材料试验机。
(2) 测量试样变形量的引伸计。
(3) 测量尺寸的游标卡尺。
(4) 标注试样标距的划线器。
(5) 试验所用的材料为分别经过退火、正火和淬火处理的低碳钢，试样规格为 R4。

[实验过程演示]

(1) 测量试样的直径。按照所示要求测量不同部位的直径；接下来使用划线器在试样上标注试样的标距，如图 52-4 所示。

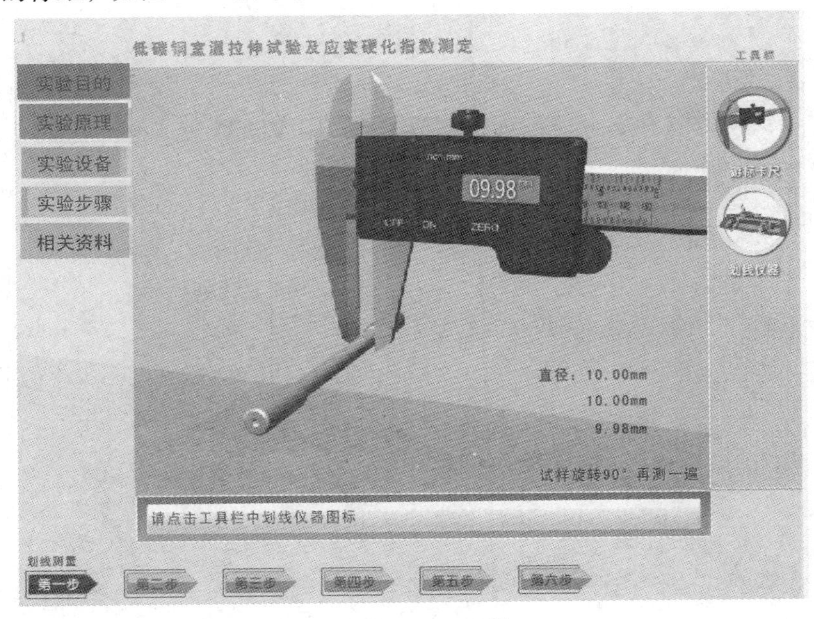

图 52-4　测量试样

（2）将试样安装卡紧于拉伸试验机的夹头之间，同时将引伸计固定于试样的标距之间。试验中使用引伸计检测试样的变形量。载荷传感器固定安置于试验机中可移动的下横梁与下夹头之间，如图 52-5 所示。

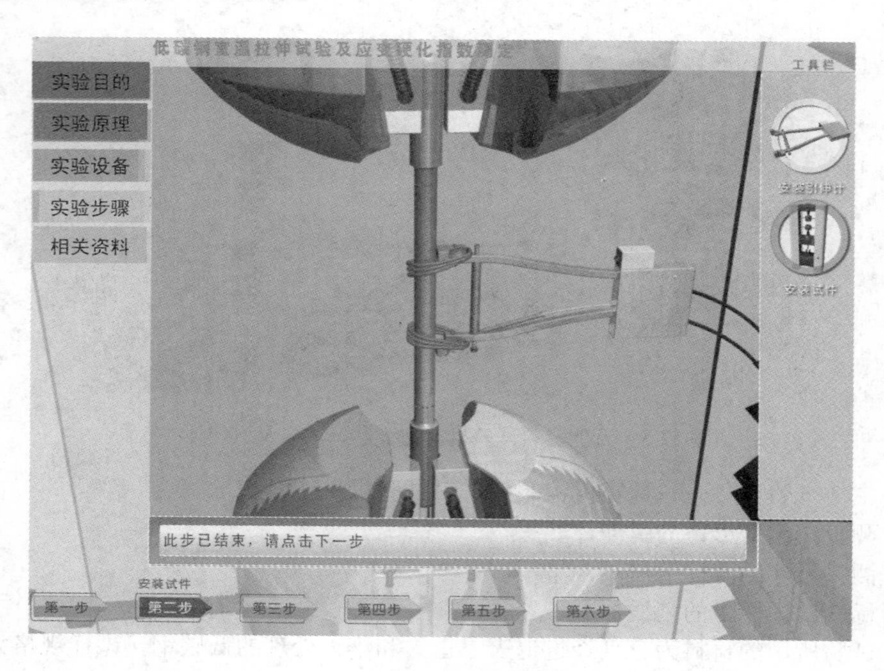

图 52-5　试样安装

（3）设置试验参数，按照计算机提示在操作界面上选择或输入试验参数，并且将传感器的初始值置零，如图 52-6 所示。所有参数设置完成后，即可点击界面上的“开始”图标，

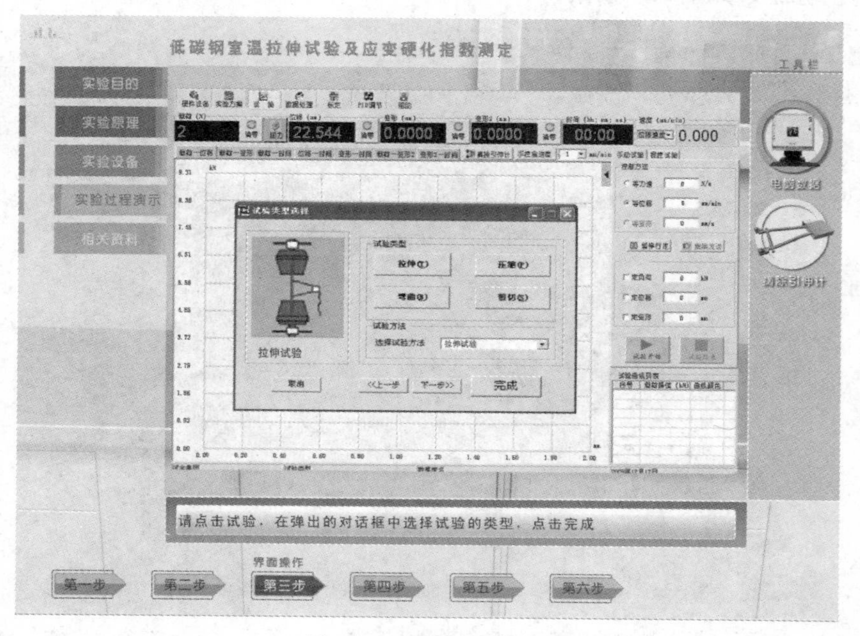

图 52-6　设置实验参数

在计算机的控制下开始拉伸测试。此时，在计算机屏幕上显示载荷和下横梁的位移量关系曲线。当曲线趋于平缓、因而载荷接近最大值时，从试样上摘下引伸计从而避免遭到破坏。

（4）继续拉伸试验，观察试样颈缩直至试样断裂，计算机自动终止试验。从试验机的夹头上取下试样，观察其断口形貌，可以观察到中心区域的纤维状韧断区和边缘区域的剪切唇，如图 52-7 所示。

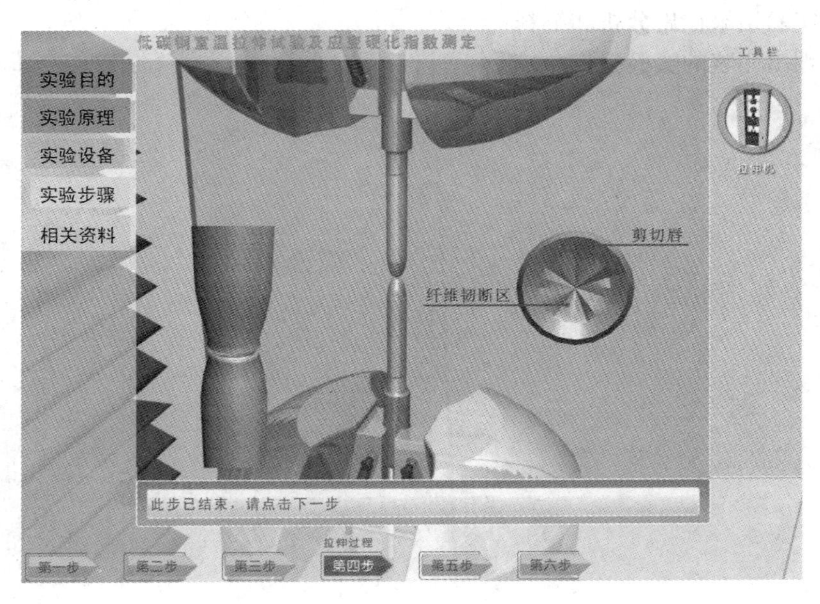

图 52-7　试样断裂及断口形貌

（5）在断裂后的试样上，按照国标要求的检测精度测量试样的断后标距长度和颈缩区最小的直径，如图 52-8 所示。

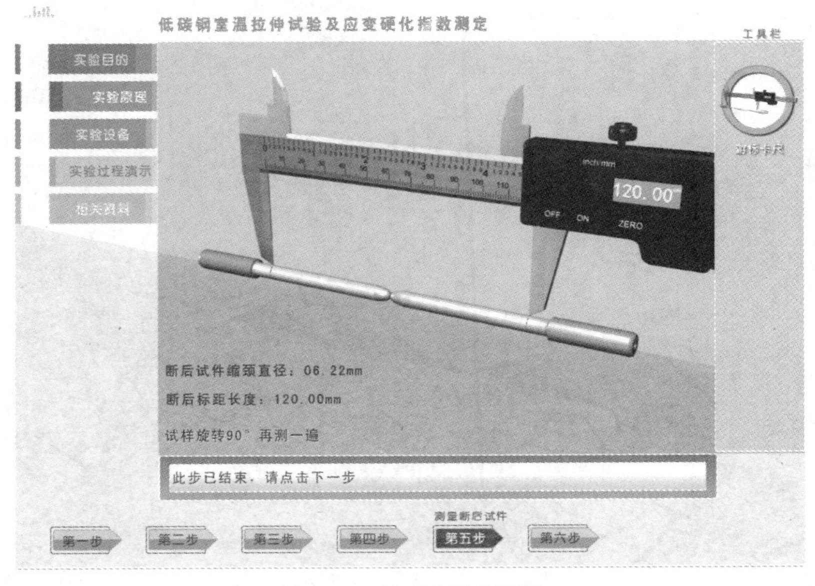

图 52-8　断后试样的测量

（6）根据上述测量数据和拉伸过程中计算机记录的载荷—位移—变形量数据，按照国标中对于屈服强度、抗拉强度、断后伸长率、断面收缩率的技术处理规定，计算机自动输出样品的测试报告。其中包含上述四项强度和塑性的性能测试结果。

[实验报告要求]

（1）对实验结果作出分析和解释；
（2）整理出完整的实验报告。

实验 53　平面应变断裂韧性 K_{IC}的测定

[实验目的与原理]

（1）进入图 52-1 所示材料虚拟实验室首页，选择“材料学实验室”，在出现的下拉列表中选择“平面应变断裂韧性 K_{IC}的测定”实验。

（2）进入虚拟实验后，在如图 53-1 所示的虚拟实验界面，分别点击界面左侧的项目，了解实验目的、实验原理、实验设备，进行相关知识学习。

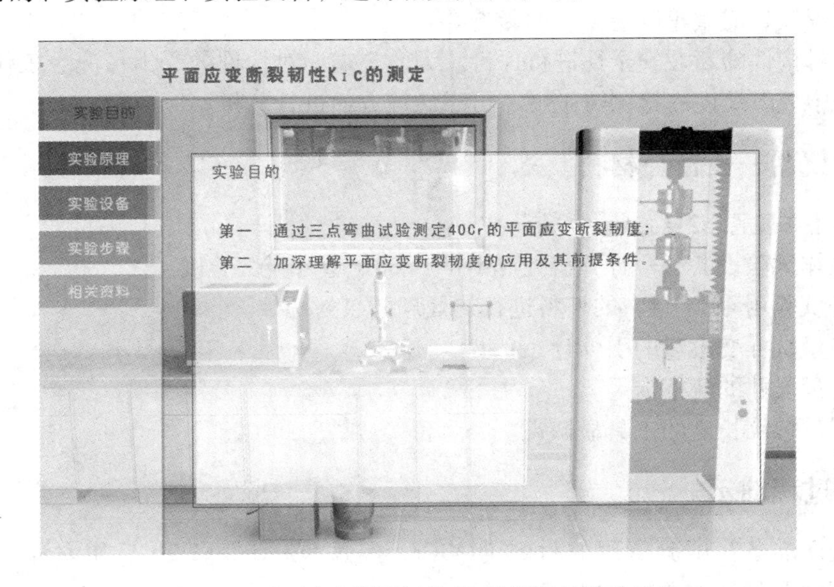

图 53-1　平面应变断裂韧性 K_{IC}的测定的实验目的

[实际目的]

（1）通过三点弯曲试验测定 40Cr 的平面应变断裂韧度；

（2）加深理解平面应变断裂韧度的应用及其前提条件。

[实验原理]

断裂是材料构件受力作用下最危险的变化，尤其是脆性断裂。理论分析和大量实践结果表明，在陶瓷、玻璃等脆性材料中，断裂条件是：

$$\sigma\sqrt{a} = \text{材料常数} \tag{53-1}$$

式中，σ 为正应力；a 为试样或者构件中的裂纹长度。

这样的结果应用于高强度金属材料的脆性断裂也与实际相符得非常好。根据线弹性断裂力学，断裂的判据是裂纹前沿应力强度因子 K 达到其临界值——材料的平面应变断裂韧性 K_{IC}，即线弹性断裂力学断裂判据为：

$$K = Y\sigma\sqrt{a} \geqslant K_{IC} \tag{53-2}$$

式中，Y是裂纹形状因子。

平面应变断裂韧性K_{IC}是材料抵抗裂纹扩展能力的特征参量，它与裂纹的尺寸及承受的应力无关。

实际中，人们使用平面应变断裂韧性来完成以下工作：

第一，评价材料的适用性。不同的材料，抵抗塑性变形的能力和抵抗断裂的能力之间的比值不同，因而具有不同的最佳用途。

第二，作为材料的验收和质量控制标准。原因是材料的断裂韧性受到成分、热处理等冶金因素和焊接、成型等制造工艺的影响。

第三，对构件的断裂安全性进行评价。为此，需要对构件的受力情况、工作环境、无损检测方法中裂纹尺度的检测灵敏度、可靠性等方面进行分析。

[实验仪器、设备与材料]

主要设备参见图 52-3。

(1) 主体试验设备——计算机控制 DWD-200D 型材料试验机。

(2) 对试验用 40Cr 材料的坯料进行热处理的热处理炉。

(3) 测量试样变形量的引伸计。

(4) 测量尺寸的游标卡尺。

(5) 测量裂纹长度的工具显微镜。

[实验过程演示]

(1) 试样准备：试验所用的材料为 40Cr，经过 860℃ 保温 2h 后用水淬火，之后在 220℃进行低温回火，如图 53-2 所示。

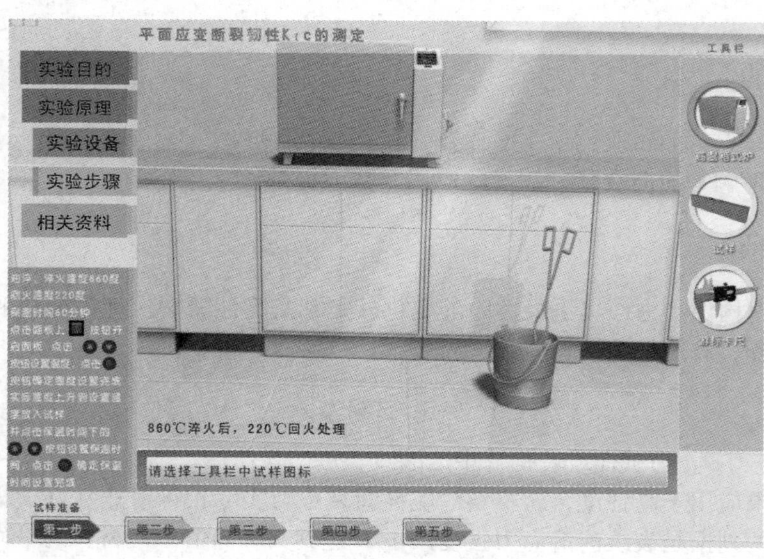

图 53-2　试样的处理

（2）通常用于断裂韧性测试的试样有 C 形拉伸试样 A(T)、紧凑拉伸试样 C(T) 和三点弯曲试样 SE(B)。试验中采用三点弯曲试样 SE(B)。

（3）测试金属材料断裂韧性的试样，需要预先制备出尖端很尖锐的裂纹。为此，经过热处理后的试样，首先完成外形尺寸的精加工，然后采用线切割制备出第一段裂纹。由于线切割钼丝直径一般在 0.2mm 左右，裂纹的尖端不够尖锐，应力集中效果不够好。故此还要施加循环应力作用，在第一段裂纹的前端再制备出尖端非常尖锐的疲劳裂纹。国标中对于疲劳裂纹的制备条件及裂纹的形状尺寸规定了比较严格的要求。

1）测试试样的厚度和宽度。

2）在试样裂纹两侧，用 502 胶对称地粘贴一对卡口片，来装卡固定引伸计，引伸计的标距为大约 10mm，如图 53-3 所示。

3）将引伸计卡装于试样上，以便试验中检测试样的变形（而载荷传感器固定安置于试验机中可移动的下横梁与下夹头之间）。

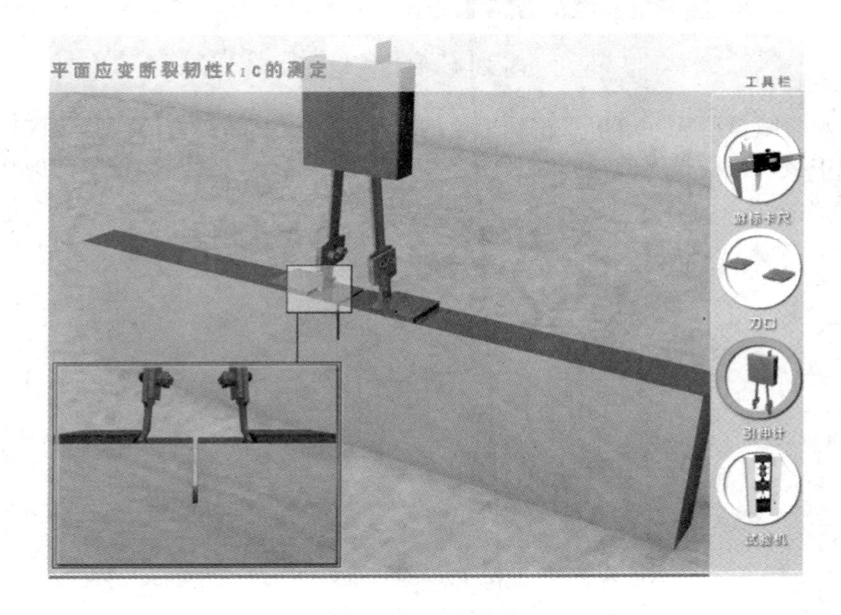

图 53-3　装卡固定引伸计

4）将试样安放于试验机上。要求裂纹面与试验机的压头施力线处于同一个垂直平面内，如图 53-4 所示。

（4）测量。设置试验参数，按照计算机提示在操作界面上选择或输入试验名称和参数，并且将传感器的初始值置零。所有参数设置完成后，即可点击界面上的“开始”图标，在计算机的控制下开始测试。此时，在计算机屏幕上显示载荷和引伸计的变形量关系曲线。当裂纹开始扩展时，载荷-变形曲线偏离此前弹性阶段的线性关系，载荷达到最大值并迅速下降，最后可以看到随着裂纹扩展试样被压断成两截，试验结束。

（5）断口观察与裂纹长度测量。从试验机上取下试样。使用工具显微镜在断口上测量裂纹尺寸。将试样的断口面向上放置于载样台上，旋转两个旋钮可以使载样台沿着纵向和

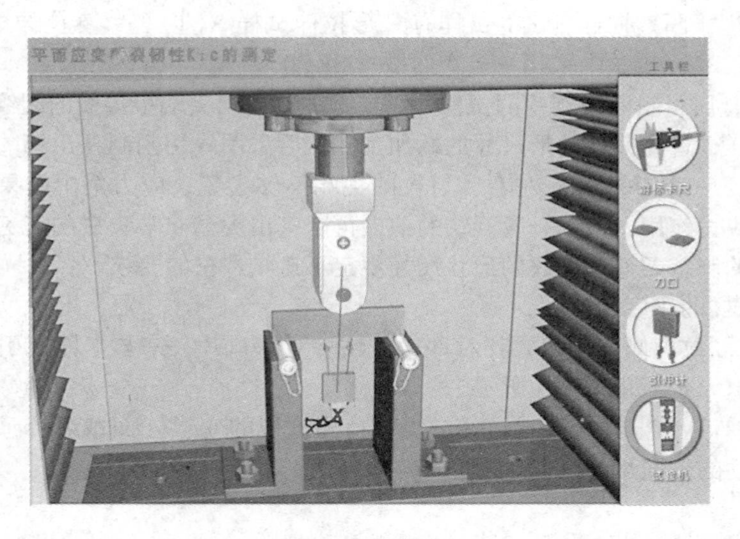

图 53-4　试样安装

横向移动。观察断口形貌，可以观察到黑色的线切割裂纹、深灰色的疲劳裂纹扩展区和试验加载过程中裂纹失稳扩展的瞬间断裂区，在边沿可能还可以看到比较窄的剪切唇，如图 53-5 所示。

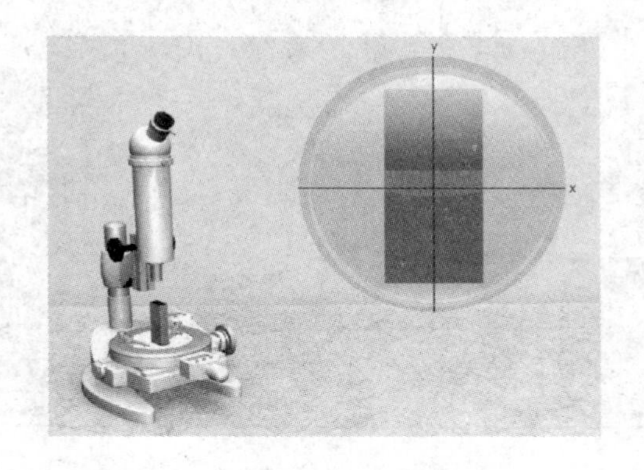

图 53-5　工具显微镜及断口形貌观察

（6）放置好试样，要点是：显微镜上十字划线的纵向和横向移动时，交叉的中心点分别沿着试样矩形边移动。此时，不再移动试样，将十字线的交叉点与试样断口上裂纹侧的一角重合，清零后，依次测量厚度方向上五个位置的裂纹长度。

［实验报告要求］

（1）试验数据的处理及有效性判断。按照国标要求或者根据试验讲义的内容，首先从上一步测量的裂纹长度数据中计算出平均裂纹长度，结合试样的尺寸，查表得出试样的裂纹形状因子 $f(a/w)$；再由载荷-位移曲线上按照规则读取 P_5、$P_{\max}$，根据曲线的特点确定载荷 P_q；然后根据三点弯曲试样的公式，计算出应力强度因子临界值的预算值。

（2）根据国标或者试验讲义对于应力强度因子临界值作为平面应变断裂韧度的有效性进行检验判断。具体包括：第一，对于试样的裂纹特征进行核对，检查试样裂纹的有效性；第二，对于载荷的有效性进行检验；第三，计算裂纹前沿的塑性区的尺寸，判断是否符合小塑性区条件以及平面应变条件。综合上述结果给出本实验数据作为平面应变断裂韧性的有效性。

（3）整理出完整的实验报告。

实验 54 系列冲击实验与韧脆转化温度的测定

[实验目的与原理]

（1）进入图 52-1 所示材料虚拟实验室首页，选择“材料学实验室”，在出现的下拉列表中选择“系列冲击实验与韧脆转化温度的测定”实验。

（2）进入虚拟实验后，在如图 54-1 所示的虚拟实验界面，分别点击界面左侧的项目，了解实验目的、实验原理、实验设备，进行相关知识学习。

图 54-1 系列冲击试验与韧脆转化温度测定的实验目的

[实验目的]

（1）了解摆锤冲击试验的基本方法。

（2）通过系列冲击试验比较不同金属材料的冲击吸收功随着温度变化的规律，测定低碳钢韧脆转化温度。

[实验原理]

韧性是材料承受载荷作用直到发生断裂的过程中吸收能量的特性。冲击试验是在高速载荷作用下材料韧性的通用试验方法，试验测量结果为冲击吸收功。韧性是所有结构材料的重要性能之一，体现了材料构件承受短时间局部过载而不至于发生断裂而造成灾难性后果的能力。金属材料具有良好的韧性是其广泛作为结构材料使用的根本原因。

作为工程用量最大的钢铁材料，其冲击吸收功随着温度会发生显著变化。温度降低到一定程度时，冲击吸收功显著降低，失去其高韧性的优势。采用系列冲击试验，即测定材料在不同温度下的冲击吸收功，可以确定其韧脆转变温度。故此，系列冲击试验为具有韧脆转变现象的金属材料的安全使用提供重要依据。

冲击吸收功的测量原理为冲击前以摆锤位能形式存在的能量中的一部分被试样在受冲击后发生断裂的过程中所吸收。摆锤的起始高度与它冲断试样后达到的最大高度之间的差值可以直接转换成试样在冲断过程中所消耗的能量，试样吸收的功称为冲击功（A_K）。

用规定高度的摆锤对一系列处于不同温度的缺口试样进行一次性打击，测量各试样折断时的冲击吸收功。改变试验温度，进行一系列冲击试验以确定材料从韧性过渡到脆性的温度范围，称为“系列冲击试验”。韧脆转变温度就是A_K-T曲线上A_K值显著降低的温度。曲线冲击功明显变化的中间部分称为转化区，脆性区和塑性区各占50%时的温度称为韧脆转变温度（DBTT）。当断口上结晶或解理状脆性区达到50%时，相应的温度称为断口形貌转化温度（FATT）。

脆性断裂：材料在低温断裂时会呈现脆性断裂，脆性断裂是一种快速的断裂，断裂过程吸收能量很低，断裂前及伴随着断裂过程都缺乏明显的塑性变形。

韧脆转变：材料在一个有限的温度范围内，受到冲击载荷作用发生断裂时吸收的能量会发生很大的变化。这种现象称为材料的韧脆转变。

解理断裂：当外加正应力达到一定数值后，快速沿特定晶面产生的穿晶断裂现象称为解理；解理断口的基本微观特征是台阶、河流、蛇状花样等。

全韧性断口：断口晶状区面积百分比定为0%；

全脆性断口：断口晶状区面积百分比定为100%；

韧脆型断口：断口晶状区面积百分比需用工具显微镜进行测量，在显微镜下观察断裂试样的断裂面，脆性断裂部分一般呈明暗斑点无机分布，通过测量计算可得出脆性断裂梯形的面积。

［实验仪器、设备与材料］

（1）试验主体设备为：摆锤冲击试验机，如图54-2所示。

（2）试验类型及试样：横梁式夏比冲击试验，采用U形缺口冲击试样。（试样尺寸及偏差见GB/T 229—2007表2）；实验材料：工业纯铁、Q235钢、40CrNi、20MnSi，如图54-3所示。

图54-2　摆锤冲击试验机

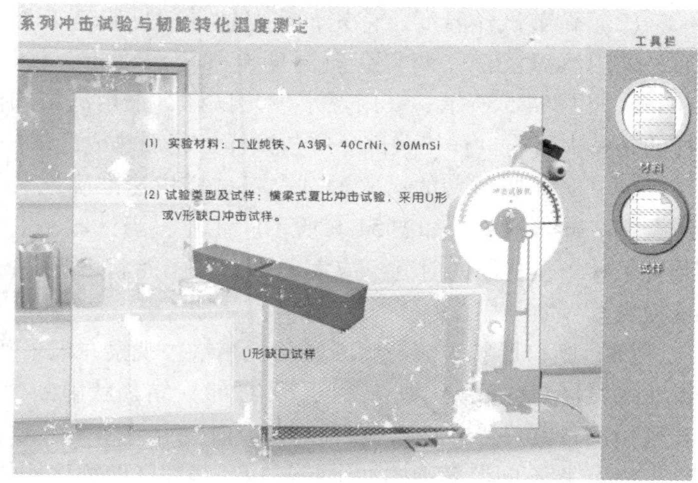

图54-3　实验材料及试样

系列冲击试验中，还须采用适当的方法将试样加热或者冷却到规定温度下。试验中使用的辅助器具、试剂等包括：

（3）保温杜瓦瓶，液氮容器，夹具，高、低温温度计。

（4）用来调节试样温度的试剂包括：液氮，酒精，水（常温自来水和热水）。

（5）工具显微镜——用于测量断口上脆性断裂区的面积。

［实验过程演示］

（1）试验准备。

（2）首先要校验试验设备，确认试样支座符合规定距离，坚固不松动，摆锤的刀口处于支座跨度中央，摆锤空载运动时指针应指在零位，试验机上所有电气与机械部分正常。然后，将摆锤升起，同时将指针归零，如图 54-4 所示。

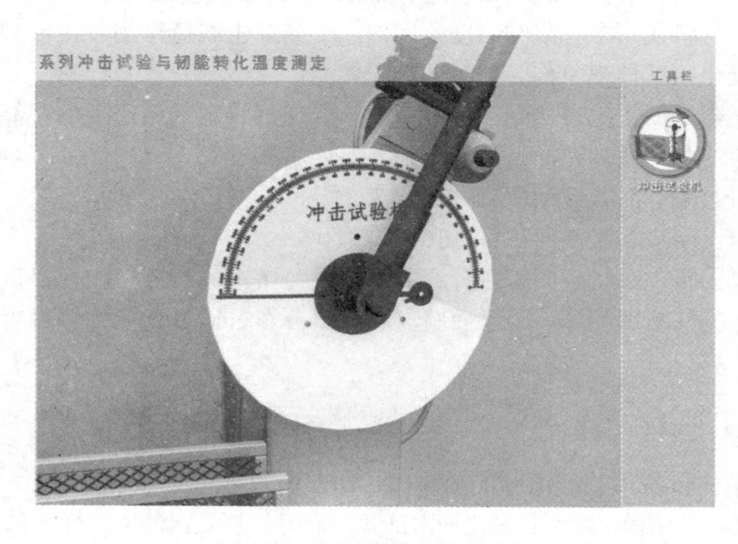

图 54-4 摆锤指针应指在零位

（3）调节试样温度。首先，按照估计的韧脆转变温度范围，划定试验温度间隔。然后，采用恒温浴槽，调整介质温度至规定温度点，将试样放入恒温介质中，保持至少 5min，如图 54-5 所示。采用热水加热试样，采用酒精和液氮使试样降低温度。注意：试样的转移夹具与试样接触部分应与试样一起加热或冷却。

（4）冲击吸收功的试验测试。将试样快速准确地装卡到实验装置上，然后，放下摆锤，完成冲击试验，如图 54-6 所示。注意：当试验不在室温进行时，试样从高温或低温装置中移出至打断的时间不应大于 5s。如不能满足要求，应采取过热或过冷的方法补偿温度损失。

（5）断口形貌观测与脆断区面积测量。观察并记录断口形貌特征，包括切口区域，纤维状韧性区，（边缘）剪切唇区，（心部）结晶状脆断区；对其中结晶状脆性区使用工具显微镜测量其尺寸并计算脆断区面积和比例。

（6）将不同温度下的冲击吸收功和脆性区面积比例的数据做成温度的关系曲线，观察温度的影响，并且对于存在明显韧脆转变的材料确定韧脆转变温度。

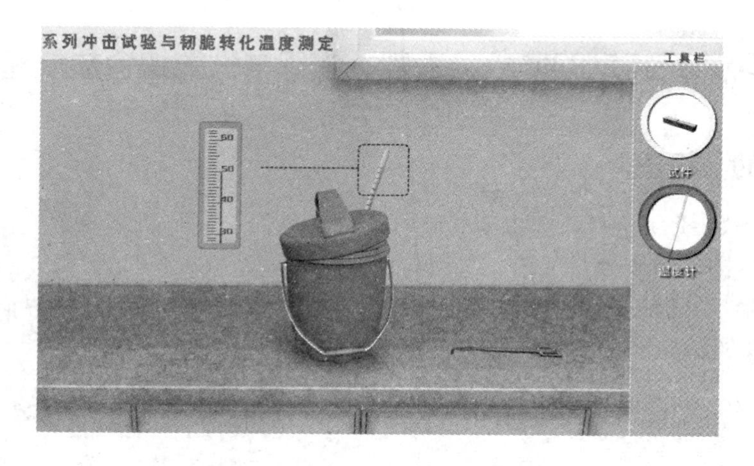

图 54-5　试样放入恒温介质保温

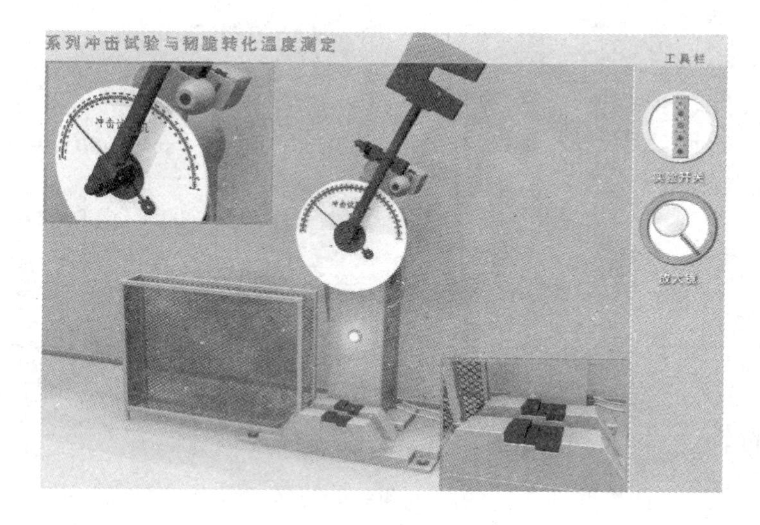

图 54-6　冲击吸收功的试验测试

［实验报告要求］

（1）试验数据记录及处理；
（2）试验样品断口形貌的观察结果；
（3）确定韧脆转变温度。

实验55 结构钢的成分、工艺、组织与性能综合热处理实验

[实验目的与原理]

(1) 进入图52-1所示材料虚拟实验室首页，选择“金属材料实验室”，在出现的下拉列表中选择“结构钢的成分、工艺、组织与性能综合热处理实验”。

(2) 进入虚拟实验后，在如图55-1所示的虚拟实验界面，分别点击界面左侧的项目，了解实验目的、实验原理、实验设备，进行相关知识学习。

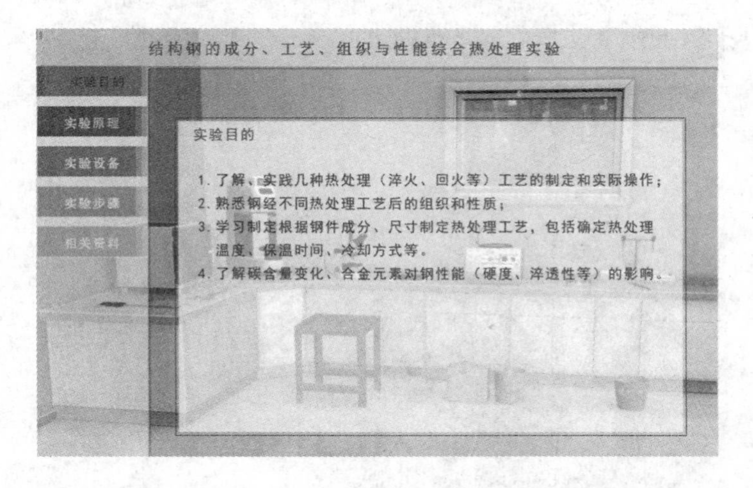

图55-1 结构钢的成分、工艺、组织与性能综合热处理实验目的

[实验目的]

(1) 了解、实践几种热处理工艺的制定和实际操作。

(2) 熟悉钢经过不同热处理工艺后的组织和性能。

(3) 学习根据钢件的成分、尺寸制定热处理工艺，包括确定热处理温度、保温时间、冷却方式等。

(4) 了解碳含量变化、合金元素对钢性能（硬度、淬透性）的影响。

[实验原理]

热处理是将金属在固态下通过加热、保温和冷却过程，改变其内部组织，从而获得所需性能的一种工艺方法。它的特点是：只改变金属材料内部组织结构，获得所需性能，尽量避免改变零件的形状。同样的材料经过不同的热处理方法，可以得到不同的内部组织，因此，热处理工艺可以最大限度地发挥材料的潜力。

(1) 常用热处理方法。钢的常用热处理方法有：退火、正火、淬火和回火。

退火是将金属制件加热到高于或低于这种金属的临界温度，经保温一定时间，随后在炉中或埋入导热性较差的介质中缓慢冷却，以获得接近平衡状态组织的一种热处理工艺。

正火是将金属制件加热到高于或低于这种金属的临界温度，经保温一定时间，随后在空气中冷却，以获得更细组织的一种热处理工艺。

淬火是将金属制件加热到这种金属的临界温度以上30～50℃，经保温一定时间，随后在水或油中快速冷却，以获得高硬度组织的一种热处理工艺。

回火是把淬火后的金属制件重新加热到某一温度，保温一段时间，然后置于空气或油中冷却的热处理工艺。回火的目的是：为了消除淬火时因冷却过快而产生的内应力，降低金属材料的淬性，使它具有一定的韧性。

根据加热温度的不同，回火可分为低温回火、中温回火和高温回火。

（2）淬火、回火工艺参数的确定。$Fe\text{-}Fe_3C$ 相图和C曲线是制定碳钢热处理工艺的重要依据。热处理工艺参数主要包括加热温度，保温时间和冷却速度。

1）加热温度的确定。淬火加热温度决定钢的临界点，亚共析钢，适宜的淬火温度为 A_{c3} 以上30～50℃，淬火后的组织为均匀而细小的马氏体。如果加热温度不足（$<A_{c3}$），淬火组织中仍保留一部分原始组织的铁素体，造成淬火硬度不足。

过共析钢，适宜的淬火温度为 A_{c1} 以上30～50℃，淬火后的组织为马氏体及二次渗碳体（分布在马氏体基体内成颗粒状）。二次渗碳体的颗粒存在，会明显增高钢的耐磨性。而且加热温度较 A_{cm} 低，这样可以保证马氏体针叶较细，从而减低脆性。

回火温度，均在 A_{c1} 以下，其具体温度根据最终要求的性能（通常根据硬度要求）而定。

2）加热，保温时间的确定。加热、保温的目的是为了使零件内外达到所要求的加热温度，完成应有的组织转变。加热、保温时间主要决定于零件的尺寸、形状、钢的成分、原始组织状态、加热介质、零件的装炉方式和装炉量以及加热温度等。

3）冷却介质。冷却介质是影响钢最终获得组织与性能的重要工艺参数，同一种碳钢，在不同冷却介质中冷却时，由于冷却速度不同，奥氏体在不同温度下发生转变，并得到不同的转变产物。淬火介质主要根据所要求的组织和性能来确定。常用的介质有水、盐水、油、空气等。对碳钢而言，退火常采用随炉缓慢冷却，正火为空气中冷却，淬火为在水或盐水中冷却，回火为在空气中冷却。

（3）基本组织的金相特征。碳钢经退火、正火后可得到平衡组织，淬火后则得到各式各样的不平衡组织，因此，在研究钢热处理后的组织时，不仅要参考 $Fe\text{-}Fe_3C$ 相图和C曲线，还要熟悉以下基本组织的金相特征。

1）索氏体：是铁素体与片状渗碳体的机械混合物。片层分布比珠光体细密，在高倍（700×左右）显微镜下才能分辨出片层状。

2）屈氏体：也是铁素体与片状渗碳体的机械混合物。片层分布比索氏体更细密，在一般光学显微镜下无法分辨，只能看到黑色组织如墨菊状。当其少量析出时，沿晶界分布呈黑色网状包围马氏体；当析出量较多时，则成大块黑色晶粒状。只有在电子显微镜下才能分辨其中的片层状。层片愈细，则塑性变形的抗力愈大，强度及硬度愈高，另外，塑性及韧性则有所下降。

3）贝氏体：从金相形态看，贝氏体主要有三种形态，即羽毛状上贝氏体和针状下贝氏体、粒状贝氏体。

4）马氏体：所谓马氏体就是碳在 α-Fe 中的过饱和固溶体。马氏体组织形态按其碳含量的高低分为两种，即板条状马氏体和片状马氏体。

5）回火马氏体：片状马氏体经低温回火（150~250℃）后，得到回火马氏体。它仍具有针状特征，由于有极小的碳化物析出，回火马氏体极易浸蚀，所以在光学显微镜下，颜色比淬火马氏体深。

6）回火屈氏体：淬火钢在中温回火（350~500℃）后，得到回火屈氏体组织。其金相特征是：原来条状或片状马氏体的形态仍基本保持，第二相析出在其上。回火屈氏体中的渗碳体颗粒很细小，以至在光学显微镜下难以分辨，用电镜观察时发现渗碳体已明显长大。

7）回火索氏体：淬火钢在高温回火（500~650℃）回火后得到回火索氏体组织。它的金相特征是：铁素体基体上分布着颗粒状渗碳体。碳钢调质后回火索氏体中的铁素体已成等轴状，一般已没有针状形态。

（4）热处理实验样品钢种、组织、工艺与硬度。

1）45号钢样品：直径15mm，高度15mm，其组织及对应的热处理工艺、硬度见表55-1。

表55-1 45号钢的组织及对应的热处理工艺、硬度

组　织	温度/℃	保温时间/min	冷却方式	硬度（随机）
淬火组织				
晶粒粗大马氏体	1000	30	水　冷	47.0~52.0
晶粒细小马氏体	860	30	水　冷	55.0~58.7
屈氏体网+马氏体	860	30	油　冷	19.5~33.5
铁素体+珠光体	860	30	空　冷	18.5~25.7
铁素体+马氏体	770	30	水　冷	32.0~52.0
回火组织				
回火马氏体	200	40	空　冷	48.0~54.0
回火屈氏体	400	40	空　冷	38.5~45.5
回火索氏体	600	40	空　冷	22.5~28.5

注：所有回火组织热处理工艺为两步：第一步热处理内容同淬火组织中晶粒细小马氏体组织相同；表格中所注内容为第二步热处理内容。即回火马氏体组织的工艺为，第一步同晶粒细小马氏体组织，经过860℃保温30min水冷；随后第二步热处理为表格中所标示200℃保温40min后空冷。

2）40CrNi钢样品：直径14mm，高度16mm，其组织及对应的热处理工艺、硬度见表55-2。

表55-2 40CrNi钢的组织及对应的热处理工艺、硬度

组　织	温度/℃	保温时间/min	冷却方式	硬度（随机）
淬火组织				
晶粒粗大马氏体	1000	28	油　冷	47.0~51.5
晶粒细小马氏体	860	28	油　冷	52.5~56.6
铁素体+珠光体	860	28	空　冷	38.0~47.0
铁素体+马氏体	770	28	油　冷	42.0~48.0

续表 55-2

组 织	温度/℃	保温时间/min	冷却方式	硬度（随机）
回 火 组 织				
回火马氏体	200	40	空 冷	47.0～52.0
回火屈氏体	400	40	空 冷	40.0～44.0
回火索氏体	600	40	空 冷	30.5～38.5

注：所有回火组织热处理工艺为两步：第一步热处理内容同淬火组织中晶粒细小马氏体组织相同；表格中所注内容为第二步热处理内容。

3）T8 钢样品：直径 16mm，高度 14mm，其组织及对应的热处理工艺、硬度见表 55-3。

表 55-3 T8 钢的组织及对应的热处理工艺、硬度

组 织	温度/℃	保温时间/min	冷却方式	硬度（随机）
淬 火 组 织				
晶粒粗大马氏体	1000	32	水 冷	55.0～61.0
晶粒细小马氏体	770	32	水 冷	57.0～68.0
屈氏体网＋马氏体	770	32	油 冷	38～45.0
先共析渗碳体＋珠光体	770	32	空 冷	27.5～37.5
回 火 组 织				
回火马氏体	200	40	空 冷	55.0～61.0
回火屈氏体	400	40	空 冷	45.0～52.5
回火索氏体	600	40	空 冷	26.5～36.5

注：所有回火组织热处理工艺为两步：第一步热处理内容同淬火组织中晶粒细小马氏体组织相同，表格中所注内容为第二步热处理内容。

[实验仪器、设备与材料]

（1）箱式炉，如图 55-2 所示。
（2）硬度机，如图 55-3 所示。

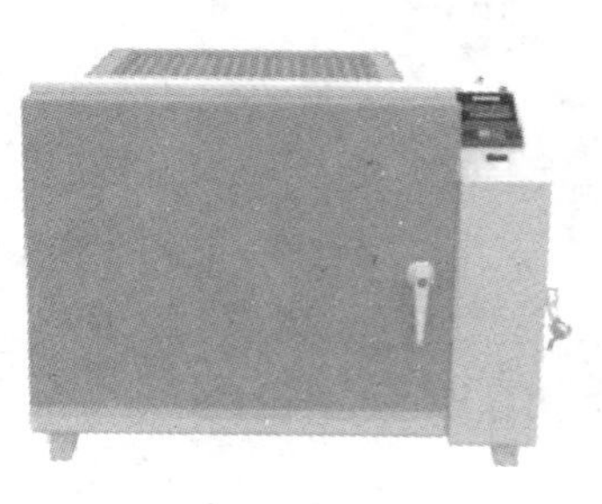

图 55-2 箱式炉

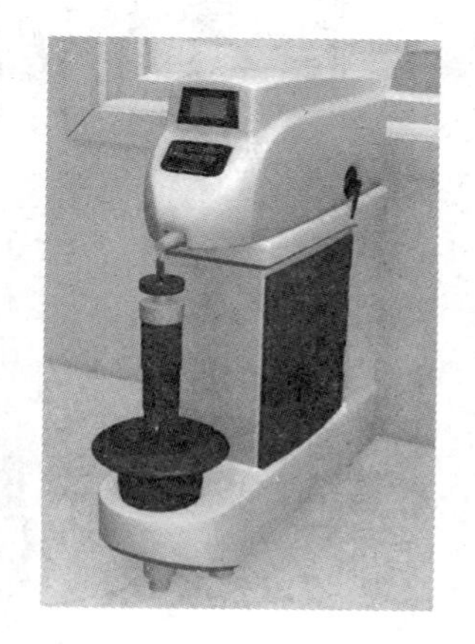

图 55-3 硬度机

（3）冷却介质：水、油（使用温度约为20℃）。

（4）试样材料：40CrNi，45 号钢，T8 钢。

［实验过程演示］

（1）热处理和冷却。

1）选择试样的材料和组织，如图 55-4 所示，测量试样的尺寸。

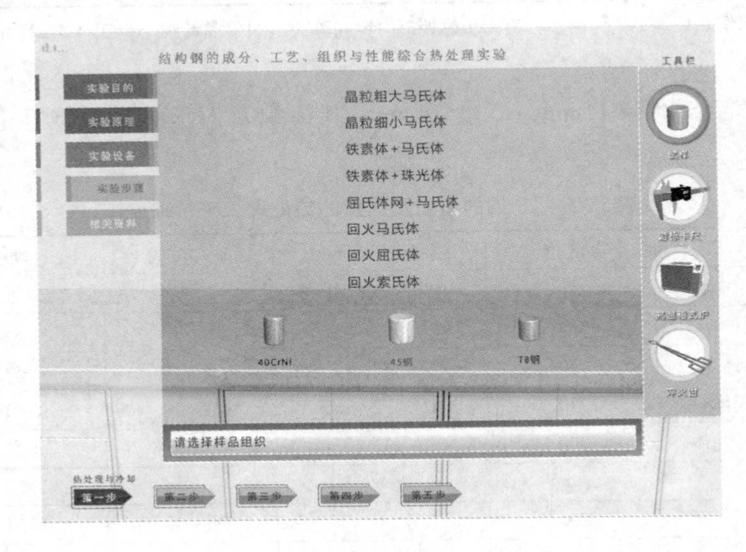

图 55-4　选择试样的材料和组织

2）根据所选的材料，确定要得到所选组织的热处理工艺，即加热炉的温度和保温时间。

3）点击高温箱式炉，设定保温温度和保温时间，如图 55-5 所示，如果设定错误，实验不能继续进行。

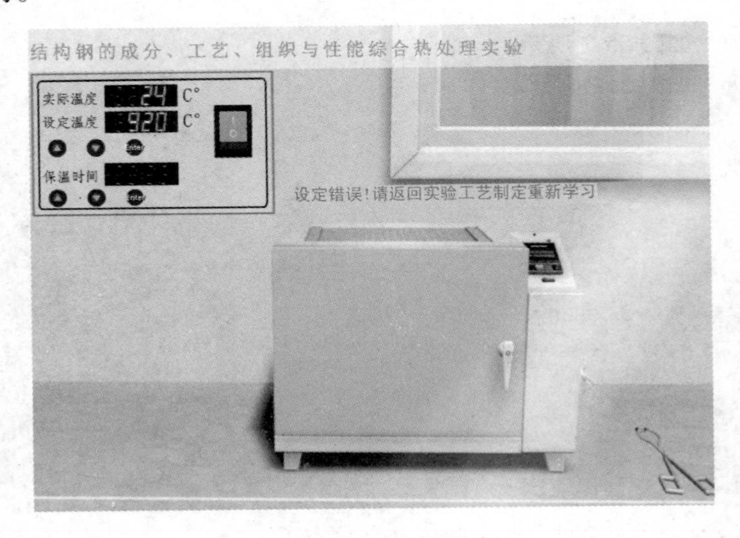

图 55-5　设定保温温度

4）到达保温时间后，选择正确的冷却方式，如图 55-6 所示。

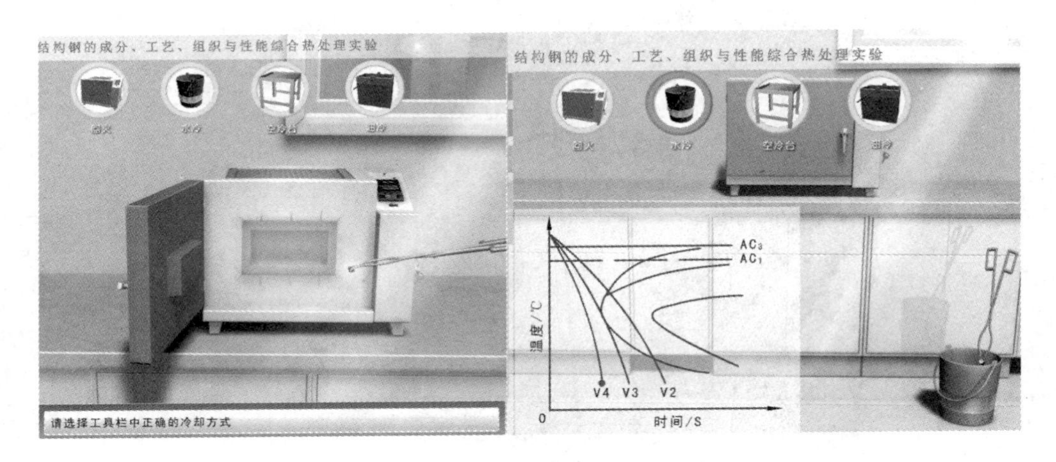

图 55-6　选择正确的冷却方式

（2）硬度测量。试样经处理后，必须用砂纸磨去氧化皮，擦净，然后在洛氏硬度计上测硬度值，如图 55-7 所示。

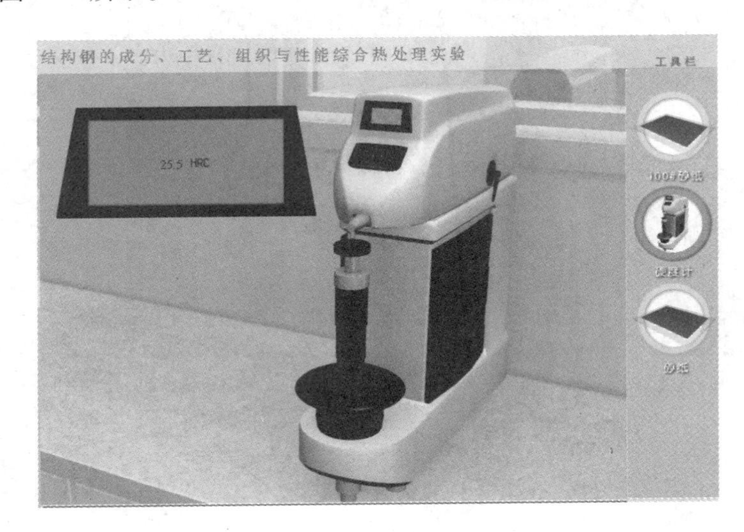

图 55-7　硬度测量

（3）水磨与抛光。按照提示操作，完成样品的水磨与抛光，如图 55-8 所示。

（4）侵蚀与观察。按照提示操作，对试样进行侵蚀，并观察其金相组织，如图 55-9 所示。

［实验报告要求］

（1）分析热处理试样的金相组织图像。

（2）分析加热温度与冷却速度对钢性能的影响。

（3）分析实验中存在的问题。

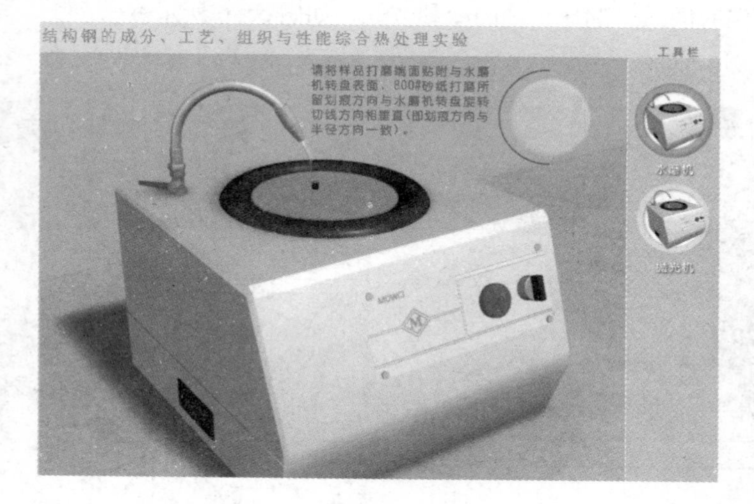

图 55-8 水磨与抛光

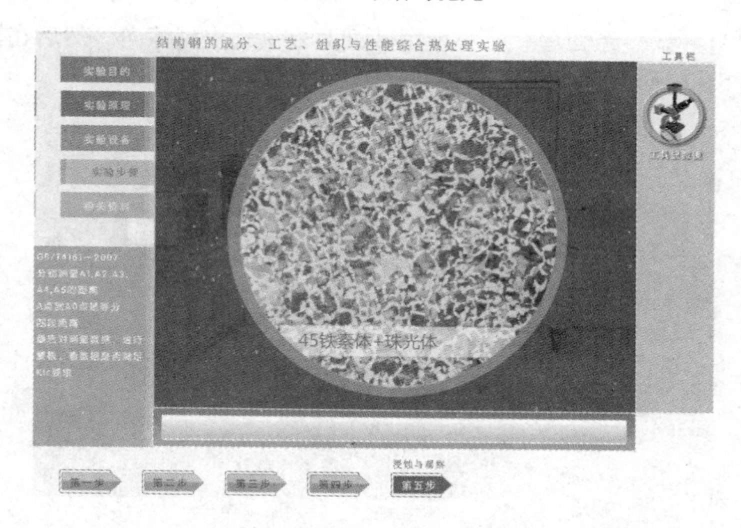

图 55-9 金相组织观察

实验56 热连轧带钢工艺、设备、原理综合实验

[实验目的]

(1) 了解典型热连轧生产设备的种类。
(2) 了解各设备的功能、工作原理及主要技术参数。
(3) 掌握热连轧带钢生产的典型工艺流程。
(4) 掌握相关的轧制原理知识。
(5) 能根据生产流程完成热连轧带钢生产线的布置。
(6) 了解生产车间的平面布置情况。

[设备功能原理]

在设备功能演示部分，如图56-1所示，可以观察热连轧生产线上主要设备，如步进梁式加热炉、除鳞箱、定宽机、精轧机、卷取机的工作过程，了解设备的工作原理。

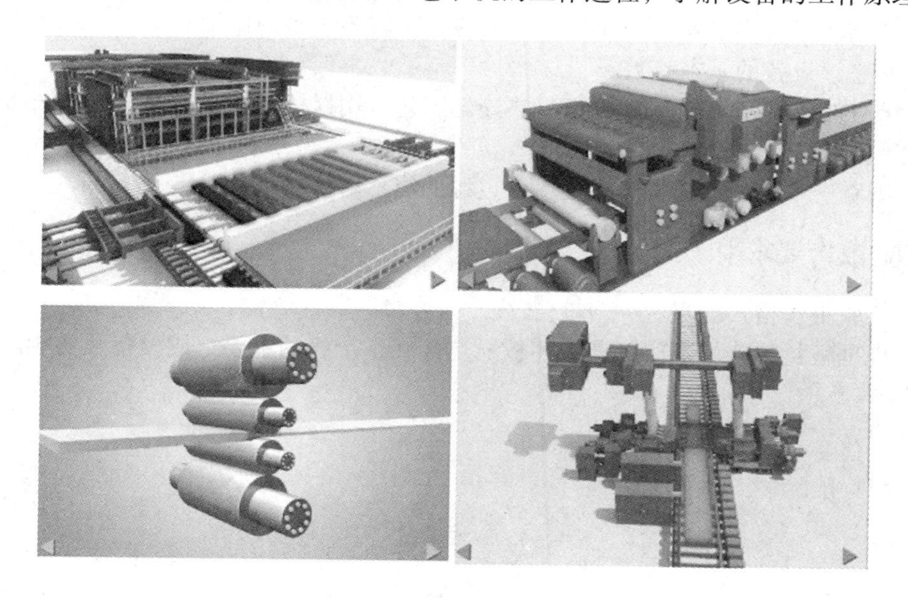

图56-1 设备功能演示

[实验设备]

(1) 步进梁式加热炉。
(2) 粗轧除鳞箱。
(3) 定宽机。
(4) 立辊轧机。
(5) 二辊可逆轧机。
(6) 四辊可逆轧机。

(7) 热卷箱。

(8) 保温罩。

(9) 切头飞剪。

(10) 精轧除鳞箱。

(11) 精轧机。

(12) 活套支撑器。

(13) 层流冷却装置。

(14) 卷取机。

[实验过程演示]

(1) 进入图 52-1 所示材料虚拟实验室首页，选择“材料制备与加工实验室”，在出现的下拉列表中选择“板材热连轧综合实验”。

(2) 进入虚拟实验后，先了解实验目的。

(3) 点击设备功能演示，观察热连轧主要设备，如加热炉、除鳞机、定宽机等的工作原理演示。

(4) 选择实验设备，分别点击各实验设备，了解各设备的作用及特点，观察设备三维外观，并熟悉该设备的基本参数。

(5) 点击实验步骤，首先根据板材热连轧工艺，用鼠标拖动设备模型的方法布置一条热连轧生产线。

(6) 观看一个典型的板材热连轧生产过程的演示。

[实验报告要求]

(1) 实验报告格式自定。

(2) 根据板材热连轧生产工艺叙述板材热连轧生产线的主要组成设备及功能。

本章思考讨论题

[实验 52]

(1) 为什么在实验前要测量试件的原始尺寸? 如何测量?

(2) 为什么要在试件上划标距线? 如果试件直径为 10mm, 按国家标准 (GB 228—2002) 规定, 标距应为多少? 标距与试件截面积有关的叫什么试件?

(3) 金属材料拉伸实验能测量哪些力学性能指标?

(4) 哪些指标需要在试样拉断后测量试样尺寸? 测量什么, 如何测量?

(5) 引伸计的标距和量程各为多少? 安装和使用时应注意哪些问题?

(6) 拉伸试样在安装过程中应注意哪些问题?

[实验 53]

(1) 如何运用三点弯曲试验装置测量材料的断裂韧度?

(2) 为什么载荷传感器和应变引伸计需要经常校验?

[实验 54]

(1) 影响材料冲击韧性的因素是什么?

(2) 改进材料冲击韧性的途径有哪些?

[实验 55]

(1) 奥氏体晶粒对钢在室温下组织和性能的影响是什么?

(2) 回火的目的是什么?

[实验 56]

(1) 热连轧带钢生产的主要工艺流程是什么?

(2) 典型热连轧带钢生产设备的种类有哪些?

第十章

创新与研究设计性实验

本章要点

大学生科研训练计划（Student Research Training Program，简称SRTP）是本科实践教育教学改革的重要举措之一，通过教师或学生立项，给予一定科研经费的资助，为本科生提供科研训练的机会。学生在教师指导下，根据对所学课程内容、结合教师科研或者自己感兴趣的科学问题，进行实验设计、科学研究或创新训练，使学生尽早进入各专业科研领域，接触学科前沿，了解学科发展动态；增强学生创新意识，培养学生创新意识，提高实践能力。调查发现，多数大学生在SRTP计划中，普遍存在选题难的困惑，为此，结合材料成型专业特点与学科发展前沿，编写了16个具有专业代表性的设计或研究创新性实验，包括了计算机数值模拟计算、成型工艺设计、实验分析、创新研究等多种形式的SRTP项目案例供本科生参考。

实验57　带孔薄板受均布载荷作用的应力场分析

[数值模拟问题]

如图57-1所示，钢板边长为12in（1in = 2.54cm），厚度为1in，中心孔半径0.5in，钢板两边作用的均布力 q = 1000psi（1psi≈6.9kPa），钢板的泊松比 μ = 0.3，杨氏模量 E = 3×107psi。

分析：圆孔附近 x 轴方向上的极限应力。

[模拟条件]

计算机及有限元模拟软件Ansys 10.0。

[模拟方法和步骤]

（1）启动ANSYS10.0；

（2）输入文件名：实用菜单中选择File→Change Job Name→输入文件名（如：plate_hole1）→OK。

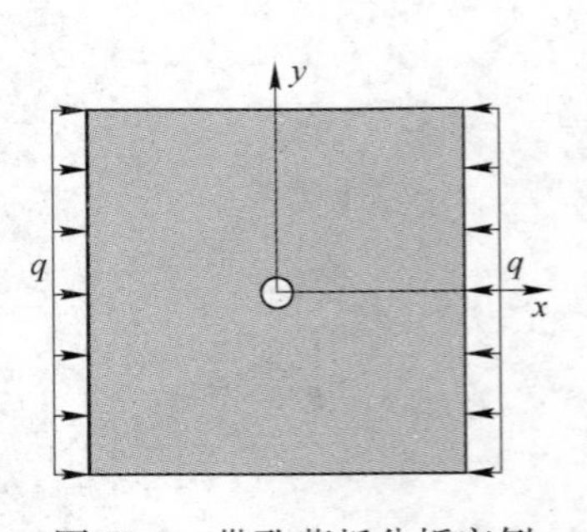

图57-1　带孔薄板分析实例

（3）设置优选框，滤掉无用的菜单项：Main Meau→Preferences→Structural→OK。

（4）定义单元类型：Main Meau→Preprocessor，打开前处理器菜单，选择 Element Type →Add/Edit/Delete，在图 57-2a 的“单元类型”对话框中单击“Add”，在图 57-2b 的“单元类型库”中选择 Structural Solid→Quad 8node 82→OK，单击“Close”关闭“单元类型”对话框。

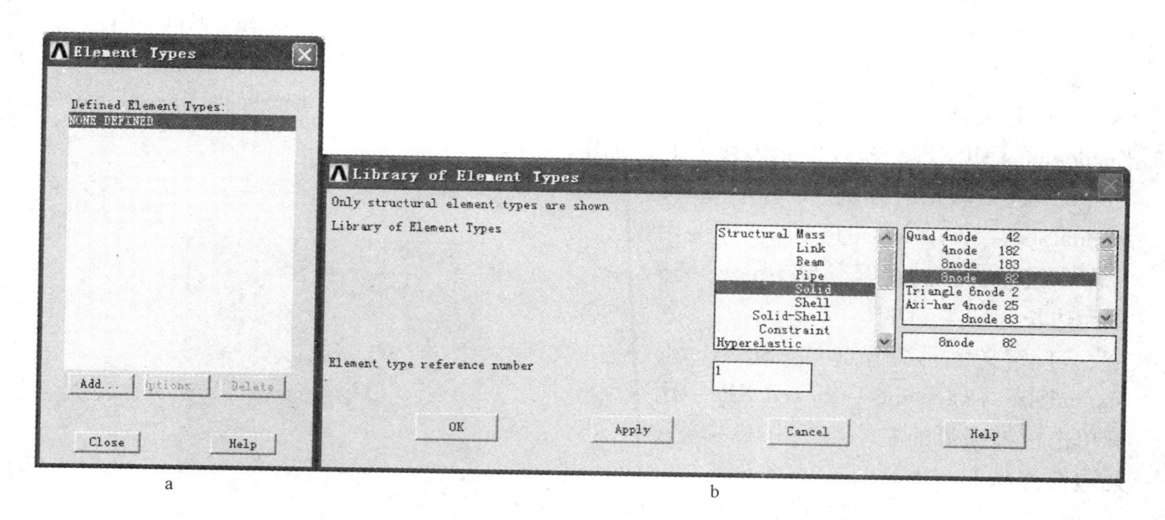

图 57-2　定义单元类型

a—“单元类型”对话框；b—“单元类型库”对话框

（5）定义材料属性。在前处理菜单中选择 Material Props→Material Models，显示图 57-3a所示的对话框，在对话框中双击 Structural、Linear、Elastic、Isotropic，显示图 57-3b，输入 EX =3e7 和 PRXY =0. 3→OK；在左图的对话框中选择菜单命令 Material→Exit。

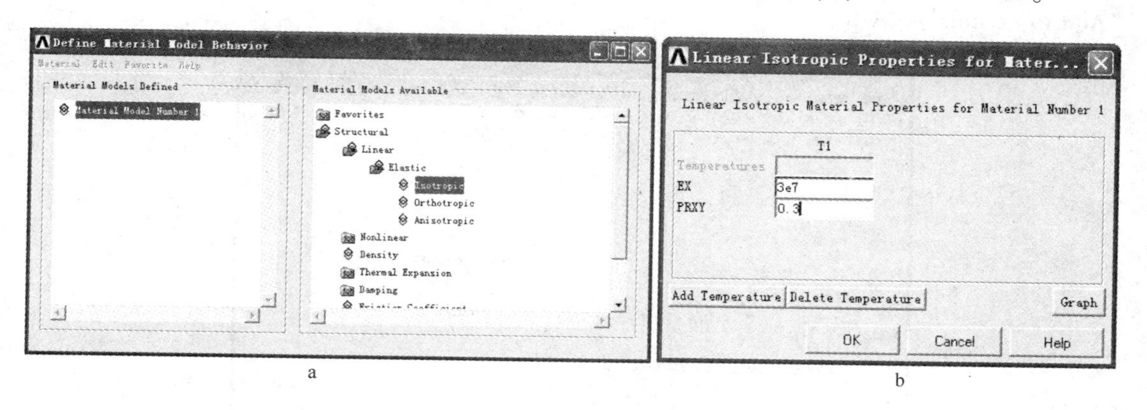

图 57-3　定义材料属性

a—“定义材料模型”对话框；b—各向同性材料常数定义对话框

（6）建立几何模型。由于对称只需分析钢板的四分之一部分。

1）建立正方形：前处理菜单 Main Meau→Preprocessor 中选择 Modeling→Create→Areas →Rectangle→By Dimensions→在对话框中输入 X、Y 方向的数据 0，6，0，6→OK。

2）建立圆形：Modeling→Create→Areas→Circle→Solid Circle→在出现的对话框输入圆形半径为0.5→OK。

3）从正方形中减去圆形：前处理菜单中选择 Modeling→Operate→Booleans→Subtract→Areas→单击正方形→Apply→单击圆形→OK。

4）保存数据，单击工具杆中 SAVE_DB 按钮；

5）关闭坐标显示：在输入窗口中输入“/triad，off”→实用菜单中选择 Plot→Replot。

（7）划分单元格。

1）定义单元格尺寸：前处理菜单中选择 Meshing→Size Cntrls→ManualSize→Keypoints→All KPs→输入单元边长为1.5→OK。

2）定义单元细分点一：Size Cntrls→ManualSize→Keypoints→Picked KPs→用鼠标单击模型圆弧的右端点5→Apply→输入单元边长为0.3→OK。

3）定义单元细分点二：Size Cntrls→ManualSize→Keypoints→Picked KPs→用鼠标单击模型圆弧的左端点6→OK→输入单元边长为0.1→OK。

4）划分单元格：前处理菜单中选择 Meshing→Mesh→Areas→Free→单击模型→OK，划分的单元格如图57-4所示。

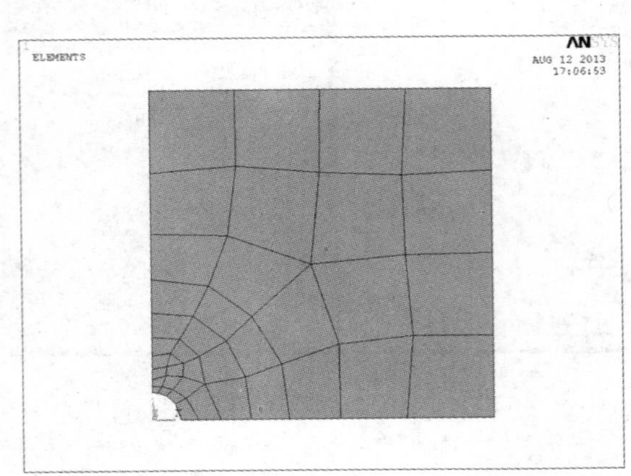

图57-4　划分单元格

（8）设置载荷选项。关闭前处理菜单，在主菜单 Main Menu 中选择 Solution，打开求解菜单设置自由度约束，选择 Define Loads→Settings→Replace vs Add→Constraints，在如图57-5所示的对话框中选择 UX→“Add to existing”→OK。

Replace/Add Setting for DOF Constraints
[DOFSEL] [DCUM] Replace/Add Setting for DOF Constraints
[DOFSEL] DOFs to be affected　UX　UY
[DCUM]
Oper　New DOF values will　Add to existing
RFACT　Scale factor　1
TBASE　Base temperature -　0
- used for temperature DOF only
OK　Apply　Cancel　Help

图57-5　设置自由度约束

（9）设置位移约束，指定对称轴。在求解菜单中选择 Define Loads→Apply→Structural→Displacement→Symmetry B.C→On Lines→鼠标单击模型的下边线 L9→Apply→鼠标单击模

型的左边线 L10→OK；Define Loads→Apply→Structural→Displacement→Symmetry B. C-On Areas→鼠标单击模型→OK。

（10）施加压力载荷。在求解菜单中选择 Define Loads→Apply→Structural→Pressure→On Lines→单击模型的右边线 L2→OK→出现如图 57-6 所示的对话框，选择压力为“Constant value”→输入压力值为 1000→OK。

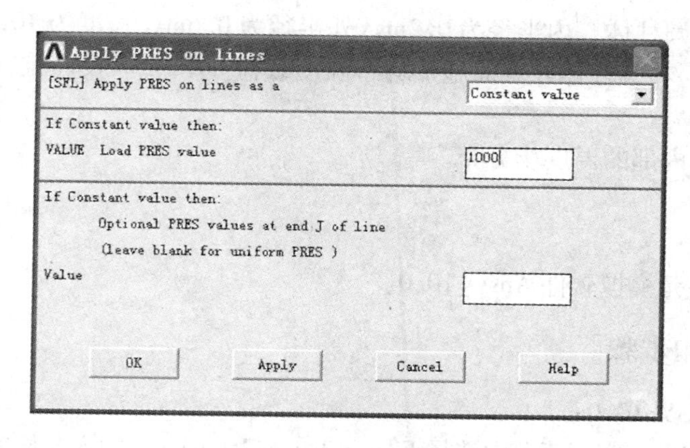

图 57-6　施加均布载荷

注意：+、-号对应不同的力方向，压力为正（+），拉力为负（-）。

（11）求解。在求解菜单中选择 Solve→Current LS→OK，求解当前的载荷步，出现一个状态信息窗口显示载荷步的选项信息，求解完成会出现一个提示框，单击 Close 关闭。

（12）查看分析结果。

1）关闭压力和约束载荷显示：在输入窗口中输入“/psf，pres，0”→实用菜单中选择 Plot→Replot。

2）进入后处理器并读入结果：主菜单中选 General PostProc→Read Results→First Set。

3）显示变形前后的形状：General PostProc→Plot Result→Deformed Shape→Def + undeformed→OK。

4）动画显示变形过程：在实用菜单中选择 Plot Ctrls→Animate→Deformed Shape→Def + undeformed→OK。

5）用等高线显示 X 方向应力和 Mises 等效屈服应力：General PostProc→Plot Result→Contour Plot→Nodal Solu→Stress→X-Componrnt of stress or von Mises stress→OK→在实用菜单中选择 Plot Ctrls→Animate→Deformed Results→OK。

（13）退出 Ansys：单击工具杆中的 Quit 按钮→Quit→No Save→OK。

[实验报告要求]

（1）实验报告格式自定。

（2）对实验结果进行理论分析。

实验 58 外表面受热的空心圆柱内部温度场分析

[数值模拟问题]

问题：空心钢圆柱体，内半径为 0.2m，外半径为 0.6m，长度为 10m，钢的导热系数为 70W/(m · ℃)，在圆柱体外表面施加均布温度载荷 80℃，假设圆柱体内表面温度为恒定值 20℃。

分析：钢柱体内部的温度场分布。

[模拟条件]

计算机及有限元模拟软件 Ansys 10.0。

[模拟方法和步骤]

（1）启动 ANSYS10.0；

（2）输入文件名：实用菜单中选择 File→Change Jobname→输入文件名（如：exp_60）→OK。

（3）设置优选框，滤掉无用的菜单项：Main Meau→Preferences→Thermal→OK。

（4）定义单元类型：Main Meau→Preprocessor，打开前处理器菜单，选择 Element Type→Add/Edit/Delete，在图 57-1b 的“单元类型”对话框中单击“Add”，在图 58-1a 的“单元类型库”中选择 Thermal Solid→Quad 4node 55→OK，在图 58-1b 对话框中单击“Close”关闭“单元类型”对话框。

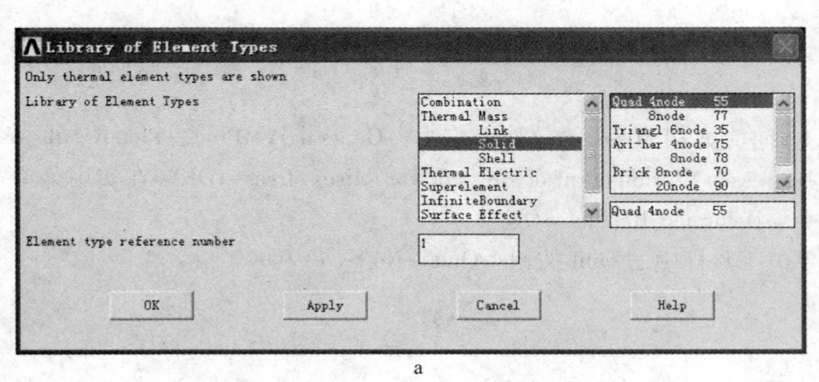

a

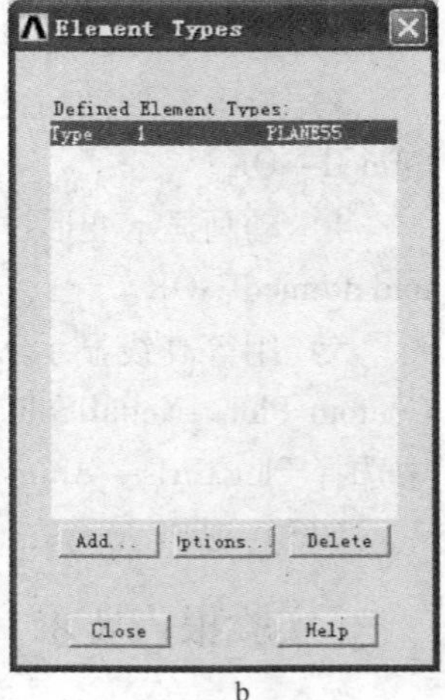

b

图 58-1 定义单元类型

a—“单元类型库”对话框；b—“单元类型”对话框

（5）定义材料属性。在前处理菜单中选择 Material Props→Material Models，显示图 58-2a的对话框，在对话框中双击 Thermal、Conductivity、Isotropic，显示图 58-2b，输入

KXX = 70→OK；在图 58-2a 的对话框中选择菜单命令 Material→Exit。

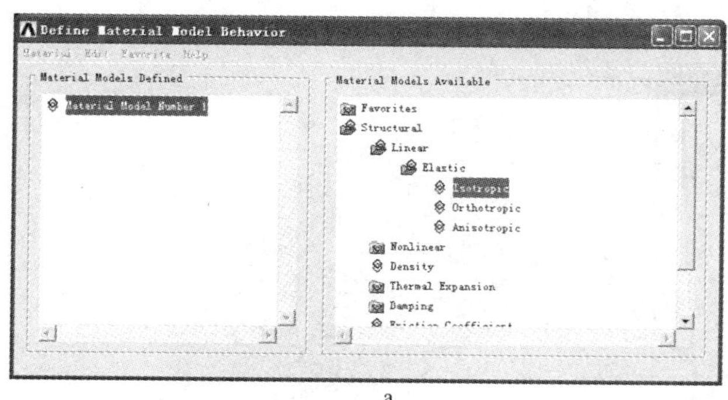

a

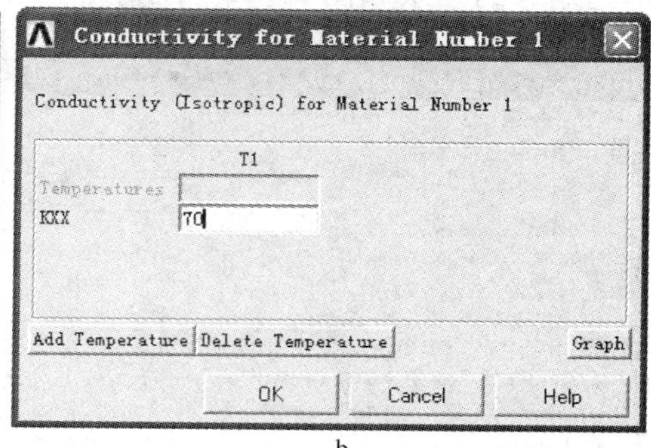

b

图 58-2　定义材料属性

a—“定义材料模型”对话框；b—“定义材料导热系数”对话框

（6）建立几何模型。本问题属于稳态热力学问题，由于圆柱体的长度远大于直径，可忽略其终端效应，同时根据问题的对称性，在求解过程中取圆柱体横截面的四分之一部分建立几何模型。

选择 Main Meau→Preprocessor，选择 Modeling→Create→Areas→Circle→By Dimensions → 在对话框中输入如图 58-3a 所示的数据→OK，建立的几何模型如图 58-3b 所示。

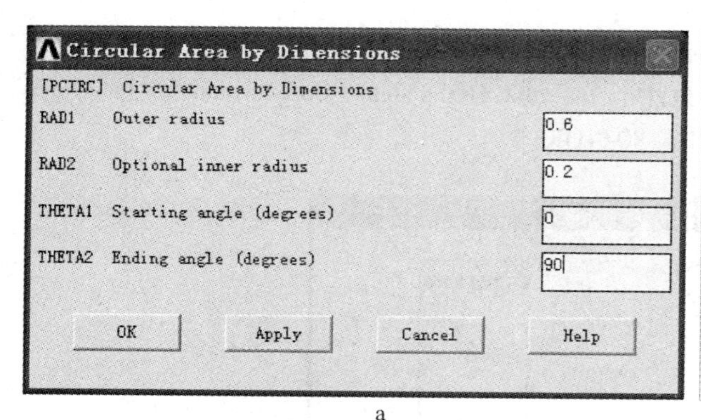

a

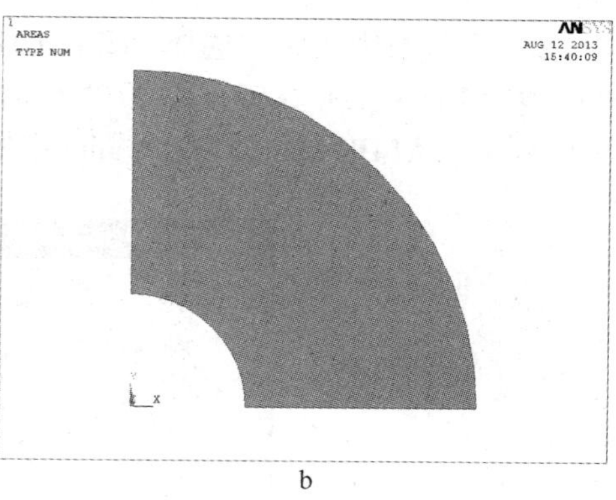

b

图 58-3　建立几何模型

a—“创建扇形表面”对话框；b—建立的几何模型

（7）划分单元格。

1）前处理菜单中选择 Meshing→Size Ctrls→ManualSize→Lines→Picked Lines →出现线段拾取对话框，鼠标在几何模型上选择外径和内径的线段 L1、L3→OK。

2）在如图 58-4a 所示的对话框中的 NDIV No. of element divisions 中输入 L1、L3 上需要划分的单元数目 20→Apply→再次出现线段拾取对话框，鼠标在几何模型上选择扇形两端的直线段 L2、L4→OK。

3）再次出现如图 58-4a 所示的对话框，在 NDIV No. of element divisions 中输入 L2、L4 上需要划分的单元数目 15→在 SPACE Space ratio 选项中输入 0. 5→OK。

4）划分单元格：前处理菜单中选择 Meshing→Mesh→Areas→Free→单击模型→OK，单元划分的结果如图 58-4b 所示。

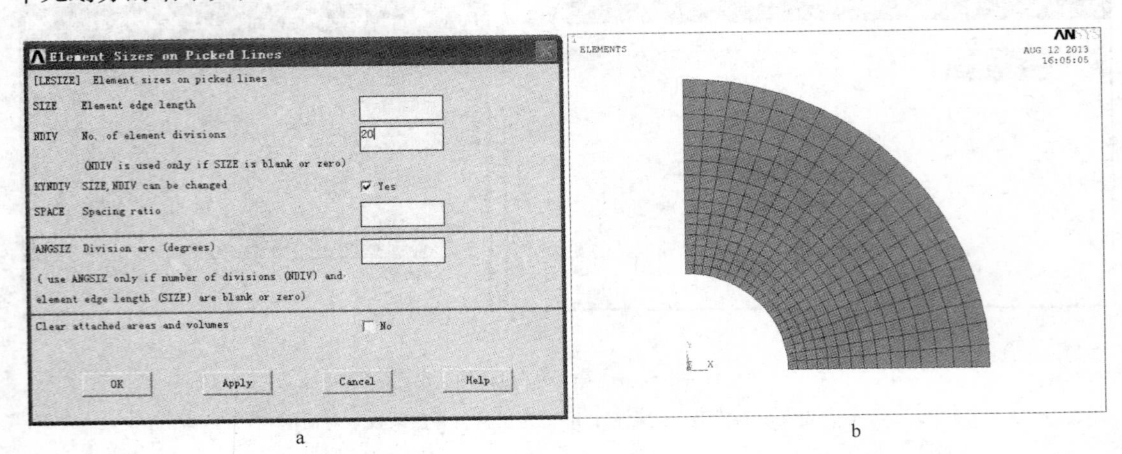

图 58-4　单元格划分

a—定义指定线段单元划分数量；b—单元划分结果

（8）设置载荷选项。

1）在主菜单 Main Menu 中选择 Solution→Analysis Type→New Analysis→Stesdy-State→OK。

2）设置温度条件，选择 Define Loads→Apply→Thermal→Temperature→On Lines→选择外径线段 L1→出现图 58-5 所示的对话框中，在 Lab2 DOFs to be Constrained 列表中选择 TEMP→在 VALUE Load TEMP value 中输入 80→OK。

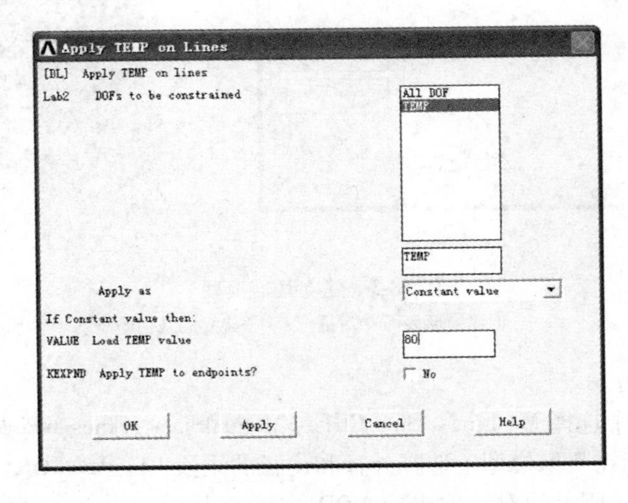

图 58-5　设置温度约束

3）选择 Define Loads→Apply→Thermal→Temperature→On Lines→选择内径线段 L3→出现图 58-5 所示的对话框中，在 Lab2 DOFs to be Constrained 列表中选择 TEMP→在 VALUE Load TEMP value 中输入 20→OK。

（9）求解输出控制。在求解菜单中选择 Load Step Opts→Output Ctrls→Solu Printout→在 Solution Printout Controls 对话框的 Iten Item for printout control 中选择 Basic quantities→在 FREQ Print frequency 中选择 Every substep→OK。

（10）求解。在求解菜单中选择 Solve→Current LS→OK，求解当前的载荷步，出现一个状态信息窗口显示载荷步的选项信息，求解完成会出现一个提示框，单击 Close 关闭。

（11）查看分析结果。Main Menu→General PostProc→Plot Result→Contour Plot→Nodal→DOF Solution→Nodal Temperature→Deformed shape only→OK，显示如图 58-6 所示的温度场分布情况。

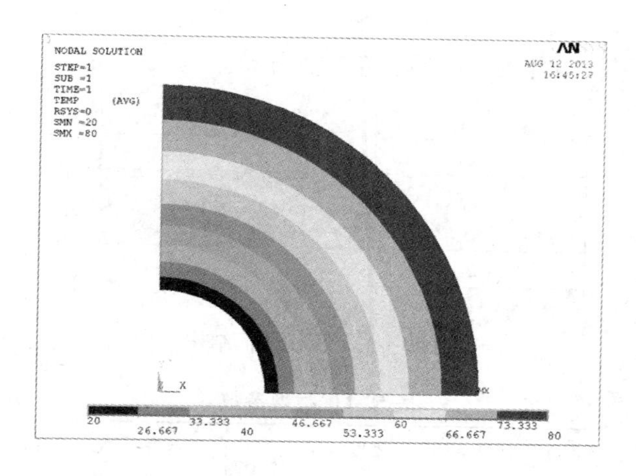

图 58-6　温度场分布

（12）退出 Ansys：单击工具杆中的 Quit 按钮→Quit→No Save→OK。

[实验报告要求]

（1）实验报告格式自定。

（2）对实验结果进行理论分析。

实验59 包含焊缝的金属板热膨胀分析

[数值模拟问题]

用钢板和铁板焊接成一平板，尺寸为1m×1m×0.2m，横截面结构如图59-1所示，平板的初始温度为800℃，将平板放置在空气中进行冷却，周围空气的温度为30℃，对流传热系数为110W/(m^2·℃)，焊接材料为铜，已知钢板、铁板及铜的材料参数如表59-1所示。

分析：10min后平板内部的温度场及应力场分布。

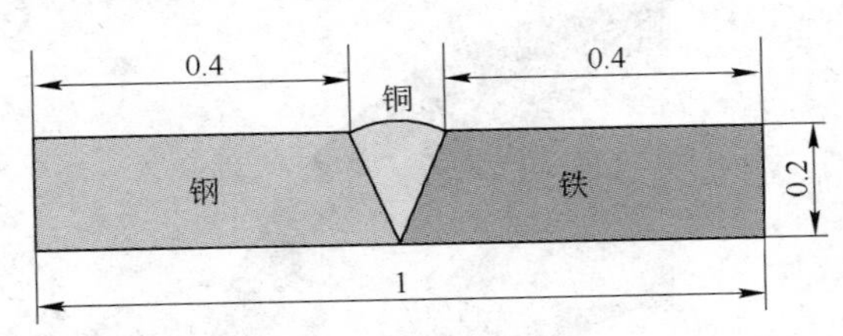

图59-1 平板横截面结构

表59-1 材料参数

材料	温度/℃	弹性模量/Pa	屈服强度/Pa	剪切模量/Pa	密度/kg·m^{-3}	泊松比	导热系数/W·(m^2·℃)$^{-1}$	线膨胀系数/℃$^{-1}$	比热容/J·(kg·℃)$^{-1}$
钢	30	2.06E11	1.4E9	2.06E10	7800	0.3	66.6	1.06E-5	460
	200	1.92E11	1.33E9	1.98E10					
	400	1.75E11	1.15E9	1.83E10					
	600	1.53E11	0.92E9	1.56E10					
	800	1.25E11	0.68E9	1.12E10					
铜	30	1.03E11	0.9E9	1.03E10	8900	0.3	383	1.78E-5	390
	200	0.99E11	0.85E9	0.98E9					
	400	0.9E11	0.75E9	0.89E9					
	600	0.79E11	0.62E9	0.75E9					
	800	0.58E11	0.45E9	0.52E9					
铁	30	1.18E11	1.04E9	1.18E9	7000	0.3	46.5	5.87E-6	450
	200	1.09E11	1.01E9	1.02E9					
	400	0.93E11	0.91E9	0.86E9					
	600	0.75E11	0.76E9	0.69E9					
	800	0.52E11	0.56E9	0.51E9					

[模拟条件]

计算机及有限元模拟软件Ansys 10.0。

[模拟方法和步骤]

（1）启动 ANSYS10.0。

（2）输入文件名：实用菜单中选择 file→change Jobname→输入文件名（如：exp_62）→OK。

（3）设置优选框，滤掉无用的菜单项：Main Meau→Preferences→Structural 和 Thermal→OK。

（4）定义单元类型：Main Meau→Preprocessor，打开前处理器菜单，选择 Element Type→Add/Edit/Delete。

1）在图 59-2a 的"单元类型"对话框中单击"Add"，在图 59-2b 的"单元类型库"中选择 Coupled Field→Vector Quad 13，在 Element type reference number 中输入 1→OK。

2）在图 59-2a 的"单元类型"对话框中单击"Options"，出现的 PLANE13 element type options 对话框，在 Element degrees of freedom K1 下拉框中选择 UX UY TEMP AZ，其余选项采用默认设置，单击 OK 关闭该对话框。

3）在图 59-2a 的"单元类型"对话框中单击"Add"，在图 59-2b 的"单元类型库"中选择 Coupled Field→Scalar Brick 5→在 Element type reference number 中输入 2→OK。

4）单击"Close"关闭"单元类型"对话框。

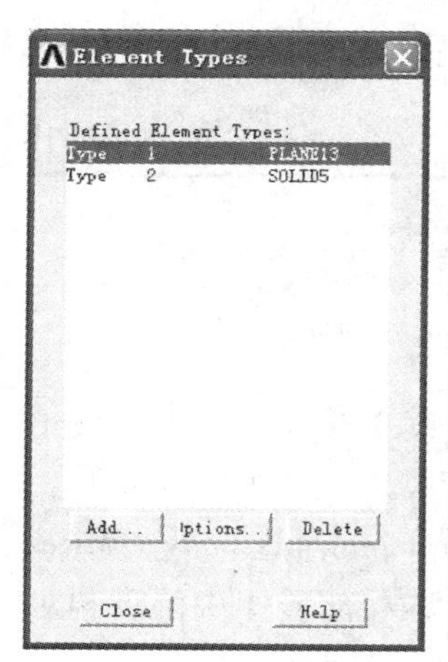

a

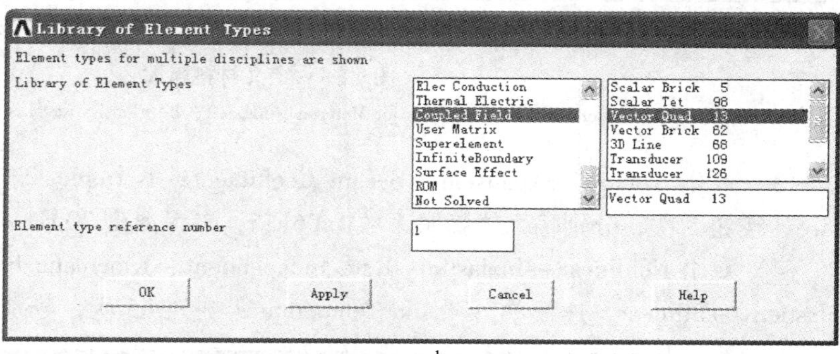

b

图 59-2 定义单元类型

a—"单元类型"对话框；b—"单元类型库"对话框

（5）定义钢的材料属性。在前处理菜单中选择 Material Props→Material Models，出现图 59-3 所示的定义材料模型对话框。

1）在图 59-3 所示的对话框中双击 Structural→Linear→Elastic→Isotropic，连续单击"Add Temperature"按钮 5 次，分别输入表 59-1 中对应温度、EX 弹性模量和泊松比 PRXY＝0.3，如图 59-4a 所示→OK。

2）双击 Density，连续单击"Add Temperature"按钮 5 次，分别输入表 59-1 中对应温度和密度 7800，如图 59-4b 所示→OK。

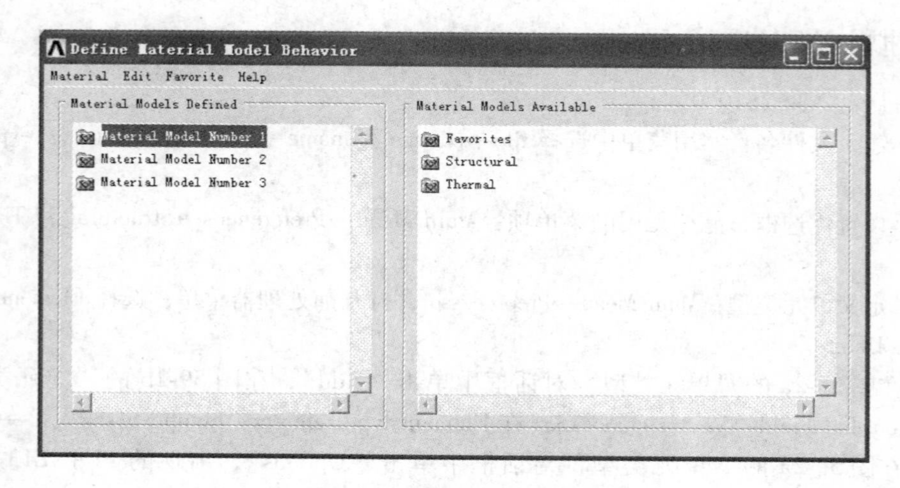

图 59-3　定义材料模型

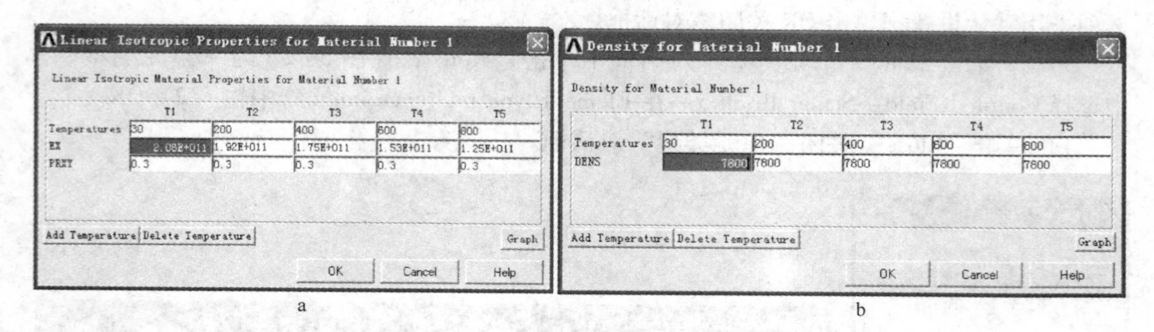

图 59-4　定义材料属性

a—Liner Isotropic Properties for Material Number 1；b—Density for Material Number 1

3）双击 Thermal Expansion→Secant Coefficient→Isotropic，连续单击“Add Temperature”按钮 5 次，分别输入线膨胀系数 1.06E-5，参考温度 20℃→OK。

4）双击 Nonlinear→Inelastic→Rate Independent→Kinematic hardening plasticity→Mises plasticity→Bilinear，连续单击“Add Temperature”按钮 5 次，分别输入表 59-1 中温度和对

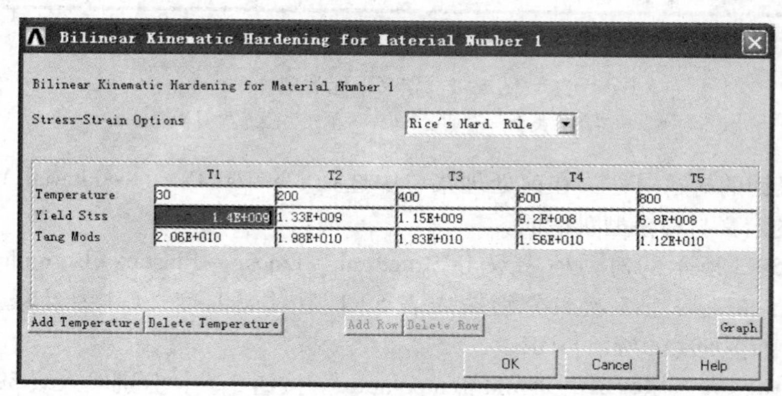

图 59-5　定义钢的双线性随动硬化本构关系

应的屈服强度、剪切模量，如图59-5所示→OK。

5）双击Thermal→Conductivity→Isotropic，连续单击“Add Temperature”按钮5次，输入表59-1中的传热系数66.6→OK。

6）双击Thermal→Specific Heat，连续单击“Add Temperature”按钮5次，输入表59-1中的比热容460→OK。

（6）定义铜的材料参数。

1）在图59-3所示的对话框中选择Material→New Model→在Define Material ID对话框中输入2→OK。

2）其余定义材料参数的方法同步骤（5）。

（7）定义铁的材料参数。

1）在图59-3所示的对话框中选择Material→New Model→在Define Material ID对话框中输入3→OK。

2）其余定义材料参数的方法同步骤（5）。

3）在图59-3所示的对话框中选择Material→Exit。

（8）建立几何模型。

1）选择Main Meau→Preprocessor →Modeling→Create→Keypoints→IN Active CS→在对话框中依次输入关键点编号1，坐标0，0，0→Apply→关键点编号2，坐标0.5，0，0→Apply→关键点编号3，坐标1，0，0→Apply→关键点编号4，坐标0，0.2，0→Apply→关键点编号5，坐标0.4，0.2，0→Apply→关键点编号6，坐标0.6，0.2，0→Apply→关键点编号7，坐标1，0.2，0→OK。

2）连点成面，Main Meau→Preprocessor →Modeling→Create→Areas→Arbitrary→Through KPs→选择编号为1、2、5、4的关键点→Apply→选择编号为2、3、7、6的关键点→OK。

3）将激活坐标系转变为柱坐标系，选择Utility Menu→WorkPlane→Change Active CS to→Global Cylindrical。

4）选择Main Meau→Preprocessor →Modeling→Create→Lines→Lines→In Active Coord→选择编号为6、5的关键点→OK。

5）选择Utility Menu→PlotCtrls→Numbering→选择线编号和面编号的状态为on→OK。

6）选择Utility Menu→Plot→Lines。

7）选择Main Meau→Preprocessor→Modeling→Create→Areas→Arbitrary→By Lines→选择编号为L2、L8、L9的线段→OK。

8）选择Utility Menu→Plot→Areas，建立的几何模型如图59-6所示。

（9）划分单元格。

1）前处理菜单中选择Meshing→Mesh Opts→在出现对话框的KEY Mesher Type选项中选择Mapped→OK→在出现的对话框的2D Shape key中选择Quad→OK。

2）定义单元格尺寸：前处理菜单中选择Meshing→Size Cntrls→ManualSize→Global→Size→在出现的对话框的SIZE Element edge length中输入单元边长为0.05→OK。

3）划分单元格：前处理菜单中选择Meshing→MeshTool→在对话框中单击Mesh按钮→单击编号为A1、A2、A3的面→OK→Close关闭对话框。划分的单元格如图59-7所示。

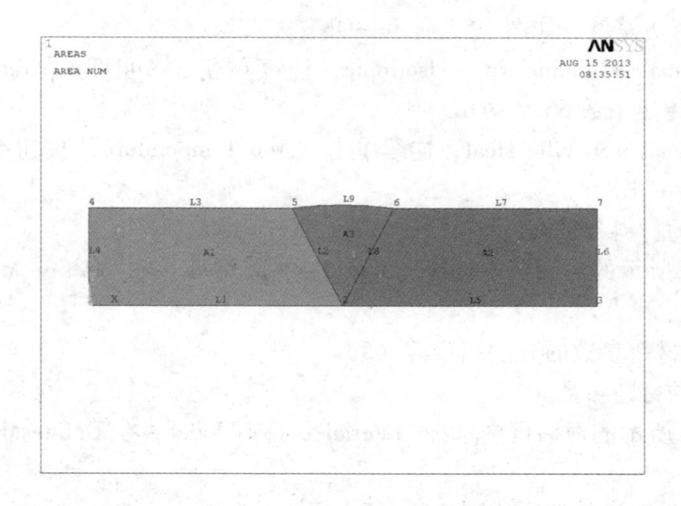

图 59-6 建立几何模型

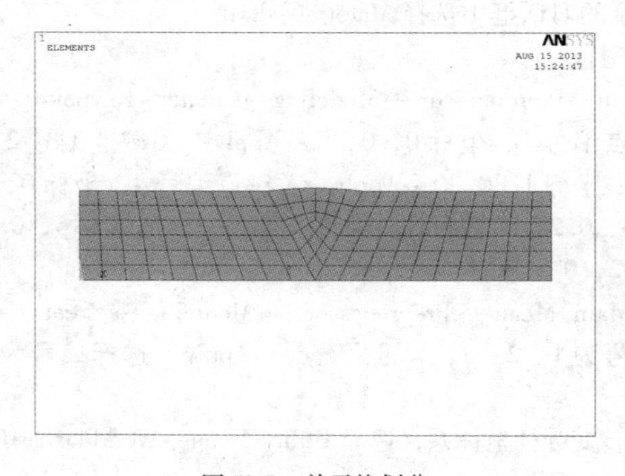

图 59-7 单元格划分

（10）设置单元的材料属性并拖拉为三维模型。

1）选择 Main Meau→Preprocessor →Meshing→Size Cntrls→ManuaSize→Global→Size→在对话框的 NDIV No. of element divisions 中输入 10→OK。

2）选择 Main Meau→Preprocessor →Modeling→Operate→Extrude→Elem Ext Opts→在出现图 59-8a 所示对话框的［TYPE］Element type number 中选择 2 SOLID5→在［MAT］Material number 中选择 1→OK 关闭对话框。

3）选择 Main Meau→Preprocessor →Modeling→Operate→Extrude→Areas→Along Normal→用鼠标选择编号为 A1 的面，单击 OK→在出现图 59-8b 所示对话框的 DIST Length of extrusion 中输入 1→OK 关闭对话框。

4）选择 Main Meau→Preprocessor →Modeling→Operate→Extrude→Elem Ext Opts→在［MAT］Material number 中选择 3→OK 关闭对话框。

5）选择 Main Meau→Preprocessor →Modeling→Operate→Extrude→Areas→Along Normal→用鼠标选择编号为 A2 的面，单击 OK→在出现图 59-8b 所示对话框的 NAREA Area to be extruded 中输入 2→在 DIST Length of extrusion 中输入 1→OK 关闭对话框。

Element Extrusion Options
[EXTOPT]　Element Ext Options
[TYPE]　Element type number　2 SOLID5
MAT　Material number　Use Default
[MAT]　Change default MAT　1
REAL　Real constant set number　Use Default
[REAL]　Change Default REAL　None defined
ESYS　Element coordinate sys　Use Default
[ESYS]　Change Default ESYS　0
Element sizing options for extrusion
VAL1　No. Elem divs　0
VAL2　Spacing ratio　0
ACLEAR　Clear area(s) after ext　No
OK　Cancel　Help

a

Extrude Area along Normal
[VOFFST]　Extrude Area along Normal
NAREA　Area to be extruded　1
DIST　Length of extrusion　1
KINC　Keypoint increment
OK　Apply　Cancel　Help

b

图 59-8　单元拖拉设置

a—Element Extrusion options；b—Extrude Area along Normal

6）选择 Main Meau→Preprocessor →Modeling→Operate→Extrude→Elem Ext Opts→在 [MAT] Material number 中选择 2→OK 关闭对话框。

7）选择 Main Meau→Preprocessor →Modeling→Operate→Extrude→Areas→Along Normal→用鼠标选择编号为 A3 的面，单击 OK→在出现图 59-8b 所示对话框的 NAREA Area to be extruded 中输入 3→DIST Length of extrusion 中输入-1→OK 关闭对话框。

8）拖拉后的单元格号如图 59-9 所示，选择 Main Meau→Preprocessor →Meshing→Clear→Areas→用鼠标选择编号 A1、A2、A3 的面→OK。

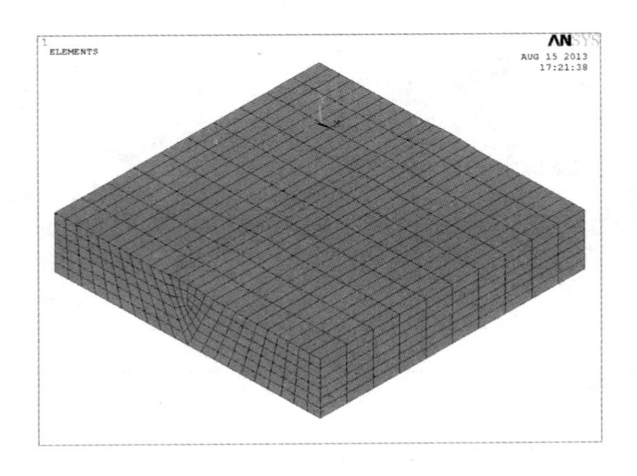

图 59-9　拖拉后的单元格

（11）设置载荷选项。

1）在主菜单 Main Menu 中选择 Solution→Analysis Type→New Analysis→在出现的对话框中选择分析类型为 Transient→OK→在出现的对话框中采用默认设置→OK 关闭对话框。

2）在主菜单 Main Menu 中选择 Solution→Load Step Opts→Time/Frenquenc→Time Integration→Amplitude Decay→在出现的对话框中采用如图 59-10 所示的设置→OK 关闭对话框。

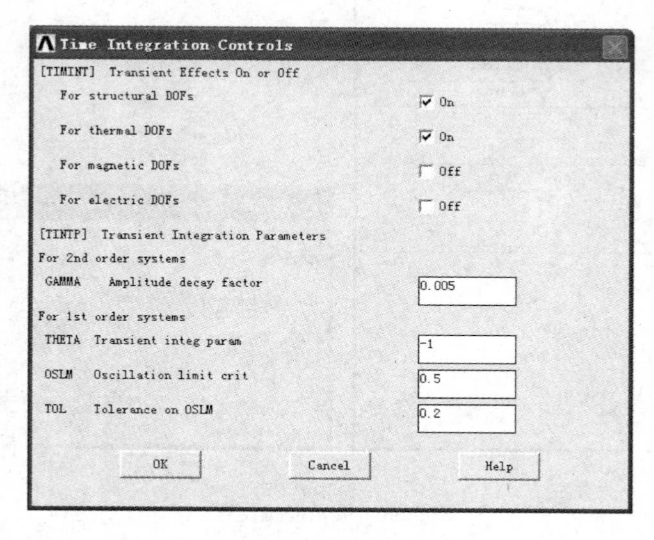

图 59-10　时间积分控制对话框

3）在主菜单 Main Menu 中选择 Solution→Analysis Type→Sol'n Controls→在出现的如图 59-11a 所示对话框的 Basic 标签中输入 Time at end of loadstep 为 600s→选择 Time increment→输入时间步长 Time step size 为 30，Minimum Time Step 为 10，Maximum Time Step 为 100→OK 关闭对话框。

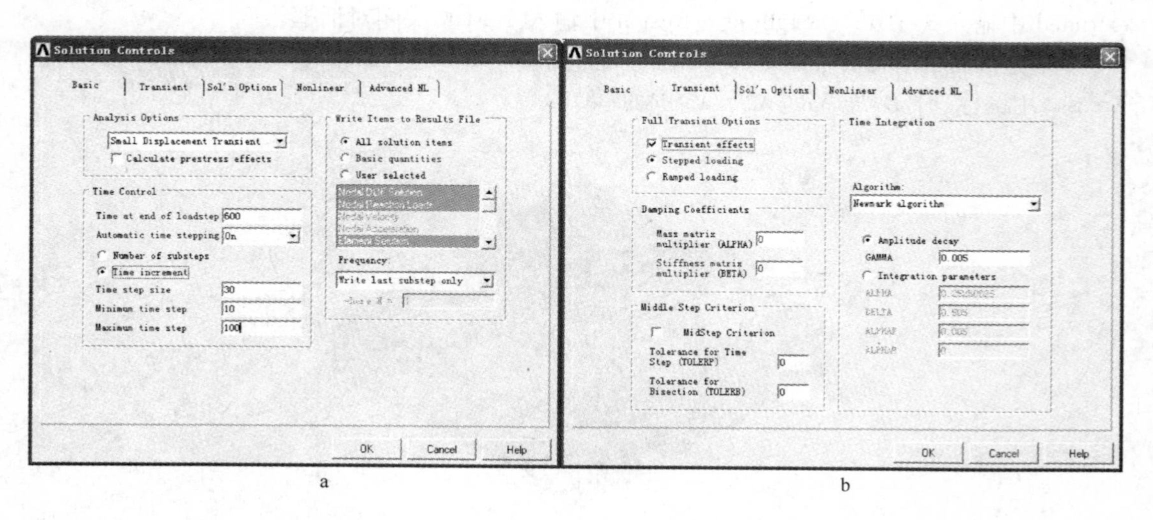

图 59-11　时间积分控制对话框（a，b）

4）在主菜单 Main Menu 中选择 Solution→Analysis Type→Sol'n Controls→在出现的如图 59-11b 所示对话框的 Transient 标签中按照图示进行设置→OK 关闭对话框。

（12）设置初始温度。选择 Main Menu→Solution→Define Loads→Apply→Structural→Temperature→Uniform Temp→输入［TUNIF］Uniform temperature 为 800→OK。

（13）设置表面的对流传热条件。

1）选择 Utility Menu→Select→Entities→在出现对话框的第 1 个下拉框中选择 Areas→在第 2 个下拉框中选择 By Num/Pick→在第 3 个单选框中选择 Unselect→OK→用鼠标选择编号为 A6、A13 的面或在拾取菜单的输入框中输入 6、13→OK。

2）选择 Utility Menu→Select→Entities→在出现对话框的第 1 个下拉框中选择 Nodes→在第 2 个下拉框中选择 Attached to→在第 3 个单选框中选择 Areas，all→在第 4 个单选框中选择 From Full→OK。

3）选择 Main Menu→Solution→Define Loads→Apply→Thermal→Convection→On Nodes→出现拾取菜单，单击 Pick All→在出现对话框的 VALI Film coeffcient 中输入 110→在 VAL2I Bulk temperature 中输入 30→OK。

4）选择 Utility Menu→Select→Everything。

（14）求解。在求解菜单中选择 Solve→Current LS→OK，求解当前的载荷步，出现一个状态信息窗口显示载荷步的选项信息，求解完成会出现一个提示框，单击 Close 关闭。

（15）查看分析结果。

1）进入后处理器并读入结果：主菜单中选 General PostProc→Read Results→Last Set。

2）温度场分布：Main Menu→General PostProc→Plot Result→Contour Plot→ Nodal Solu→在出现的对话框中选 DOF Solution→Nodal Temperature→OK，显示如图 59-12 所示的温度场分布图。

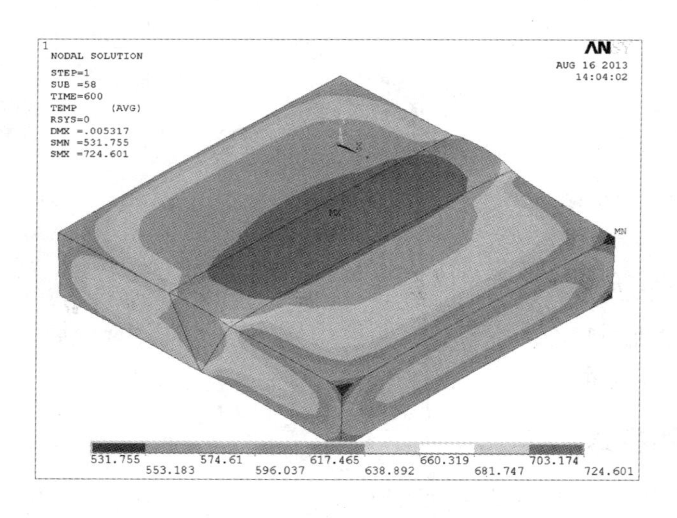

图 59-12　温度场分布

3）查看各方向位移、应力分量的分布情况，菜单操作同 2）。

［实验报告要求］

（1）实验报告格式自定。

（2）对实验结果进行理论分析。

实验 60 简单轧制数值模拟

[简单轧制数值模拟的准备工作]

（1）模型基本参数及简化方案。本模拟实验针对简单轧制过程，其中坯料采用弹塑性材料，轧辊采用刚性辊，根据模型的对称特点，进行 1/4 简化。基本的几何、工艺、材料参数、摩擦边界条件等如表 60-1 所示。模型的几何形状及简化如图 60-1 所示。

表 60-1 简单轧制数值模拟基本参数

轧 件	密度/kg·m^{-3}	弹性模量/MPa	泊松比	屈服强度/MPa
	7.83	1.2E5	0.35	70
坯料尺寸	40mm×40mm×90mm			
道次压下	10mm			
轧辊	刚性辊			
辊径	340mm			
轧辊转速	6.28rad/s			
摩擦方式及系数	库仑摩擦，系数 0.35			

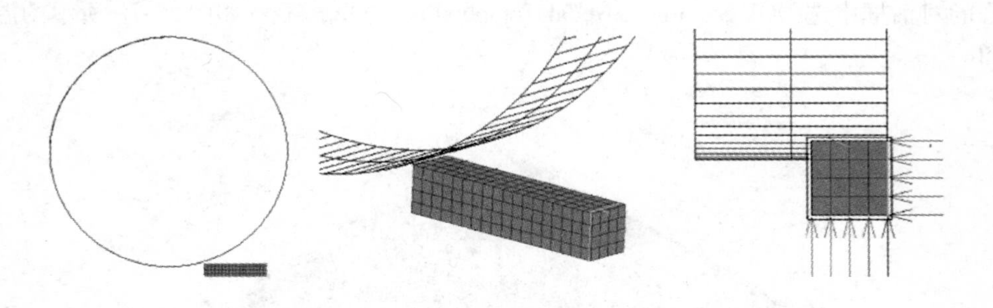

图 60-1 模型的几何形状及简化

（2）模拟试验所用软件。本模拟试验所用软件为 MSC/Marc 软件模块，前后处理为 Marc Mentat2011 以上版本。

[模拟方法和步骤]

（1）新建文件及工作平面调整（图 60-2）。

```
FILES
   NEW
     OK
SET:COORDINATE SYSTEM
  GRID ON
  U DOMAIN
```

```
        -100 100
    U SPACING
        10
    V DOMAIN
        -100 100
    V SPACING
        10
    FIX W
FILL
    RETURN
```

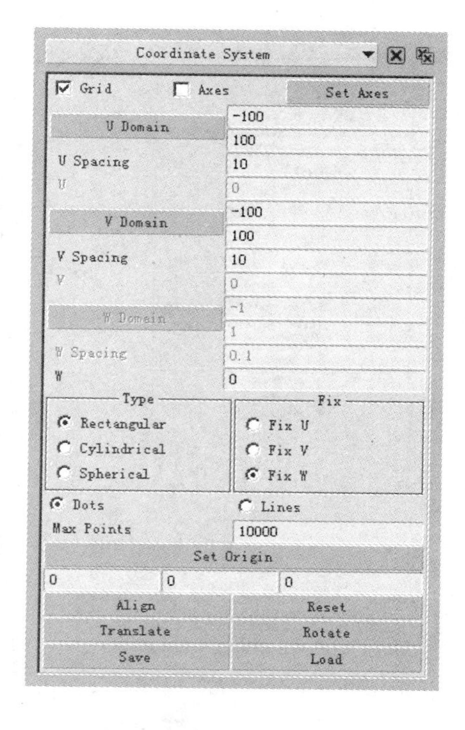

图 60-2 新建文件及工作平面调整

（2）几何模型的建立（图 60-3、图 60-4）与网格划分（见图 60-5 ~ 图 60-7）。

```
GEOMETRY&MESH
    SURFACE TYPE
        CYLINDER
        RETURN
    SRFS ADD
        0,185,0
        0,185,50
        170,170
    SURFACE TYPE
        QUAD
        RETURN
    SRFS ADD
        point(50,0,0)
        point(140,0,0)
        point(140,20,0)
        point(50,20,0)
```

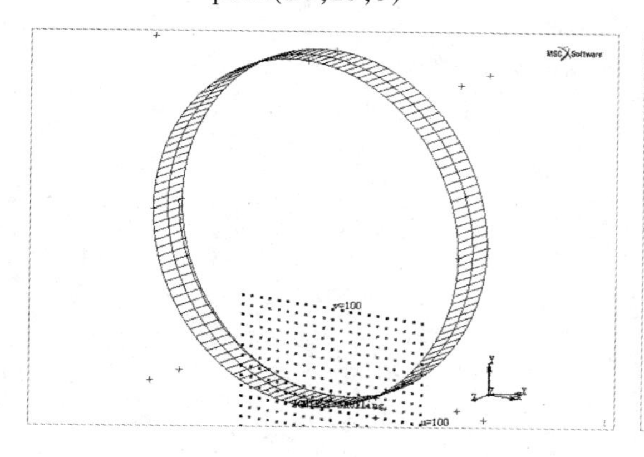

图 60-3 轧辊几何模型

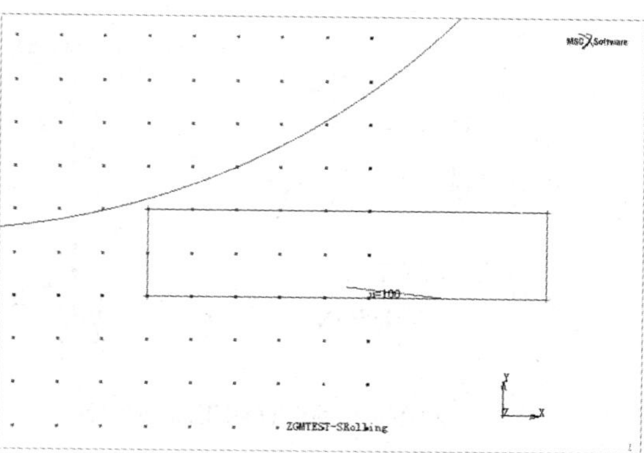

图 60-4 轧件平面几何模型

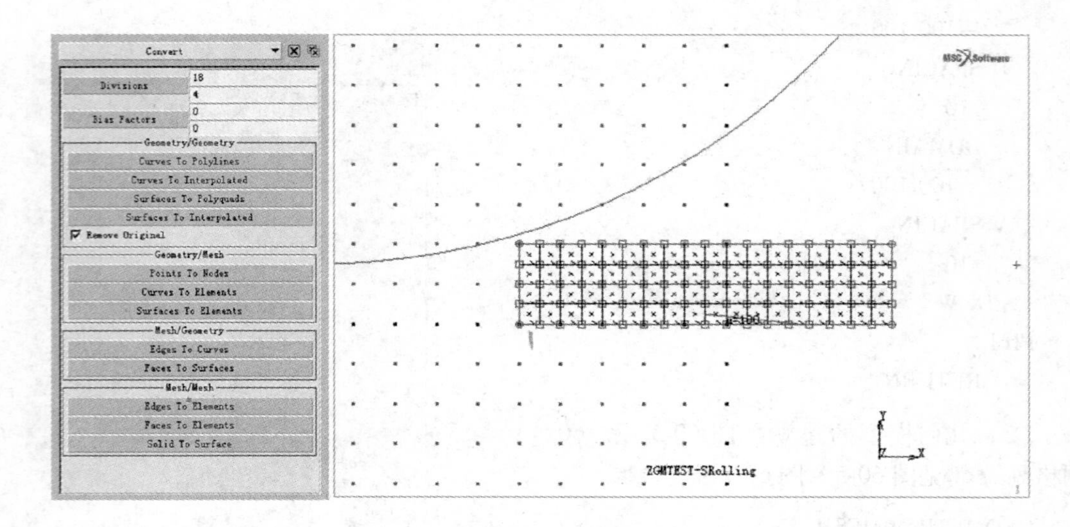

图 60-5　轧件平面几何转换为网格

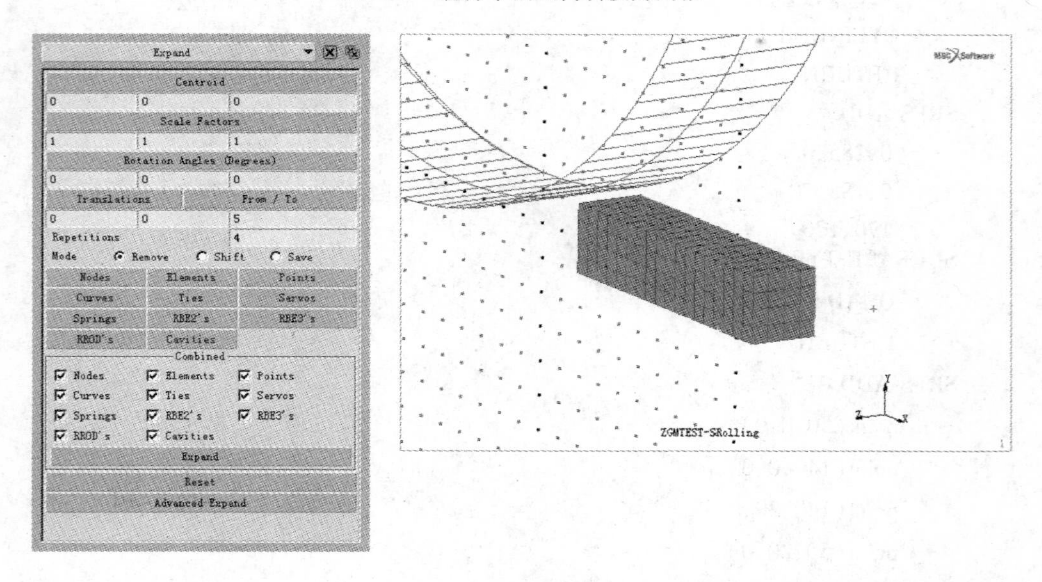

图 60-6　轧件平面网格扩展为三维

```
#END LIST
RETURN

CONVERT
    DIVISIONS
    18  4
    SURFACES TO ELEMENTS
    2
#END LIST
```

```
    RETURN

    EXPAND
        TRANSLATIONS
        0 0 5
        REPETITIONS
        4
        EXPAND ELEMENTS
        ALL EXIST
    #END LIST
    RETURN

    SURFACE TYPE
        QUAD
        RETURN
    SRFS ADD
        point(140, -1,21)
        point(140, -1, -1)
        point(140,21, -1)
        point(140,21,21)
    #END LIST
    RETURN
    GRID OFF

    ID BACKFACES
    FLIP SURFACES
        all:EXIST.
        RETURN
    SWEEP:
        ALL
    RETURN
    RENUMBER
        ALL
    RETURN
```

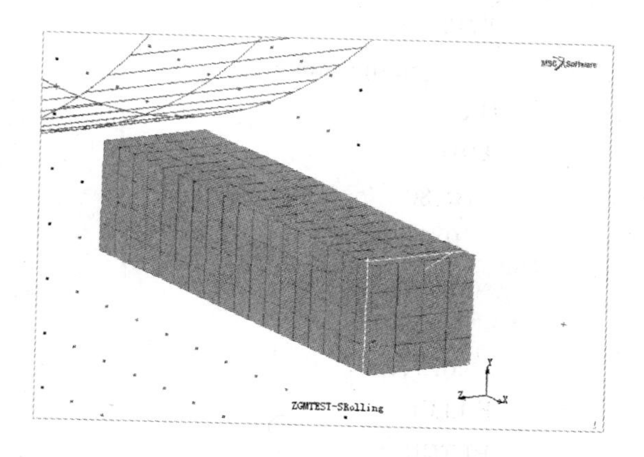

图 60-7 建立顶钢推板

（3）关键曲线的定义（见图 60-8、图 60-9）。

```
TABLES & COORD. SYST.
    TABLES
        NEW
```

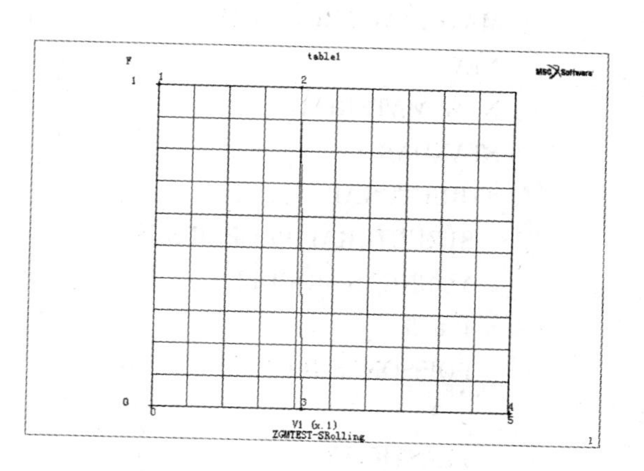

图 60-8 推板运动曲线

1 INDEPENDENT VARIABLE
TYPE
time
OK
ADD
0,1
0.2,1
0.21,0
0.5,0
FILLED
NEW
1 INDEPENDENT VARIABLE
TYPE
eq_plastic_strain
OK
ADD
0,80
0.01,85
0.1,95
0.2,100
0.5,105
FILLED
RETURN

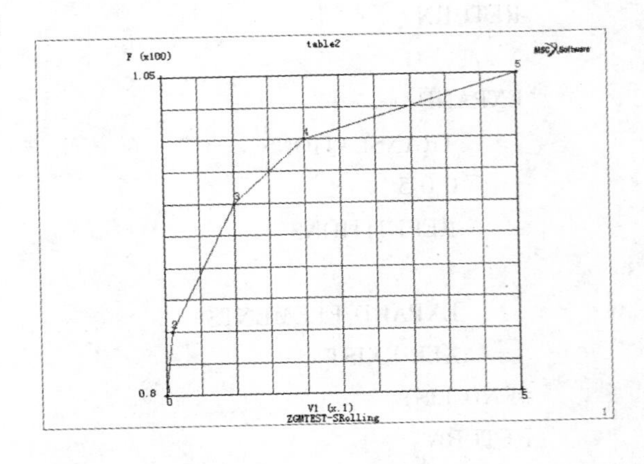

图 60-9　材料应力-应变曲线

（4）轧件材料模型的选择及定义（见图 60-10）。

MAIN MENU
PREPROCESSING
MATERIAL PROPERTIES
MATERIAL PROPERTIES
NEW
NEW MATERIAL
STANDARD
STRUCTURAL
STRUCTURAL PROPERTIES
YOUNG'S MODULUS
1.8e5
POISSON'S RATIO
0.3
PLASTICITY
YIELD STRESS

1.0
TABLE
table2
OK(twice)
ELEMENTS ADD
ALL:EXIST
RETURN

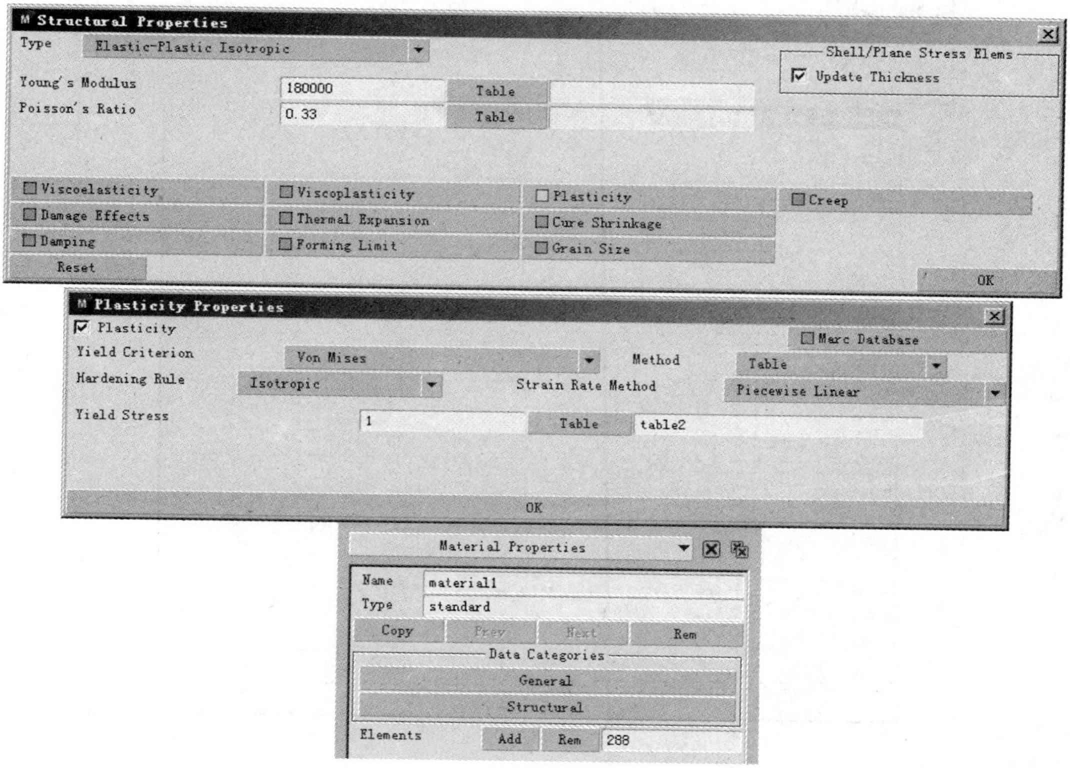

Structural Properties
Type Elastic-Plastic Isotropic
Young's Modulus 180000 Table
Poisson's Ratio 0.33 Table
Shell/Plane Stress Elems
Update Thickness
Viscoelasticity
Viscoplasticity
Plasticity
Creep
Damage Effects
Thermal Expansion
Cure Shrinkage
Damping
Forming Limit
Grain Size
Reset
OK

Plasticity Properties
Plasticity
Marc Database
Yield Criterion Von Mises
Method Table
Hardening Rule Isotropic
Strain Rate Method Piecewise Linear
Yield Stress 1 Table table2
OK

Material Properties
Name material1
Type standard
Copy Prev Next Rem
Data Categories
General
Structural
Elements Add Rem 288

图 60-10 轧件材料模型的选择及定义

(5) 接触定义（见图 60-11 ~ 图 60-13）。

CONTACT
CONTACT BODIES
DEFORMABLE
ELEMENTS ADD
ALL:EXISTING
NEW
NAME
cbody2
TYPE:

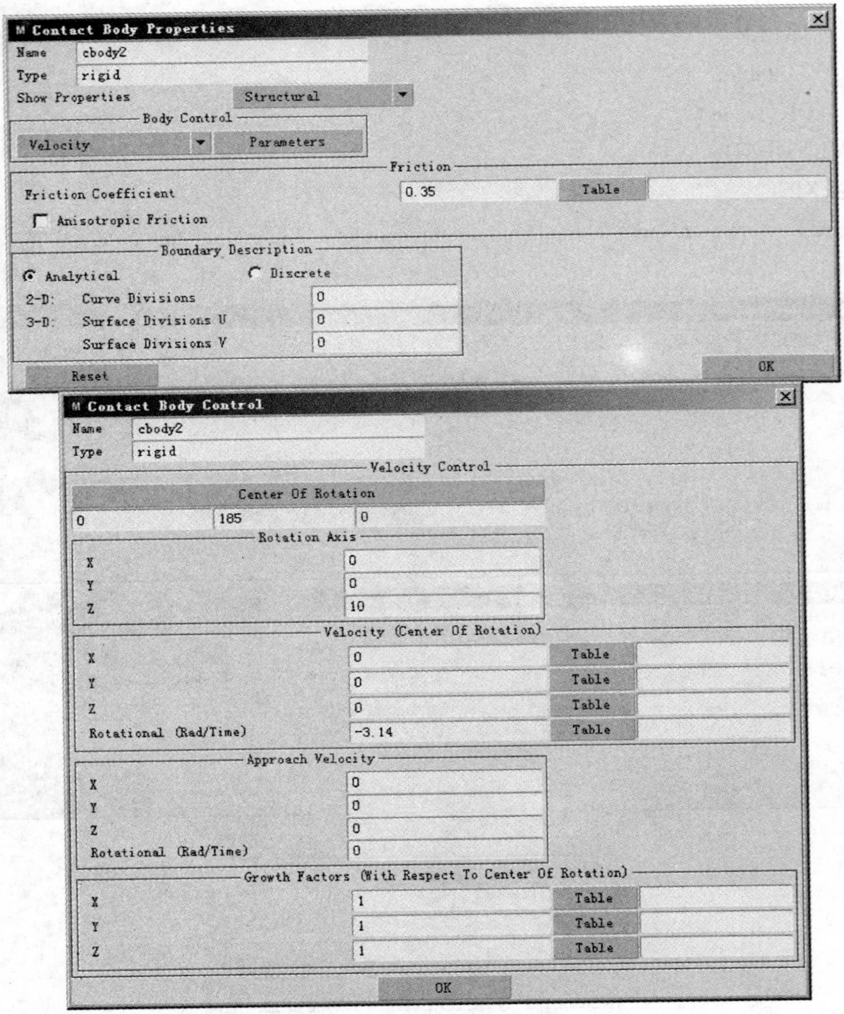

Contact Body Properties

Name cbody2
Type rigid
Show Properties Structural
Body Control
Velocity Parameters
Friction
Friction Coefficient 0.35 Table
Anisotropic Friction
Boundary Description
Analytical Discrete
2-D: Curve Divisions 0
3-D: Surface Divisions U 0
Surface Divisions V 0
Reset OK

Contact Body Control

Name cbody2
Type rigid
Velocity Control
Center Of Rotation
0 185 0
Rotation Axis
X 0
Y 0
Z 10
Velocity (Center Of Rotation)
X 0 Table
Y 0 Table
Z 0 Table
Rotational (Rad/Time) -3.14 Table
Approach Velocity
X 0
Y 0
Z 0
Rotational (Rad/Time) 0
Growth Factors (With Respect To Center Of Rotation)
X 1 Table
Y 1 Table
Z 1 Table
OK

图 60-11 轧辊接触定义及运动施加

RIGID
 VELOCITY PARAMETERS
  CENTER OF ROTATION
  0,185,0
  ROTATION AXIS
  0,0,10
  VELOCITY ROTATIONAL (RAD/TIME)
  -3.14
 OK
 FRICTION COEFFICIENT
  0.35

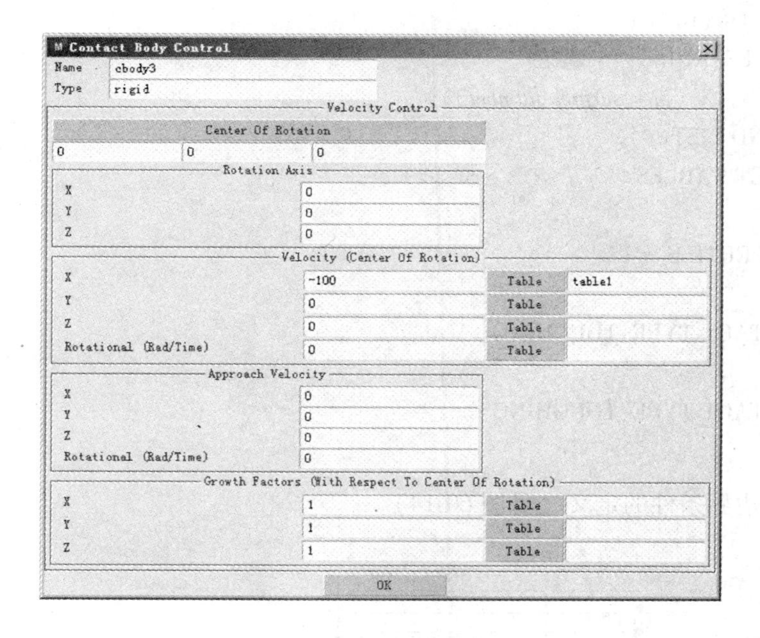

图 60-12　推板运动施加

Contact Table Properties

First	Body Name	Body Type	Second 1	2	3
1	cbody1	deformable		T	T
2	cbody2	rigid			
3	cbody3	rigid			

All Entries

Contact Type: No Contact | Touching | Glue

Detection Method: Default | Automatic | First->Second | Second->First | Double-Sided

OK

图 60-13　接触列表定义

```
        OK
        Surfaces：ADD
                1      （pick surface number 1）
    END LIST (#)
NEW
NAME
    cbody3
CONTACT BODY TYPE：
    RIGID
        VELOCITY PARAMETERS
            VELOCITY X
                -100
            TABLE
                table1
```

```
        OK(twice)
  SURFACES:ADD
        3      (pick surface number3)
      END LIST(#)
  CONTACT TABLES
    NEW
    PROPERTIES
    1  2
    CONTACT TYPE:TOUCHING
    1  3
    CONTACT TYPE:TOUCHING
    OK
```

（6）对称边界条件的定义（见图60-14）。

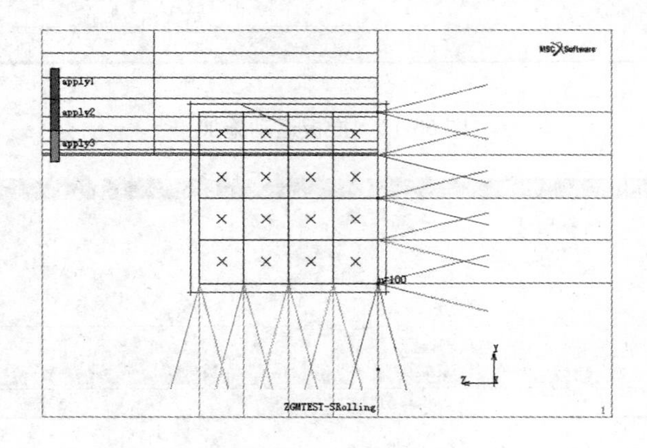

图60-14　对称边界条件定义

```
BOUNDARY CONDITIONS
  NEW
    FIXED DISPLACEMENT
  PROPERTIES
    DISPLACEMENT Z
  ADD NODES:
    20 21 22 23 24 25 26 27 28 29 30 31 32 33 34 35 36 37 38 39 40 41 42 43 44 45
    46 47 48 49 50 51 52 53 54 55 56 57 58 59 60 61 62 63 64 65 66 67 68 69 70 71
    72 73 74 75 76 77 78 79 80 81 82 83 84 85 86 87 88 89 90 91 92 93 94 95
  NEW
    FIXED DISPLACEMENT
  PROPERTIES
    DISPLACEMENT Y
    DISPLACEMENT Z
```

ADD NODES:

1 2 3 4 5 6 7 8 9 10 11 12 13 14 15 16 17 18 19

NEW

FIXED DISPLACEMENT

PROPERTIES

DISPLACEMENT Y

ADD NODES:

98 100 102 104 107 109 111 113 116 118 120 122 125 127 129 131 134 136 138 140 143 145 147 149 152 154 156 158 161 163 165 167 170 172 174 176 179 181 183 185 188 190 192 194 197 199 201 203 206 208 210 212 215 217 219 221 224 226 228 230 233 235 237 239 242 244 246 248 251 253 255 257 260 262 264 266

（7）定义载荷工况（见图 60-15）。

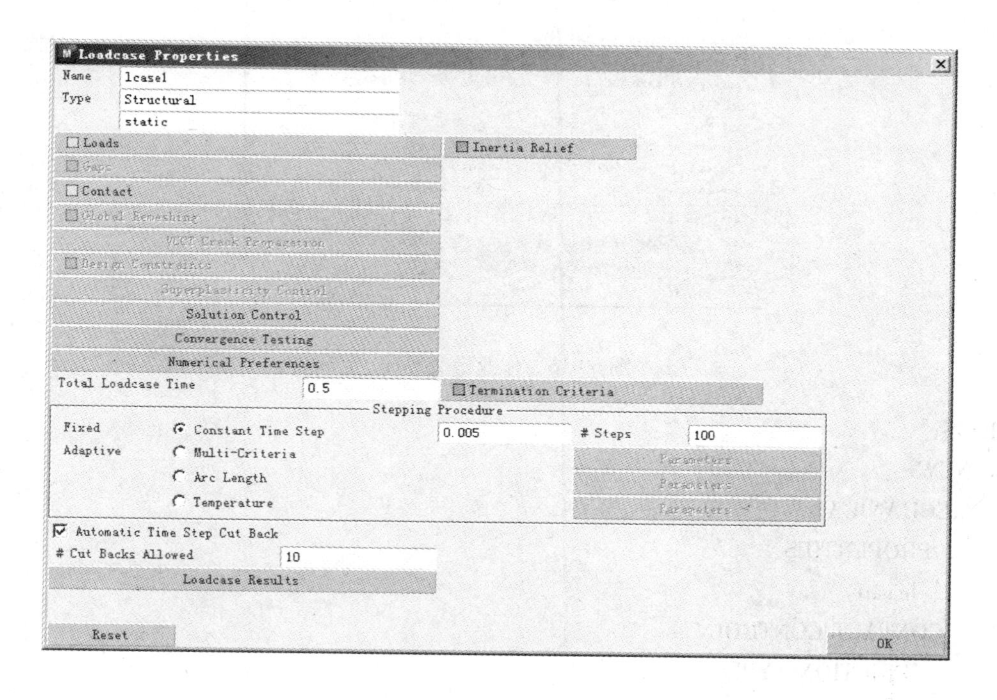

图 60-15　载荷工况定义

LOADCASES

NEW

STATIC

PROPERTIES

CONTACT

Contact Table:ctable1

OK

E TIME

```
        1
    #OF STEPS
        100
  OK
```

（8）定义作业参数并提交作业（见图60-16）。

Run Job

Name job1

Type Structural

User Subroutine File

Parallelization　No DDM

1 Solver Process

Title　Style　Table-Driven　Save Model

Submit (1)　Advanced Job Submission

Update　Monitor　Kill

Status	Complete
Current Increment (Cycle)	120 (5)
Singularity Ratio	0.15481
Convergence Ratio	0.08581
Analysis Time	0.6
Wall Time	74

Total

Cycles	999	Cut Backs	7
Separations	43	Remeshes	0

Exit Number 3004　Exit Message

Edit　Output File　Log File　Status File　Any File

Open Post File (Results Menu)

Reset　OK

图60-16　作业提交界面

```
JOBS
  NEW
  MECHANICAL
     PROPERTIES
       lcase1
     CONTACT CONTROL
       FRICTION TYPE
          COULOMB BILINEAR
       OK
     ANALYSIS OPTION
        select LARGE DISPLACEMENT
        select UPDATED LAGRANGE PROCEDUREOK
     JOB RESULTS
        EQUIVALENT VON MISES STRESS
        TOTAL EQUIVALENT PLASTIC STRAIN
   OK(twice)
SAVE
```

```
RUN
  SUBMIT
```

（9）后处理（见图60-17）。

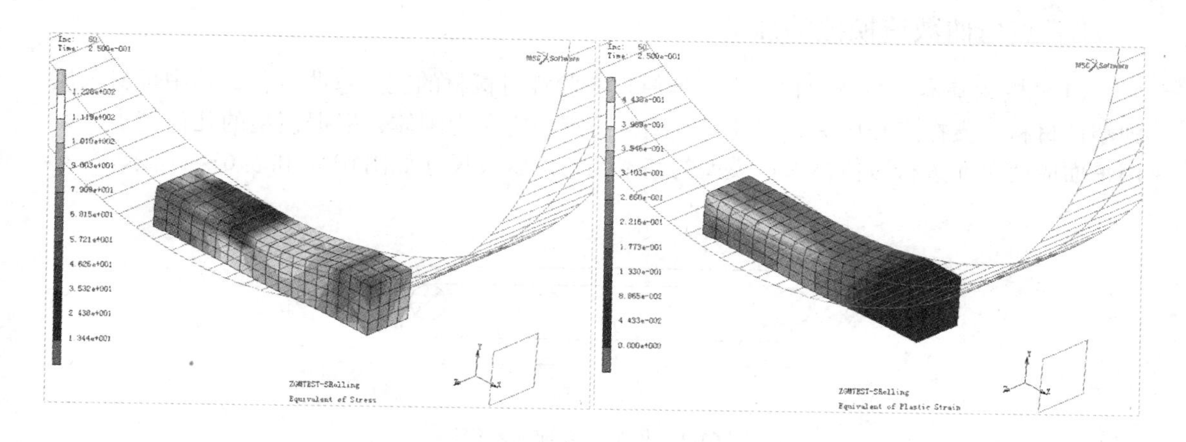

图60-17 后处理结果提取

```
RESULTS
  OPEN DEFAULT
SKIP TO INC
    50
DEFORMED ONLY
CONTOUR BAND
SCALAR
    Equivalent of Stress
    Equivalent of Plastic Strain
OK
```

（10）退出程序。

```
FILE
  EXIT
```

［实验报告要求］

（1）模拟实验的名称；
（2）模拟实验的前期准备工作；
（3）模拟实验所用软件、材料；
（4）模拟实验结果分析讨论；
（5）模拟方法的可行性及相关结论；
（6）参考文献。

实验 61 三点弯曲数值模拟

[三点弯曲数值模拟的准备]

（1）模型基本参数及简化方案。本模拟实验针对板材的三点弯曲过程，其中板材采用弹塑性材料，支撑点和压头为圆柱状，模拟过程中定义为刚体，根据模型的几何特点，采用平面应变单元进行数值模拟。模型的基本几何形状及尺寸如图 61-1 和表 61-1 所示。

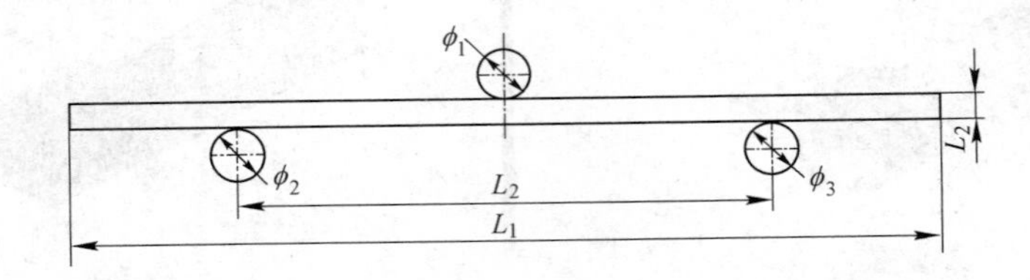

图 61-1 模型的几何形状简图

表 61-1 三点弯曲数值模拟基本参数

参 数	L_1	L_2	h	ϕ_1	ϕ_2	ϕ_3
尺寸/mm	150	80	2	10	10	10

本模拟过程中，两支撑点固定不动，压头首先向下运动 30mm，再按移动路径返回原位。

（2）材料特性。本模拟实验所选试验材料弹性模量为 2.1E5MPa，泊松比为 0.3。材料的应力-应变曲线如图 61-2 所示。

（3）模拟试验所用软件。本模拟试验所用软件为 MSC/Marc 软件模块，前后处理为 Marc Mentat 2011 以上版本。

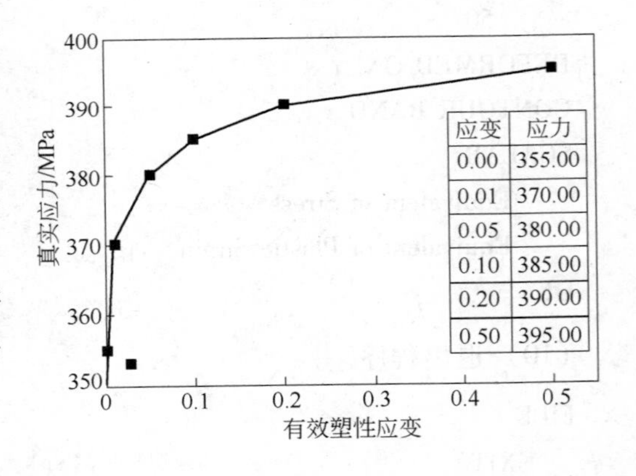

图 61-2 应力-应变曲线

[模拟方法和步骤]

（1）新建文件。

```
FILES
  NEW
OK
```

（2）几何模型的建立与网格划分（见图 61-3）。

```
GEOMETRY&MESH
  POINTS ADD
    -75 -10
```

```
     75 -1 0
     75  1 0
    -75  1 0
  SRFS ADD
    1 2 3 4
  CURVE TYPE
    CIRCLES:CENTER/RADIUS
      CURVES ADD
        0 6 0
        5
      CURVES ADD
        -40  -60
        5
      CURVES ADD
        -40 -60
        5
  CONVERT
      DIVISIONS
      50 4
      SURFACES TO ELEMENTS
      1
  RETURN
```

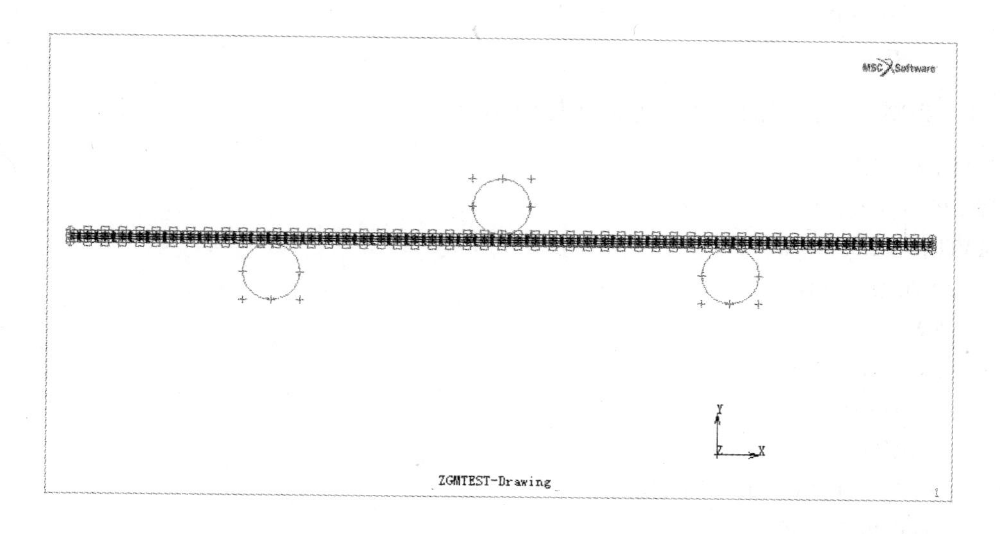

图 61-3　几何形状及网格

（3）关键曲线的定义（见图 61-4、图 61-5）。

TABLES & COORD. SYST.

TABLES
NEW
1 INDEPENDENT VARIABLE
TYPE
time
OK
ADD
0,0
0.5,1
1.0,0
NEW
1 INDEPENDENT VARIABLE
TYPE
eq_plastic_strain
OK
ADD
0.00,355
0.01,370
0.05,380
0.10,385
0.20,390
0.50,395
FILLED
RETURN

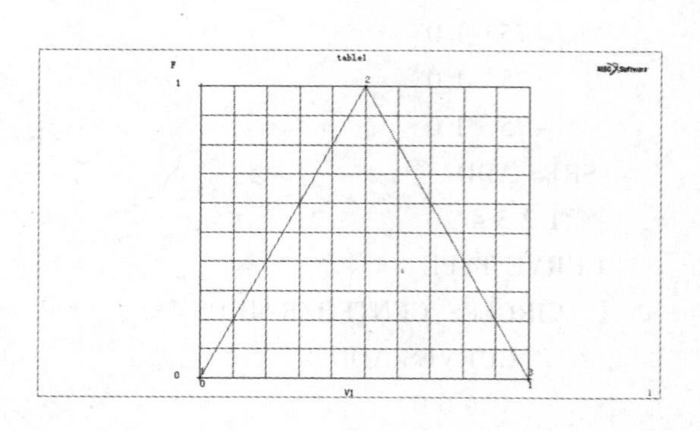

图 61-4 压头运动曲线

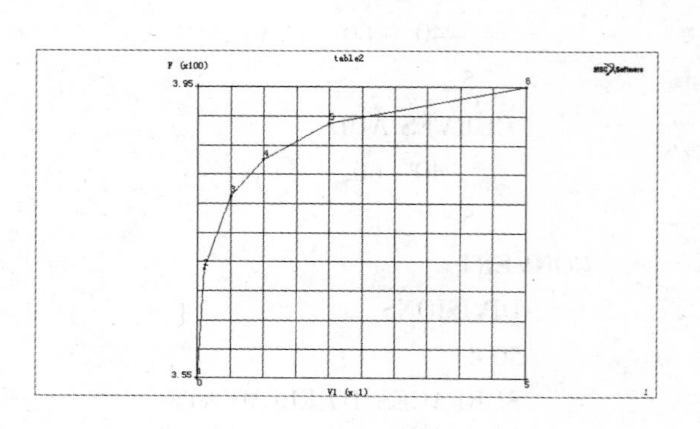

图 61-5 材料应力-应变曲线

(4) 板料材料模型的选择及定义(见图 61-6)。

MAIN MENU
PREPROCESSING
MATERIAL PROPERTIES
MATERIAL PROPERTIES
NEW
NEW MATERIAL
STANDARD
STRUCTURAL
STRUCTURAL PROPERTIES
YOUNG'S MODULUS
2.1e5
POISSON'S RATIO
0.3
PLASTICITY

YIELD STRESS

1.0

TABLE

table2

OK (twice)

ELEMENTS ADD

ALL: EXIST

RETURN

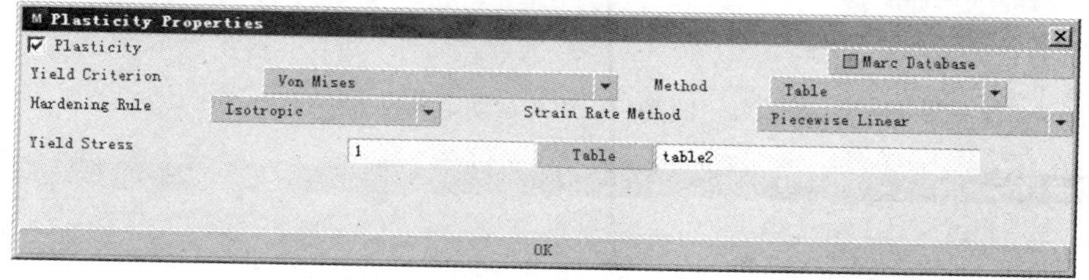

图 61-6　材料参数输入

(5) 接触定义（见图 61-7、图 61-8）。

CONTACT

CONTACT BODIES

DEFORMABLE

ELEMENTS ADD

ALL:EXISTING

NEW

NAME

cbody2

TYPE:

RIGID

POSITION PARAMETERS

POSITION

Y

-30

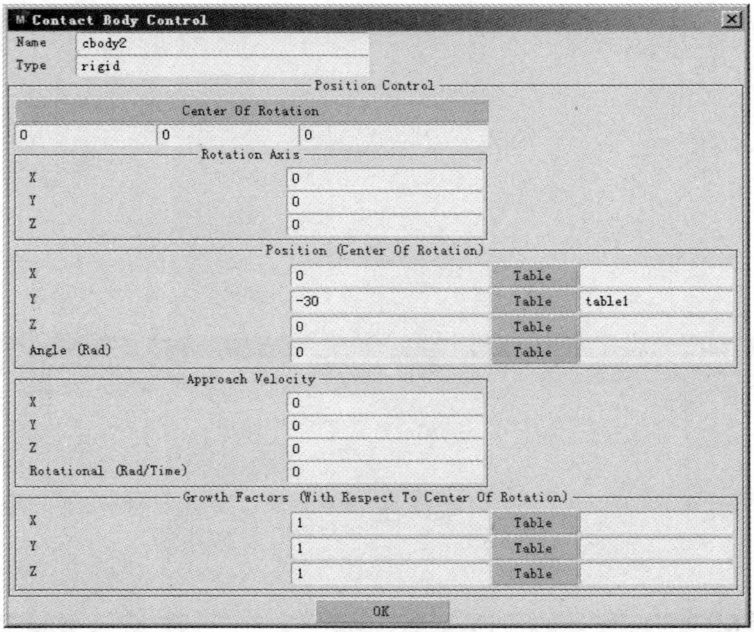

Contact Body Control

Name: cbody2

Type: rigid

Position Control

Center Of Rotation: 0 | 0 | 0

Rotation Axis

X	0
Y	0
Z	0

Position (Center Of Rotation)

X	0	Table	
Y	-30	Table	table1
Z	0	Table	
Angle (Rad)	0	Table	

Approach Velocity

X	0
Y	0
Z	0
Rotational (Rad/Time)	0

Growth Factors (With Respect To Center Of Rotation)

X	1	Table	
Y	1	Table	
Z	1	Table	

OK

图 61-7　压头运动定义

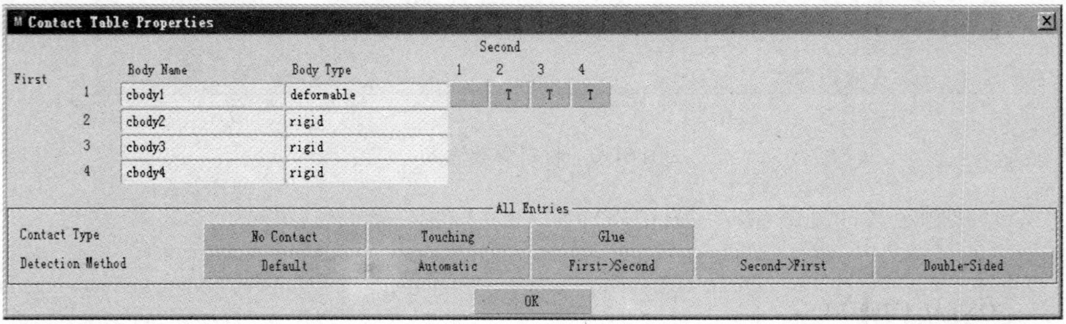

Contact Table Properties

First	Body Name	Body Type	Second 1	2	3	4
1	cbody1	deformable		T	T	T
2	cbody2	rigid				
3	cbody3	rigid				
4	cbody4	rigid				

All Entries

Contact Type: No Contact | Touching | Glue

Detection Method: Default | Automatic | First->Second | Second->First | Double-Sided

OK

图 61-8　接触列表定义

TABLE

table1

OK(twice)

Curves: ADD

1

END LIST (#)

NEW

NAME

cbody3

TYPE:

```
        RIGID
  Curves: ADD
            2
        END LIST (#)
  NEW
  NAME
        cbody4
  TYPE:
        RIGID
  Curves: ADD
            3
        END LIST (#)

  CONTACT TABLES
    NEW
  PROPERTIES
      1  2
      CONTACT TYPE: TOUCHING
      PROPERTIES
      1  3
      CONTACT TYPE: TOUCHING
      PROPERTIES
      1  4
      CONTACT TYPE: TOUCHING
      OK
```

（6）边界条件的定义（见图 61-9）。

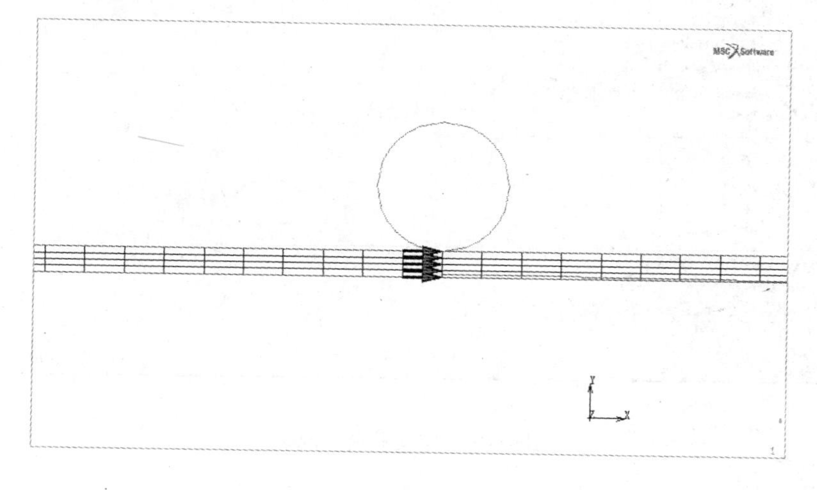

图 61-9　位移约束施加

BOUNDARY CONDITIONS
  NEW
    FIXED DISPLACEMENT
  PROPERTIES
    DISPLACEMENT X
    OK
  ADD NODES:
  26 77 128 179 230
  END LIST (#)

（7）定义载荷工况（见图 61-10）

LOADCASES
  NEW
    STATIC
    PROPERTIES
    E TIME
      1
    # OF STEPS
      100
  OK

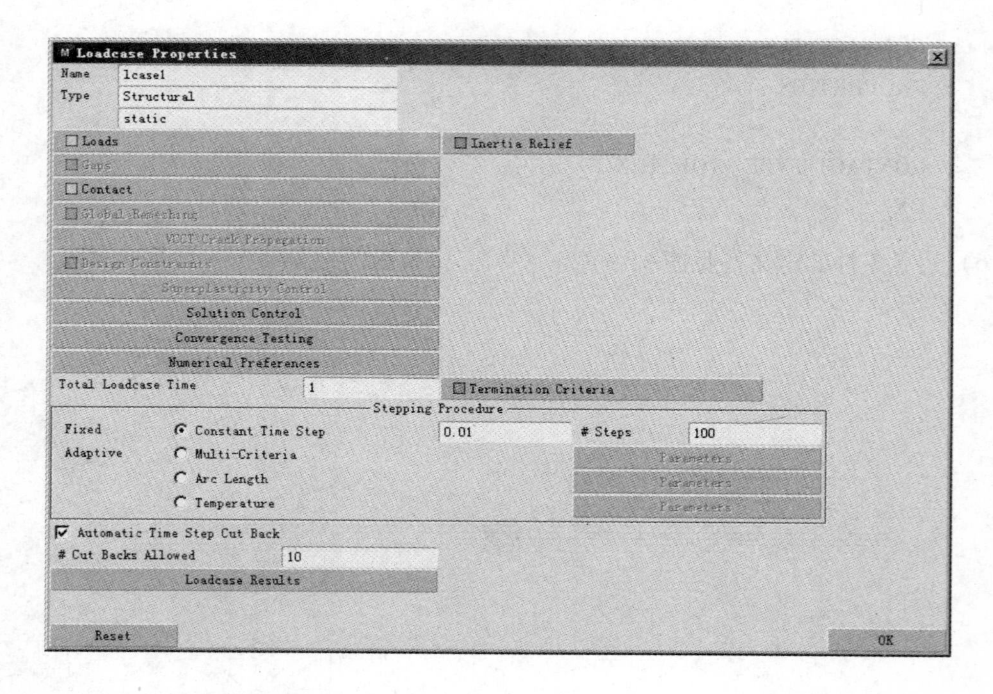

图 61-10　定义载荷工况

（8）定义作业参数并提交作业（见图 61-11）。

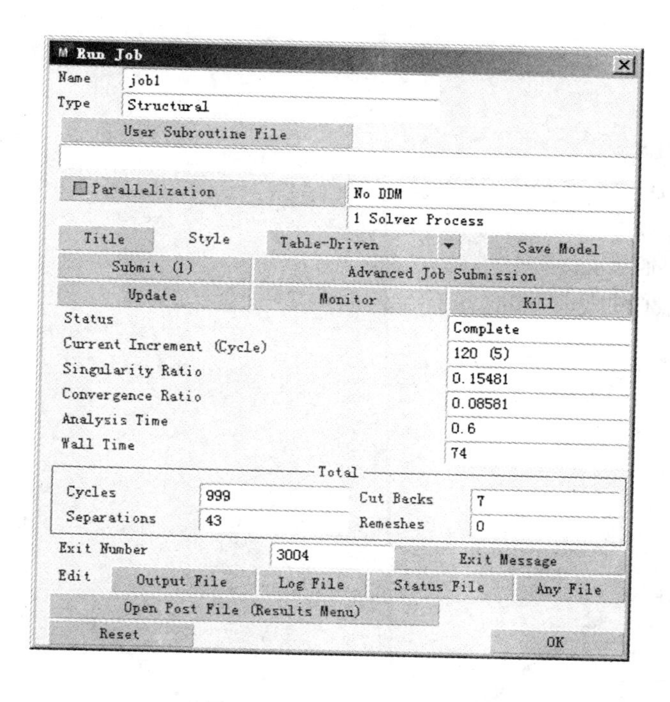

图 61-11　作业提交界面

JOBS

NEW

MECHANICAL

PROPERTIES

lcase1

ANALYSIS OPTION

select LARGE DISPLACEMENT

select UPDATED LAGRANGE PROCEDURE

OK

ANASYSIS DIMENSIOM

PLANE STRAIN

JOB RESULTS

EQUIVALENT VON MISES STRESS

TOTAL EQUIVALENT PLASTIC STRAIN

OK(twice)

SAVE

RUN

SUBMIT

（9）后处理（见图 61-12）。

RESULTS

```
  OPEN DEFAULT
SKIP TO INC
    last
DEFORMED ONLY
CONTOUR BAND
SCALAR
    Equivalent of Stress
    Equivalent of Plastic Strain
```

（10）退出程序。

```
FILE
  EXIT
```

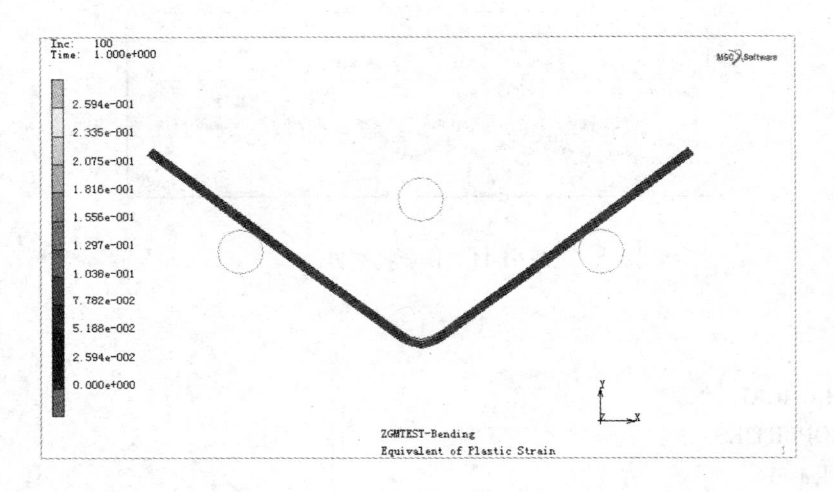

图 61-12 后处理结果

［模拟报告要求］

（1）模拟实验的名称；
（2）模拟实验的前期准备工作；
（3）模拟实验所用软件、材料；
（4）模拟实验结果分析讨论；
（5）模拟方法的可行性及相关结论；
（6）参考文献。

实验62 不同润滑条件下冷轧板带润滑效果研究

[实验目的]

通过综合实验设计能够使学生通过实验研究加深对轧制过程的摩擦、润滑理解和实际运用，培养学生综合运用所学知识独立分析轧制工艺润滑问题与解决问题的能力。通过实验进一步了解和认识工艺润滑在轧制过程的作用和作用效果。

[实验原理]

工艺润滑对轧制过程及轧后产品表面质量起到重要影响。工艺润滑效果的优劣不仅与根据不同轧材所选择的轧制油自身理化性能相关，而且与轧制工艺参数也密切相关，尤其是不同的轧制工艺条件如轧件材质、轧辊材质与表面状况、轧制温度、轧制速度、变形程度、退火工艺、润滑方式等直接影响轧制工艺润滑效果。为此依据上述原理进行以下方面的实验设计，对轧制润滑效果进行创新性实验研究：

（1）轧制油黏度对前滑、轧制压力和摩擦系数的影响。

（2）轧制工艺润滑效果的研究（如润滑条件对轧制厚度、轧制压力、扭矩等的影响）。

（3）工艺润滑与轧后表面质量的关系（润滑条件、轧制油黏度、油膜厚度等对轧后表面粗糙度的影响）。

学生可根据上述三个内容，选择一个或两个内容进行实验方案设计，并自定实验研究题目。

[实验仪器、设备与材料]

（1）实验材料：

1）铝板：尺寸为1.0mm×40mm×400mm。

2）冷轧钢板：尺寸为1.0mm×40mm×400mm。

3）铝材轧制油（两种不同黏度）。

4）板带钢冷轧乳化液，可以配制成不同浓度。

（2）实验设备仪器：

1）ϕ127mm×265mm二辊实验轧机。

2）润滑油运动黏度测定仪。

3）表面粗糙度测量仪。

4）电子显微镜。

5）千分尺，米尺。

[实验方法和步骤]

（1）实验前查阅相关文献资料。

（2）根据实验内容设计实验方案。

(3) 根据实验方案进行轧制润滑实验。
(4) 测量各种参数并对实验结果进行分析。
(5) 撰写实验报告。

[实验报告要求]

(1) 具体的实验内容（名称）。
(2) 实验的目的意义。
(3) 实验材料、仪器设备与实验方法。
(4) 实验结果。
(5) 实验结果分析与讨论。
(6) 结论。
(7) 参考文献。

实验63　小冲杆实验评价材料的力学性能

[实验目的]

（1）了解小冲杆实验方法在分析材料强度、塑性等力学性能方面的应用。
（2）掌握小冲杆实验数据的处理方法。

[实验原理]

为了准确预测工业设备的剩余寿命和结构完整性，必须采用材料的实际性能作为判断的依据。但是，在已运行的设备上无法进行标准试件的取样。小冲杆试验技术的试件厚度仅有0.5mm，使得在设备上取样并确定材料实际性能成为可能。

小冲杆试验原理示意图及典型的载荷－位移曲线如图63-1所示。

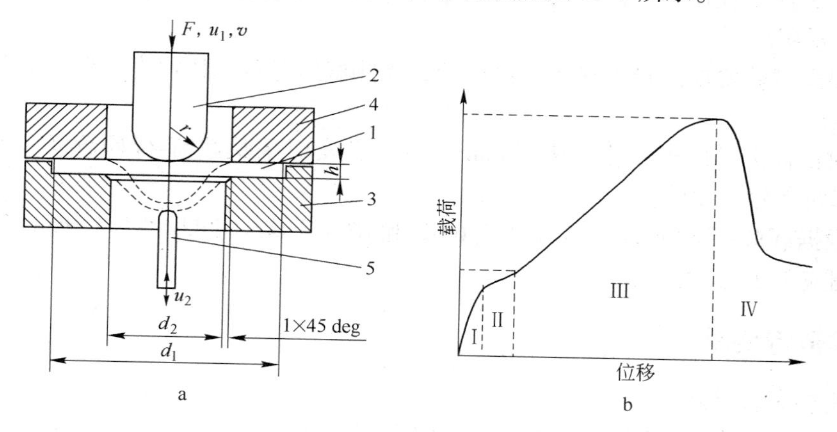

图63-1　小冲杆试验示意图（a）与典型载荷-位移曲线（b）
1—试件；2—冲头；3—下模具；4—上模具；5—挠度测量杆

采用欧洲标准局CEN的Code of Practice建议的标准尺寸，即：试件厚度 h 为0.5mm，孔洞直径 d_2 为4mm，冲头直径为2.5mm。在冲头和试样接触边界上的应变 ε 以及载荷与应力之比 F_{sp}/σ 可以用中心挠度值 u_1 表达。

$$\varepsilon = 0.17959u_1 + 0.09357u_1^2 + 0.00440u_1^3 \quad (u_1 > 0.8\text{mm}) \tag{63-1}$$

$$F_{sp}/\sigma = 1.72476u_1 - 0.05638u_1^2 - 0.17688u_1^3 \quad (u_1 > 0.8\text{mm}) \tag{63-2}$$

[实验设备、模具及样品]

小冲杆试验装置如图63-2所示。小冲杆的上压头与MTS材料试验机相连，压头速度可调。实验过程中的载荷-位移曲线的数据由计算机自动采集。

[实验方法和步骤]

（1）准备直径8mm、厚度0.5mm的小冲杆试样，调试压力机。

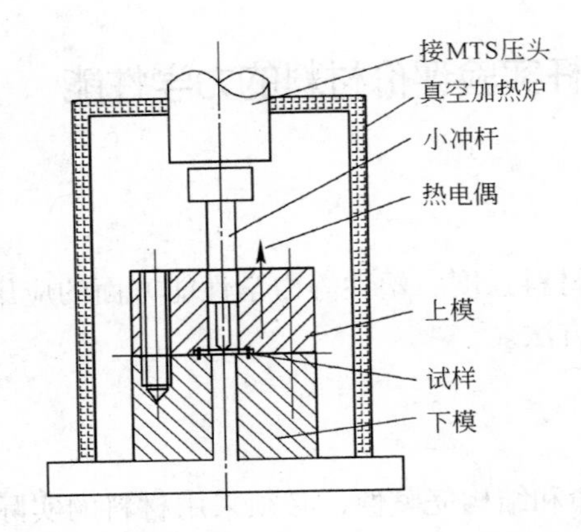

图 63-2 小冲杆实验装置示意图及试样和模具尺寸

（2）将试样放置在小冲杆试验装置的下模中，并安装好整个模具。选择 MTS 材料试验机合适的量程。

（3）根据试验要求选择加热或常温试验，加热试验时可选择抽真空保护，并注意实验过程的保温。

（4）对试样进行冲压，冲压速度 2mm/min，并实时采集载荷-行程数据。当观察到载荷明显下降时，停止试验。

（5）根据载荷-行程曲线，结合公式 63-2 和 63-4 计算不同小冲杆行程时的应变和应力，并绘制应力-应变关系曲线。

［实验报告要求］

（1）实验报告格式自定。

（2）绘制纯铜和 Q235 钢的小冲杆试验应力-应变曲线。

（3）将实验结果与材料的标准拉伸试验的应力-应变曲线进行对比分析。

实验 64 铝合金半固态锻挤成型研究

[实验目的]

通过综合实验设计能够使学生通过实验研究加深对半固态坯料制备、半固态加热以及锻挤成型工艺过程的理解和实际运用，培养学生综合运用所学知识独立分析和解决半固态成型工艺相关问题的能力。通过实验进一步了解和认识半固态锻挤成型工艺原理和优点。

[实验原理]

金属材料半固态加工是在金属浆料凝固过程中，对其施以剧烈搅拌或者通过控制凝固条件，抑制树枝晶的生成或破碎已生成的树枝晶，形成具有近球形的初生固相均匀分布于液相中的半固态浆料，然后对其进行锻造、挤压或压铸成型。根据成型工艺路线不同，金属材料半固态加工可以分为触变成型和流变成型。触变成型是对所制备的半固态坯料进行二次重熔加热，到半固态温度区间后再进行压力加工；流变成型是通过控制冷却液态浆料后在半固态温度区间直接对浆料进行成型的工艺过程。依据上述原理进行以下方面的实验设计，对半固态镦挤成型进行创新性实验研究：

（1）A356 铝合金半固态坯料制备。

（2）A356 铝合金半固态坯料二次加热研究（如二次加热温度、保温时间等的影响）。

（3）A356 铝合金半固态锻挤成型。

学生可根据上述三个研究内容进行实验方案的设计，并自定实验研究题目。

[实验仪器、设备与材料]

（1）实验材料：A356 铝合金。

（2）实验设备仪器：

1）200t 四柱液压机。

2）坩埚、电阻炉。

3）温度控制箱。

4）电子显微镜。

[实验方法和步骤]

（1）实验前查阅相关文献资料。

（2）根据实验内容设计实验方案。

（3）根据实验方案进行半固态锻挤成型实验。

（4）测量各种参数并对实验结果进行分析。

（5）撰写实验报告。

[实验报告要求]

（1）具体的实验内容（名称）。
（2）实验的目的、意义。
（3）实验材料、仪器设备与实验方法。
（4）实验结果。
（5）实验结果分析与讨论。
（6）结论。
（7）参考文献。

实验 65　典型锻件模锻工艺设计

[实验目的]

（1）学会分析模锻件的结构工艺性；
（2）学会制定模锻工艺规范；
（3）学会评价模锻件的质量。

[实验原理]

模锻的锻造工艺过程通常包括以下内容：

（1）绘制模锻锻件图。模锻锻件图是根据零件图及模锻工艺特点制定的，它是确定变形工序、设计和制造锻模、计算坯料和检验锻件的依据、在确定模锻锻件图时需预先考虑锻件的分模面、加工余量、锻造公差、工艺余块、模锻斜度及圆角半径等因素。

分模面即锻模上、下模或凸、凹模的分界面。分模面可以是平面，也可以是曲面。锻件分模面的位置选择是否合理，关系到锻件成型、锻件出模、材料利用率等一系列问题。其选择原则是：分模面应选在模锻件具有最大水平投影尺寸的位置上，最好为锻件中部的一个平面，并使锻件的加工余量最少，上、下模膛深度最浅且尽可能基本一致。这样可使上、下模膛具有相同的轮廓，易于发现上、下模的错移，金属容易充满模膛，便于取出锻件，并利于锻模的锻造。在保证上述基本原则的基础上，为提高锻件质量和生产过程的稳定性，还应考虑以下要求：

1）饼块类锻件的高度小于或等于直径时，应取径向分模，而不能选轴向分模，以利于锻模、切边模的加工制造和减少余块等金属消耗。

2）对于头部尺寸明显偏大的锻件，最好用曲面而不用平面分模，可使上、下模膛深度大致相同，有利于整个锻件充填成型。

3）有流线方向要求的锻件，应考虑锻件工作时的受力特点。

模锻件的加工余量和公差比自由锻件小得多，其数值根据锻件大小、形状和精度等级有所不同，一般加工余量为 1 ~ 4mm，公差为 ±0.3 ~ ±3mm 之间，用时可查有关手册。模锻生产为成批生产，应尽量少加或不加工艺余块。

为了使锻件易于从模膛中取出，锻件与模膛侧壁接触部分需有一定斜度。锻件上的这一斜度称为模锻斜度。模锻斜度不包括在加工余量内，一般取 5°、7°、10°、12°等标准值。模膛深度与宽度之比增大时，应取较大斜度值。因冷却引起收缩，锻件的内壁斜度值 β 应比外壁斜度值 α 大一级。

模锻件上所有两平面的交角处均需做成圆角。其作用是：锻造时易于金属充满模膛，便于取模，保证锻件质量；避免锻模凹角处产生应力集中，减缓模具外圆角处的磨损，提高模具寿命。钢的模锻件外圆角半径 r 取 1 ~ 6mm，内圆角半径 R 是外圆角半径 r 的 3 ~ 4 倍。模膛深度越深，圆角半径取值越大。

（2）确定模锻工步。模锻工步主要根据模锻件的形状和尺寸来确定。工步的名称和所用的模膛相一致，如拔长工步所用的模膛称为拔长模膛等。模锻件按形状分为以下两大类。

1）对于长轴类模锻件，其长度明显大于其宽度和高度，如台阶轴、曲轴、连杆、弯曲摇臂等。锻造时锤击方向垂直于锻件轴线，常选用拔长、滚压、弯曲、预锻和终锻等工步。终锻时金属沿高度与宽度方向流动，而长度方向流动不明显。由于在拔长、滚压等制坯工步，坯料已沿轴线方向流动改变了形状，各横截面已和锻件相应的横截面面积与飞边截面积之和近似相等，所以能保证终锻时金属充满模膛，且各处飞边均匀。坯料的横截面面积大于锻件最大横截面面积时，可只选用拔长工步。而当坯料的横截面面积小于锻件最大横截面面积时，采用拔长和滚压工步。锻件轴线为曲线时应设弯曲工步。

2）对于饼块类模锻件，其主轴尺寸较短，在分模面上投影为圆形或长宽尺寸相近，如齿轮、法兰、十字轴、万向节叉等。模锻时，坯料轴线方向与锤击方向相同，金属沿高度、宽度和长度方向均产生流动。常采用镦粗或压扁等工步制坯，然后终锻。形状简单的锻件可直接终锻成型。

（3）坯料计算。坯料重量为锻件、飞边、连皮、钳口料头和氧化皮重量的总和。一般飞边是锻件重量的20%～25%；氧化皮是锻件、飞边、连皮等重量总和的2.5%～4%。

（4）选择模锻设备。为了获得优质锻件和节省能量，选用适当吨位的模锻设备是至关重要的，至今关于模锻变形力的计算，尽管有理论计算方法，但模锻过程受到诸多因素的影响，这些因素不仅相互作用，而且具有随机特征，所以要全部考虑它们是不现实的。为方便起见，多采用经验公式。

（5）模锻的后续工序。普通模锻件均带有飞边，带孔锻件还有冲孔连皮，通常采用冲切法去除飞边，其后尚有清除氧化皮及校正工序。清除氧化皮的方法有滚筒清理、喷丸清理等，以便于检验表面缺陷及切削加工。锻件在切边、冲孔、热处理及表面清理过程中若有变形，应进行校正，大、中型锻件在热态下校正，小锻件亦可冷态校正，此工序可在终锻模膛中进行，亦可在专门的校正模具中进行。

对于精度要求较高的锻件，应进行精压。精压可全部或部分代替切削加工，分平面精压和体积精压两类。

[实验仪器、设备与材料]

（1）典型零件图；

（2）电子计算机、CAD、CAPP软件。

[实验方法和步骤]

（1）由指导教师给定设计题目。

（2）进行模锻件的结构工艺性分析，即对所选零件进行结构工艺性分析并进行修改。

（3）用CAPP软件进行设计，获得模锻工艺文件。

（4）确定结构，包括制坯、预锻和终锻模膛。

（5）选择坯料尺寸，根据锻件图确定坯料的重量和尺寸。
（6）确定模锻工步和工艺卡。
（7）分析模锻件的质量。

[实验报告要求]

（1）绘制模锻件图。
（2）制订模锻工艺规范。
（3）填写模锻工艺卡。

实验66 板料冲裁、拉深成型工艺实验

[实验目的]

(1) 建立板料冲裁、拉深工艺的感性认识，深化板料冲裁、拉深成型规律与机理的理解。

(2) 掌握落料件尺寸与模具尺寸的对应关系、落料件断面特征。

(3) 掌握拉深成型时金属流动规律。

(4) 学习并掌握板料冲裁、拉深成型工艺实验的操作方法。

[实验原理]

(1) 冲裁工艺试验。这是利用模具使板料沿着一定的轮廓形状产生分离的一种冲压工序。

尺寸精度是指冲裁件的实际尺寸与基本尺寸的差值，差值越小则精度越高。这个差值主要是在一定模具制造精度这个前提下，冲裁件相对于凸、凹模尺寸的偏差。

冲裁件相对于凸、凹模尺寸的偏差，主要是工件脱离模具时，材料在冲裁中所受的挤压变形、纤维伸长、穹弯等都要产生弹性恢复而造成的。偏差值可能是正的，也可能是负的。一般规律如图66-1所示。

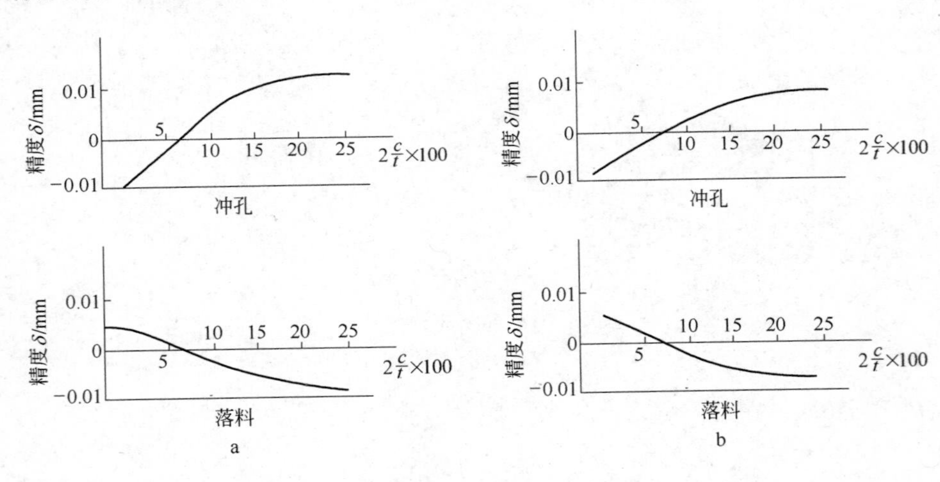

图66-1 间隙对冲裁件精度的影响

a—黄铜，$t=4$mm；b—15号钢，$t=3.5$mm

冲裁件的断面一般由圆角带、光亮带、撕裂带和毛刺组成，如图66-2所示。

(2) 拉深工艺试验。利用拉深模在压力机的压力作用下，将平板坯料或空心工序件制成开口空心零件的加工方法。

对于金属流动规律的实验研究，拉深前在毛坯上画一由等间距的同心圆和等角度的辐

射线组成的网格（如图 66-3 所示），然后进行拉深，通过比较拉深前后网格的变化来比较材料的流动情况。

拉深后筒底部的网格变化不明显，而侧壁上的网格变化很大，拉深前等间距的同心圆，拉深后变成了与筒底平行的不等距离的水平圆周线，愈到口部圆周线的间距愈大。

拉深前等角度的辐射线拉深后变成了等距离、相互平行且垂直于底部的平行线。

原来的扇形网格拉深后在工件侧壁变成了等宽度的矩形，离底部愈远，矩形的高度愈大。测量此时工件的高度，发现筒壁高度大于毛坯环形部分的半径差。这说明材料沿高度方向产生了塑形流动。

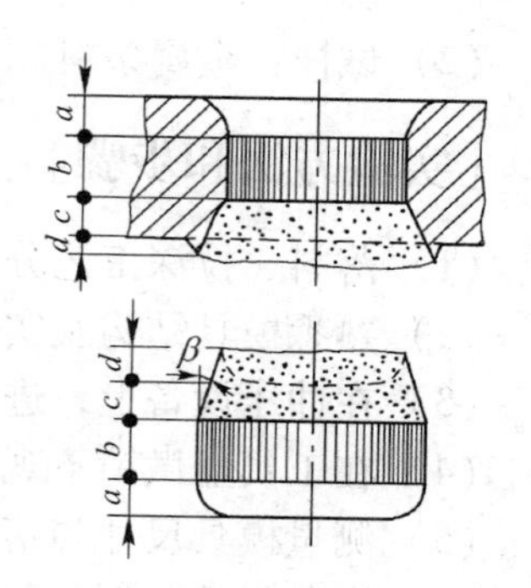

图 66-2　冲裁件的断面特征
a—圆角带；b—光亮带；
c—断裂带；d—毛刺

拉深过程中的质量问题主要是凸缘变形区的起皱和筒壁传力区的拉裂。

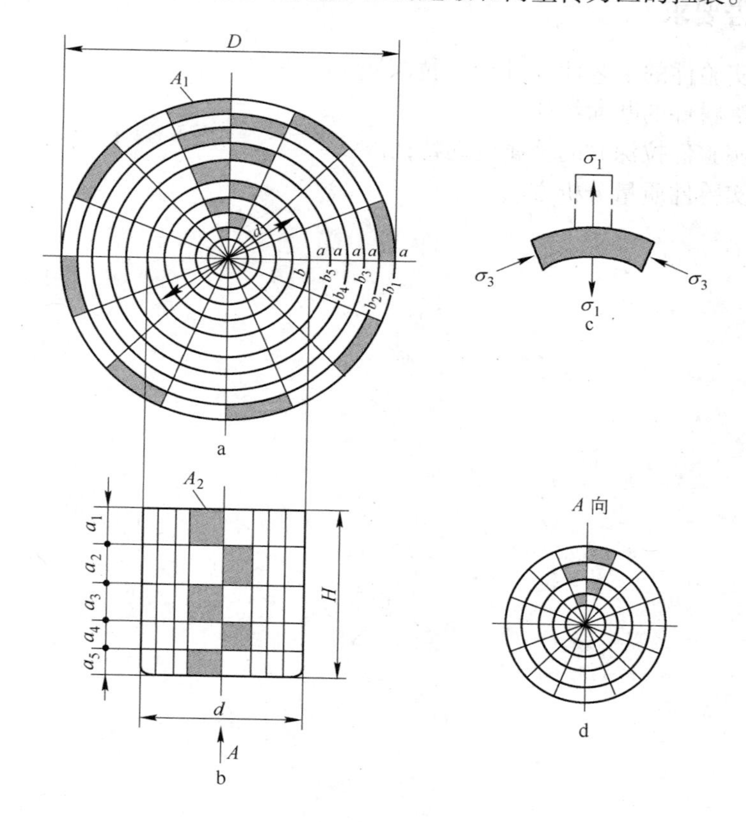

图 66-3　拉深网格的变化

[实验仪器、设备与试样]

（1）实验仪器设备：液压机、落料模、拉深模、游标卡尺、直尺、划规、量角器、工具显微镜等。

（2）试样：金属条料。

[实验方法和步骤]

（1）落料、拉深工艺分析。
（2）熟悉模具结构及实验用冲压设备的操作程序。
（3）在冲压设备上，进行落料单工序冲压分离工艺实验。
（4）在工具显微镜下观察落料件的断面形貌，确定落料件的断面特征。
（5）测量模具尺寸与落料件尺寸，分析模具间隙、落料件之间的尺寸关系。
（6）在落料件上划分网格。
（7）在冲压设备上，进行拉深单工序冲压成型工艺实验。
（8）测量网格尺寸分析流动规律。
（9）分析拉深件质量。

[实验报告要求]

（1）确定实验件的工艺性（冲裁、拉深）。
（2）了解落料件的断面特征。
（3）明确实验件拉深时的金属流动特征。
（4）掌握实验件质量分析方法。

实验 67　典型焊接接头金相组织观察与分析实验

[实验目的]

（1）观察常用低碳钢钢、铸铁和有色金属焊接接头的金相组织。

（2）了解以上焊接接头的组织特征和常见缺陷。

（3）分析典型焊接接头的组织和性能的关系。

[实验原理]

焊接过程中，焊接接头各部分经受了不同的热循环，因而所得组织各异。各组织的不同，导致力学性能的变化。对焊接接头进行金相组织分析，是研究接头力学性能不可缺少的环节。

焊接接头由焊缝区、熔合区和热影响区（HAZ）三部分组成，焊接接头的组织变化，不仅与焊接热循环有关，也和所用的焊接材料和被焊材料有密切关系。

焊缝区是由熔池金属结晶凝固而成，由于熔池金属冷却速度快且在运动状态下结晶，因此形成的组织为非平衡组织。焊接熔池金属开始凝固时，多数情况下金属从熔合区半熔化的晶粒上以柱状晶形态联生长大，长大的主方向与最大散热方向一致。由于熔合区个部分成分过冷不同，凝固形态也有所不同。

紧邻焊缝母材与焊缝交界处的金属称为熔合区或半熔化区。焊接时，该区金属处于局部熔化状态，加热温度在固液相温度区间，此区宽度较窄，难以分辨。

热影响区是指在焊接热源作用下焊缝外侧处于固态的母材发生组织和性能变化的区域。由于焊接时 HAZ 的组织和性能分布是不均匀的。HAZ 的组织分布与钢的种类、不同部位的加热最高温度有关。

为此依据上述原理进行以下方面的实验设计，对典型焊接接头的金相组织进行观察与分析，了解典型焊接接头的组织特征和常见缺陷。

[实验仪器、设备与材料]

（1）实验材料：典型焊接接头的金相试样。

（2）实验设备仪器：金相显微镜。

[实验方法和步骤]

（1）实验前查阅相关文献资料。

（2）领取各种类型焊接接头的金相试样，在金相显微镜下观察，并分析其组织形态特征。

（3）观察典型焊接接头的金相组织时应结合材料组织成分和所采用的焊接方法来分析，重点区分各自的形态特征。

（4）认识出组织特征之后，再画出所观察试样的显微组织图。画图时应抓住组织形态的特点，画出典型区域的组织。

（5）对实验结果进行分析。
（6）撰写实验报告。

［实验报告要求］

（1）具体的实验内容（名称）。
（2）实验的目的、意义。
（3）实验设备仪器、材料与实验方法。
（4）实验结果。
（5）实验结果分析与讨论。
（6）结论。
（7）参考文献。

实验 68　先进材料焊接性实验

[实验目的]

通过该综合实验，使学生加深对材料焊接工艺的了解，培养学生综合运用所学知识独立分析材料焊接工艺问题与解决问题的能力。通过实验进一步了解和认识材料焊接性在焊接工艺上的重要性。

[实验原理]

金属焊接性指金属材料在限定的施工条件下焊接成按设计要求的构件，并满足预定服役条件的能力，包括工艺焊接性和使用焊接性。工艺焊接性指在一定的焊接工艺条件下，能否获得优质、无缺陷的焊接接头的能力。使用焊接性指焊接接头或焊接结构满足使用性能的程度。

焊接时金属受到热机作用，并进行了物理化学过程，这些综合作用的结果，决定了焊接接头的性能和可靠性，因此，制造焊接产品或构件时，必须首先评定所用材料的焊接性，以判断所选用的结构材料、焊接材料和焊接方法等是否适当。评定材料焊接性的方法很多，每种方法只能说明焊接性的某一方面，因此需要进行一系列试验后才能全面确定焊接性。一般试验方法可分为模拟型和实验型。前者模拟焊接加热和冷却特点或负荷情况；后者则按实际焊接条件进行实验。实验内容主要是：母材和焊缝金属组织成分分析、焊接裂纹倾向性实验（包括基体金属和填充金属）、焊缝气孔敏感性实验、焊接接头常规力学性能实验、焊接接头使用性能实验、焊接接头耐腐蚀性能实验等。为此依据上述原理进行以下方面的实验设计，对先进材料焊接性能进行创新性实验研究：

（1）焊接热模拟实验。

（2）不同焊接工艺的焊接接头组织成分的研究（包括缺陷、相成分、组织等）。

（3）不同焊接工艺的焊接接头力学性能的研究（包括焊接接头的高温和低温性能、硬度等）。

（4）不同焊接工艺的焊接接头腐蚀性能研究。

学生可根据上述四个内容，选择一个或两个内容进行实验方案设计，并自定实验研究题目。

[实验仪器、设备与材料]

（1）实验材料。铝合金，不锈钢，还包括制备样品所需的相关材料。

（2）实验设备。金相显微镜，扫描显微镜，维氏硬度计，力学试验机，X 射线衍射仪，此外还包括制备分析样品所需的相关设备，各小组可根据选择内容的要求选择相应的仪器设备。

[实验方法和步骤]

（1）实验前查阅相关文献资料。

（2）根据实验内容设计实验方案。
（3）根据实验方案进行焊接性能实验。
（4）测量各种参数并对实验结果进行分析。
（5）撰写实验报告。

[实验报告要求]

（1）具体的实验内容（名称）。
（2）实验的目的和意义。
（3）实验设备仪器、材料与实验方法。
（4）实验结果。
（5）实验结果分析与讨论。
（6）结论。
（7）参考文献。

实验 69　低碳钢棒的旋锻工艺研究

[实验目的]

（1）了解旋锻设备的组成，能够熟练应用 CAD/CAE 软件；
（2）学习旋锻设备的运用，能够独立制定实验方案和测量实验参数；
（3）培养学生理论联系实际的能力和其对试验检测设备的运用。

[实验原理]

旋锻工艺 20 世纪起源于美国，起初旋锻的应用范围仅限于减小管的直径并使其延伸，后来德国为了用空心圆柱毛坯加工出复杂的零件而进一步发展了旋锻设备及工艺，并扩大了产品范围。

德国标准 DIN8583 将旋锻描述为：一种减小金属棒料或管料截面直径的自由成型方法。它以两个或多个锤头，部分或全部地环绕于要减小的截面，在绕其转动的同时进行径向的压下进给。其工作原理是以超过材料屈服强度的径向脉冲打击力，造成金属内部颗粒的移动和塑性变形，使材料组织致密、晶粒细化，从而提高材料的力学性能。

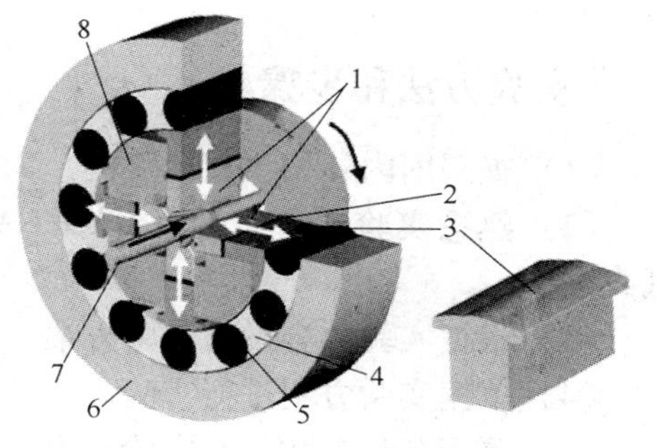

图 69-1　旋锻机机头示意图
1—锻模；2—垫片；3—锤头；4—夹圈；5—滚柱；6—外圈；7—工件；8—主轴

旋锻机的基本形式如图 69-1 所示。

主轴 8 被电动机带动，锤头 3、锻模 1 在主轴的导轨内滑动并随主轴旋转，偶数个滚柱 5 围绕着主轴均匀分布并由夹圈 4 固定，夹圈 4 和滚柱 5 套在外圈 6 内。当主轴旋转时，由于离心力作用，锤头及锻模同时沿导轨向外运动。在某一瞬间，滚柱与锤头圆弧头接触，迫使锤头向内运动，并通过垫片 2 推动锻模向主轴中心运动，使锻模对工件进行锻打。当锤头、锻模、滚柱三者处于同一条直线上时，锻模处于闭合状态，决定产品的最终尺寸；随着锤头圆弧离开滚柱，锻模和锤头又因离心力而向外运动，锤头处于相邻两滚柱之间时，锻模处于张开状态，此时工件沿旋锻机轴向进给。锻模做上述快速的、周期的往复运动，使工件断面改变。

旋锻工艺具有诸多优点：

（1）近净成型，质量高，误差小，废料少。旋锻得到的锻件尺寸公差量在 ±0.02 ~ ±0.2mm，表面可达镜面，粗糙度在 $Ra = 0.5\mu m$ 以下；旋锻出来的产品可以直接使用，免去了车削工序，减少了坯料的损失，实现无废料加工。

（2）锻造效率高。由于锻造机打击频率高，锻打过程能自动控制，且设备维修时间短，换模在几分钟内就可完成；自动化生产线上的旋锻十几秒内就能够完成一件产品的锻制。

（3）锻件性能好。冷旋锻制品拥有其他冷成型产品所具有一切品质，如高的屈服强度和抗拉强度，良好的显微组织，除此之外，经旋锻后的锻件表面存在附加压应力，提高了锻件的抗弯强度，加上表面光洁，使锻件的缺口效应达到最小；热旋锻可以实现全截面的细晶。

（4）适用于各种材料。旋锻时坯料内部受三向压应力，所以除低碳钢、铝材、铜材等容易加工的材料外，旋锻还可以加工高镍铅锌白铜和弥散强化铜等高强度、高硬度、低塑性合金。

［实验仪器、设备与材料］

（1）实验材料：低碳钢棒（退火态 45 号钢棒）。

（2）实验设备仪器：

1）旋锻设备，如图 69-2 所示。

2）光学显微镜，硬度计，表面粗糙度测量仪，千分尺，米尺。

图 69-2　旋锻机机头部分

［实验方法和步骤］

（1）查阅国内外相关文献资料。

（2）熟悉实验设备，运用 CAD/CAE 软件画出设备图纸或模型。

（3）根据实验内容设计实验方案。

（4）依据实验方案进行实验。

（5）测量各种参数并对实验结果进行分析。

（6）撰写实验报告。

［实验报告要求］

（1）实验的目的和意义。

（2）实验材料、仪器设备与实验方法。

（3）实验结果。

（4）实验结果分析与讨论。

（5）结论。

（6）参考文献。

实验 70　结晶过程组织观察实验设计

[实验目的]

观察透明盐类的结晶过程及结晶后的组织特征，对金属的结晶过程建立感性认识。观察不同晶体的不同生长形态，了解晶体生长的微观机理。通过综合实验设计能够使学生通过实验研究加深对金属结晶过程的理解，培养学生综合运用所学知识独立分析问题与解决问题的能力。

[实验原理]

结晶由两个基本过程所组成，即过冷液体产生细小的结晶核心形核以及这些核心的成长长大。其中，形核又分为均匀形核和非均匀形核。通常情况下，由于外来杂质、容器或模壁等的影响，一般都是非均匀形核。

由于金属不透明，通常不能用显微镜直接观察液态金属的结晶过程。然而通过采用显微镜可以直接观察盐溶液的结晶过程。实践证明，对透明盐类结晶过程的研究所得出的许多结论，对于金属的结晶都是适用的。

在玻璃片上滴上一滴接近饱和的氯化铵水溶液，放在显微镜下观察其结晶过程。随着液体的蒸发，液体逐渐达到饱和。由于液滴边缘处最薄，将首先达到饱和，结晶过程首先从边线开始，然后逐渐向里扩展。

利用化学中的取代反应，可以看到置换出来的金属以枝晶形式进行生长的过程。例如，在硝酸银水溶液中放入一小段细铜丝，铜将发生溶解，而银则以枝晶形态沉积出来，其反应式为：

$$Cu + 2AgNO_3 = 2Ag + Cu(NO_3)_2$$

用显微镜进行观察，就可看到银枝晶的生长过程。

学生可依据上述原理进行实验设计，对结晶过程组织观察进行创新性实验研究，并自定实验研究题目。

[实验仪器、设备与材料]

（1）实验材料：氯化铵，硝酸银，蒸馏水，细铜丝。

（2）实验设备仪器：金相显微镜，小烧杯，玻璃片，玻璃棒及镊子。

[实验方法和步骤]

（1）实验前查阅相关文献资料。

（2）根据实验内容设计实验方案。

（3）根据实验方案进行结晶观察实验。

（4）记录组织结晶过程。

（5）实验结束后，整理实验设备及试样，关闭显微镜和电脑电源。

（6）撰写实验报告。

［实验报告要求］

（1）具体的实验内容（名称）。
（2）实验的目的和意义。
（3）实验材料、仪器设备与实验方法。
（4）画出实验中观察到的结晶组织，并作简要分析。
（5）参考文献。

本章思考讨论题

[实验 57]

(1) ANSYS 结构分析的基本步骤。
(2) 在数值模拟分析中可以采用哪些处理方法简化模型，提高运算速度?

[实验 58]

(1) 温度场数值模拟在什么条件下可以采用稳态热分析?
(2) 稳态热分析可以分析哪些温度场参数? 有什么实际意义?

[实验 59]

(1) 包含焊缝金属板热膨胀的模拟结果是否合理?
(2) 对包含焊缝金属板热膨胀进行数值模拟时如何处理可以提高模拟的精度?

[实验 60]

(1) 针对简单轧制数值模拟本案例采用了 1/4 对称简化，轧制过程中在何种情况下可采用简化方法? 都有哪些?
(2) 对称边界条件的施加是否可以通过其他加载方式?

[实验 61]

(1) 针对三点弯曲过程数值模拟本案例采用了平面应变进行分析，如果建立三维的模型如何实现?
(2) 当压头行进到最低点后返回的过程中，板料的形状发生了变化，这是什么现象? 为什么会出现这种现象?

[实验 62]

(1) 轧制油的黏度或轧制乳化液的浓度如何影响工艺润滑效果?
(2) 轧制变形区油膜厚度如何计算，影响因素有哪些?

[实验 63]

(1) 小冲杆试验在恒冲头速度试验时，冲头和试样接触边界上的应变速率是否在整个过程中保持恒定? 为什么?
(2) 小冲杆试验实验结果与材料的标准拉伸试验的应力 - 应变曲线存在偏差的原因是什么?

[实验 64]

(1) 半固态成型与普通铸造成型及常规锻造成型相比优点是什么?

（2）半固态坯料制备方法有哪些？

[实验 65]

（1）分析给定零件的模锻工艺特点？

（2）如何评价模锻件的质量？

[实验 66]

（1）分析实验落料件尺寸与模具对应关系。

（2）分析影响拉深件质量的主要因素。

[实验 67]

（1）分析各典型焊接接头金相组织特点，它们与焊接接头性能有什么关系？

（2）在低碳钢焊接热影响区中，是否会出现魏氏体和马氏体组织，为什么？

[实验 68]

（1）总结焊接接头存在的缺陷，分析其形成原因。

（2）结合在实验过程中遇到的问题进行深入的分析讨论，检讨原方案设计的不足之处，为今后研究该问题提供意见和建议。

[实验 69]

（1）润滑与否对产品性能有何影响？

（2）旋锻相较于挤压、拉拔有何优点？

[实验 70]

（1）分析说明哪些因素对结晶组织有影响？

（2）采用何种办法可获得细小的全等轴晶？

参 考 文 献

[1] GB/T 228. 1—2010. 金属材料　拉伸试验　第 1 部分：室温试验方法 .

[2] GB/T 7314—2005. 金属材料　室温压缩试验方法 .

[3] GB/T 4337—2008. 金属材料　疲劳试验 .

[4] GB/T 229—2007. 金属材料　夏比摆锤冲击试验方法 .

[5] YB/T 5345—2006. 金属材料滚动接触疲劳试验方法 .

[6] GB/T 231. 1—2009. 金属材料　布氏硬度试验　第一部分：试验方法 .

[7] GB/T 230. 1—2009. 金属材料　洛氏硬度试验　第一部分：试验方法（A、B、C、D、E、F、G、H、K、N、T 标尺）.

[8] GB/T 4340. 1—2009. 金属材料维氏硬度试验　第一部分：试验方法 .

[9] 韩德伟 . 金属硬度检测技术手册[M]. 长沙：中南大学出版社，2003.

[10] 束德林 . 工程材料力学性能[M]. 北京：机械工业出版社，2009.

[11] 孙建林 . 轧制工艺润滑原理、技术与应用[M]. 2 版 . 北京：冶金工业出版社，2010.

[12] 陈锡栋，周小玉 . 实用模具技术手册[M]. 北京：机械工业出版社，2002.

[13] 张志文 . 锻造工艺学[M]. 北京：机械工业出版社，1983.

[14] 肖景容，姜奎华 . 冲压工艺学[M]. 北京：机械工业出版社，1990.

[15] 张朝晖 . ANSYS8. 0 热分析教程与实例解析[M]. 北京：中国铁道出版社，2005.

[16] 阚前华，谭长建，张娟，等 . ANSYS 高级工程应用实例分析与二次开发[M]. 北京：电子工业出版社，2006.

[17] 邹贵生 . 材料加工系列实验[M]. 北京：清华大学出版社，2005.

[18] 刘玉文 . 锻压专业实验指导书[M]. 北京：机械工业出版社，1989.

[19] 夏巨谌 . 金属塑性成形综合实验[M]. 北京：机械工业出版社，2010.

[20] 魏立群，柳谋渊 . 金属压力加工原理及工艺实验教程[M]. 北京：冶金工业出版社，2011.

[21] 钱健清 . 金属材料塑性成形实习指导教程[M]. 北京：冶金工业出版社，2012.

[22] 邹贵生，黄天佑，李双寿 . 材料加工系列实验[M]. 北京：清华大学出版社，2011.

[23] 赵刚，胡衍生 . 材料成型及控制工程综合实验指导书[M]. 北京：冶金工业出版社，2008.

[24] 张友寿 . 成形加工实验教程[M]. 武汉：华中科技大学出版社，2006.

[25] 米国发 . 材料成型及控制工程专业实验教程[M]. 北京：冶金工业出版社，2011.

[26] 葛利玲 . 材料科学与工程基础实验教程[M]. 北京：机械工业出版社，2008.

[27] 王自东，张勇，张鸿，等 . 非平衡凝固理论与技术[M]. 北京：机械工业出版社，2011.

[28] 王祥生 . 铸造实验技术[M]. 南京：东南大学出版社，1990.

冶金工业出版社部分图书推荐